"十三五"江苏省高等学校重点教材

（编号：2020-2-027）

材料成形过程
数值模拟
基础与应用

何敏　石端虎　主编

宋威　副主编

CAILIAO CHENGXING GUOCHENG
SHUZHI MONI
JICHU YU YINGYONG

化学工业出版社

·北京·

内 容 简 介

本书以材料成形过程涉及的有限元法理论基础和实例详解为主，详细讲解典型材料成形过程工程问题的解决方法和相关要点，主要内容包括：结合 ABAQUS 有限元软件讲述有限元法的基本理论，使读者能够快速理解利用有限元法解决问题的思路和步骤；介绍 ABAQUS 有限元软件的基本使用方法，帮助读者快速掌握软件应用；根据材料成形实际案例给出详细的解决方案及软件操作步骤，帮助读者深入体会解决材料成形过程典型问题的方法和技巧，从而提高利用 ABAQUS 软件解决实际工程问题的能力。

本书理论与应用相结合，深入浅出，实用性强，可以供高等院校材料成形及控制相关专业师生阅读学习，也可供使用 ABAQUS 软件的研究生及相关技术人员参考阅读。

图书在版编目（CIP）数据

材料成形过程数值模拟基础与应用/何敏，石端虎主编. —北京：化学工业出版社，2021.3（2025.7重印）
ISBN 978-7-122-38966-4

Ⅰ.①材⋯　Ⅱ.①何⋯ ②石⋯　Ⅲ.①工程材料-成形过程-数值模拟　Ⅳ.①TB3

中国版本图书馆 CIP 数据核字（2021）第 067060 号

责任编辑：曾　越　　　　　　装帧设计：王晓宇
责任校对：宋　夏

出版发行：化学工业出版社（北京市东城区青年湖南街 13 号　邮政编码 100011）
印　　订：北京盛通数码印刷有限公司
710mm×1000mm　1/16　印张 20¾　字数 381 千字
2025 年 7 月北京第 1 版第 3 次印刷

购书咨询：010-64518888　　　　售后服务：010-64518899
网　　址：http://www.cip.com.cn
凡购买本书，如有缺损质量问题，本社销售中心负责调换。

定　　价：89.00 元

前言

数值模拟技术在材料成形领域得到广泛的认同与应用，它为材料成形方案制定、工模具设计、工艺参数优化、产品质量控制等方法和手段的变革带来了意义深远的影响。

本书将材料成形过程数值模拟必须掌握的有限元理论基础、实用的专业知识及专业技能结合起来，使读者能够掌握有限元方法解决材料成形实际问题的基本思路及方法技能。ABAQUS 是大型通用的有限元软件，其卓越的非线性分析功能可以解决绝大部分材料成形问题。为使读者能够较快地了解材料成形数值模拟的基础理论与相关技术，本书结合 ABAQUS 软件讲述材料成形过程涉及的有限元基础理论和应用实例。

本书内容主要分为 2 部分；第 1～3 章结合 ABAQUS 有限元软件讲述有限元法的基本理论，以及 ABAQUS 有限元软件使用的基本方法；第 4～6 章结合材料成形实例，给出详细的解决方案及软件操作步骤，包括塑性成形、成形损伤、焊接成形等常见工程问题，帮助读者深入体会解决材料成形过程典型问题的方法和技巧，从而提高利用 ABAQUS 解决实际工程问题的能力。第 1 章由石端虎负责编写，第 2 章由何敏、杨峰负责编写，第 3 章由何敏、张宁负责编写，第 4 章由何敏、王晓溪负责编写，第 5 章由何敏负责编写，第 6 章由宋威负责编写。全书由何敏、石端虎负责统筹编辑工作。感谢江苏省高校"青蓝工程"优秀教学团队的大力支持。

本书编写过程中，董宣伟提供自由镦粗成形过程的模拟调试工作，沈佳欢提供盘件模锻的模拟调试工作，代文阁提供闭角零件弯曲的模拟调试工作，赵后华提供 O 形零件弯曲的模拟调试工作，申诚程提供拉深成形及损伤的模拟调试工作。

本书可以供高等院校材料成形及控制相关专业师生阅读学习，也可以供使用 ABAQUS 软件的研究生及相关技术人员参考阅读。

由于编者能力和水平有限，书中难免出现疏漏，恳请读者提出宝贵意见。

编者

目录

第1章　绪论　001

  1.1　材料成形过程数值分析方法　002
    1.1.1　材料成形过程数值分析方法　002
    1.1.2　有限元法的计算软件　003
    1.1.3　ABAQUS软件简介　003
  1.2　材料成形技术及其发展　004
    1.2.1　材料成形技术　004
    1.2.2　材料成形技术发展趋势　005
  1.3　材料成形过程中典型的有限元问题　006

第2章　有限单元法基本理论　008

  2.1　有限元法的基本思想及实施步骤　009
  2.2　连续介质的离散化　010
    2.2.1　选择单元形式　011
    2.2.2　节点编码　014
    2.2.3　计算区域的选择　014
  2.3　单元分析　015
    2.3.1　单元与形函数　016
    2.3.2　几何矩阵　033
    2.3.3　应力矩阵　036
    2.3.4　单元刚度矩阵　036
    2.3.5　表面均布作用力的转换和体力转换　037
  2.4　整体分析　039
    2.4.1　建立整体结构方程　039
    2.4.2　位移约束　041
    2.4.3　求解整体结构方程　043
    2.4.4　求应力和应变　043

第3章　有限元软件ABAQUS基础　045

  3.1　ABAQUS/CAE简介　047
    3.1.1　ABAQUS/CAE的启动　047
    3.1.2　ABAQUS/CAE主窗口的组成　048
  3.2　ABAQUS/Standard和Explicit　050
  3.3　ABAQUS中坐标和量纲　050

目录

3.4　ABAQUS/CAE 功能模块介绍　051
  3.4.1　Part（零件）　051
  3.4.2　Property（特性）　054
  3.4.3　Assembly（装配件）　059
  3.4.4　Step（分析步骤）　062
  3.4.5　Interaction（相互作用）　069
  3.4.6　Load（载荷）　073
  3.4.7　Mesh（网格）　079
  3.4.8　Job（作业）　090
  3.4.9　Visualization（可视化）　092
  3.4.10　Sketch（绘图）　095
  3.4.11　ABAQUS 帮助文件　096
3.5　快速入门算例　097
  3.5.1　实例 1：二维桁架问题　097
  3.5.2　实例 2：三维轴承支架问题　120

第 4 章　非线性问题　137

4.1　弹塑性材料的塑性　139
  4.1.1　弹塑性材料的塑性性能　140
  4.1.2　屈服准则　142
  4.1.3　硬化准则　145
  4.1.4　成形过程的损伤与断裂　147
4.2　材料成形过程的接触　147
  4.2.1　材料成形过程中接触面间的相互作用　148
  4.2.2　ABAQUS 中定义接触　149
  4.2.3　接触算法　152
4.3　非线性问题的求解方法　153
  4.3.1　牛顿法（Full Newton）　154
  4.3.2　拟牛顿法（Quasi Newton）　155
  4.3.3　分析步、增量步和迭代步　155
  4.3.4　自动增量控制　156
  4.3.5　ABAQUS 显式算法与隐式算法　157
  4.3.6　塑性性能的输入　158
4.4　非线性问题计算实例　159
  4.4.1　实例 1：自由镦粗　159

目录

4.4.2　实例 2：盘件模锻　174

4.4.3　实例 3：闭角零件弯曲　188

4.4.4　实例 4：O 形零件弯曲　201

第 5 章　塑性成形过程损伤断裂模拟　211

5.1　塑性金属材料损伤判据　212

5.1.1　金属塑性成形过程韧性断裂的损伤本构　213

5.1.2　成形极限图　217

5.1.3　应力状态　218

5.1.4　内聚力模型　219

5.2　塑性变形过程损伤计算　221

5.2.1　实例 1：GTN 模型　221

5.2.2　实例 2：拉深成形及损伤　231

5.2.3　实例 3：微观塑性损伤的 Cohesive 单元模拟　245

第 6 章　焊接过程计算模拟　253

6.1　焊接成形过程基础理论　254

6.1.1　焊接热过程　254

6.1.2　热传播基本定律　255

6.1.3　焊接热源模型　257

6.1.4　焊接残余应力演化过程　262

6.1.5　焊接变形演化　266

6.2　焊接热过程分析基本流程　266

6.3　焊接成形过程计算实例　268

6.3.1　实例 1：平板对接弧焊　268

6.3.2　实例 2：平板对接激光焊　284

6.3.3　实例 3：圆管多层多道焊　296

6.3.4　实例 4：圆管多层多道焊焊后热处理　315

参考文献　323

第1章

绪论

- 1.1 材料成形过程数值分析方法
- 1.2 材料成形技术及其发展
- 1.3 材料成形过程中典型的有限元问题

1.1
材料成形过程数值分析方法

1.1.1 材料成形过程数值分析方法

研究不同性能、形状的材料在各类工具及外加载荷作用下成形时的位移、力、温度、材料流动状态等过程量，是材料成形过程数值分析要解决的重要问题之一。

对于材料成形领域中众多的力学问题和物理问题，前人已经总结出它们应遵循的基本方程和相应的定解条件，但能用解析方法得出定解的只是少数几类几何形状规则、加载条件简单的问题。对于大多数实际问题，由于材料性能的非线性、复杂的外形结构及加载条件，则不能得到定解。数值分析方法结合计算机技术可求解这类复杂的数值问题。有限元法作为重要的数值分析方法，在运用于材料成形过程数值模拟中也是最有效的方法之一。

有限元法是由 Courant 在 1943 年尝试应用一系列三角形区域上定义的分片连续函数和最小位能原理相结合来求解 St. Venant 扭转问题时提出的。计算机的出现推动了有限元法的实际应用。Argyris 等人在结构矩阵分析方面取得较大进展。Turner、Clough 等人在 1956 年将刚架分析中的位移法推广到弹性力学平面问题，并用于飞机结构的分析。他们首次给出了用三角形单元求解平面应力问题的正确解答，是现代有限元法第一个成功应用的尝试。Clough 在 1960 年进一步求解了平面弹性问题，并第一次提出了"有限单元法"这一名称，使有限单元法的特性和功效更为人们所认识。

有限元法的基本思想是将连续的求解域离散为一组有限个单元的组合体，这样的组合体能近似地模拟或逼近求解区域。由于单元能按各种不同的连接方式组合在一起，且单元本身又可以具有不同的几何形状，因此可以模拟形状复杂的求解域。有限元法利用在每一单元内假设的近似函数来表示全求解域上待求的未知场函数。单元内的近似函数通常由未知场函数在单元各个节点上的数值以及插值函数来表达。

随着计算能力的进一步发展，运用有限元方法，可以快速而精确地求解成形过程的各种场变量，如位移场、应力场、温度场、流场等，从而为材料成形工艺分析提供准确的过程量分布。结合理论推导结果或实验判据，可进一步对材料成形过程进行工艺优化和成形质量控制。

1.1.2　有限元法的计算软件

有限元法借助计算机实现，有限元软件是实现材料成形过程场量计算的载体，它汇集了有限元理论、单元形式、算法研究和计算能力的发展结果，在材料成形过程数值模拟领域，其软件的使用可分为如下两类。

（1）大型通用商业软件

从 20 世纪 60 年代开始，基于有限元法在结构分析方面已经成熟并被工程界广泛采用，一批由专业软件公司研制的大型通用有限元软件公开发行，如 ASKA、SAP、NASTRAN、MSC、ANSYS、ABAQUS、LSDYNA、ADINA 等。通用有限元软件能够应用于多个工业领域，包括前处理、分析计算、后处理等功能，包含众多的单元库、材料模型、分析功能和用户开发功能。大型通用软件已为工程技术界广泛应用，并成为 CAD/CAM 系统不可或缺的部分。

（2）专用软件

专用软件是为解决某一类型问题而编制的程序或者在某一专业技术领域使用的简单易用的小型有限元软件。如为解决平面问题、轴对称问题、板壳问题等结构应力分析而编制的程序；在板料成形领域使用的 DYNAFORM、AUTOFORM；在体积成形领域使用的 DEFORM、CASFORM；在连接成形领域使用的 SYSWELD 等。这些专业软件在某一特定领域及特定问题上因其易上手和易操作得到一定应用。

1.1.3　ABAQUS 软件简介

ABAQUS 可用于分析复杂的力学系统问题，其特点是善于处理高度非线性问题。材料成形过程中普遍存在着单一材料非线性、边界非线性和几何非线性的问题，也可能是包含几种不同材料、承受复杂的力和热载荷过程、接触条件在成形过程中变化的非线性组合问题。在一般问题的分析中，仅需提供结构的几何形状、材料特性、边界条件和载荷工况数据。在非线性分析中，ABAQUS 能自动选择合适的载荷增量和收敛准则，并在分析过程中不断调整这些参数值，确保获得精确的解答，几乎不必去定义任何参数就能控制问题的数值求解过程。不但可以做单一零件的力学和多物理场分析，还可以完成系统级的分析和研究，模拟庞大复杂的模型。其突出的非线性问题分析能力为材料成形过程数值模拟提供了解决方案，在材料成形过程数值分析领域应用广泛。

ABAQUS具备十分丰富的单元库,可以模拟任意几何形状,其丰富的材料模型库可以模拟大多数工程材料的性能,如金属、橡胶、聚合物、复合材料、可压缩的弹性泡沫等。作为通用有限元软件,ABAQUS不仅能够解决结构分析(应力/位移)问题,还能够分析传热、温度、质量扩散、结构/热耦合分析等材料成形领域中的大部分问题。

ABAQUS面向材料成形领域的主要分析功能如下:

① 静态应力/位移分析。包括线性、材料非线性、几何非线性、结构损伤断裂等。

② 动态分析。包括频率提取分析、瞬态响应分析、稳态响应分析、随机响应分析等。

③ 非线性动态应力/位移分析。包括各种随时间变化的大位移分析、接触分析等。

④ 黏弹性/黏塑性响应分析。黏弹性/黏塑性材料结构的响应分析。

⑤ 热传导分析。传导、辐射和对流的瞬态或稳态分析。

⑥ 热处理过程分析。对材料热处理过程的分析。

⑦ 质量扩散分析。连接成形过程中的质量扩散问题分析。

⑧ 准静态分析。应用显示积分方法求解静态和冲压等准静态问题。

⑨ 耦合分析。热/力耦合,瞬态温度/位移耦合,流/力耦合。

⑩ 疲劳分析。根据结构和材料的受载情况统计,进行疲劳寿命评估。

⑪ 用户自定义子程序功能。对于一些新型材料、新型本构关系、新型单元、新的场量、新的加载等,用户可根据自身的使用需要结合软件子程序接口开发自定义子程序来解决一些特殊的问题。该功能对于高级用户具有极大的吸引力。

1.2
材料成形技术及其发展

1.2.1 材料成形技术

材料成形技术是先进制造技术不可缺少的重要组成部分,是国民经济赖以发展和国际高新技术领域竞争的重要战场。全世界75%的型材经过塑性加工,45%的金属机构用焊接工艺得以成形。材料成形技术是发展航空航天、汽车、能源、造船、装备制造、工程机械等支柱产业的重要基础。

与切削成形技术相比，材料成形技术具有如下特点：在质量评价标准上，在保证零件尺寸形状精度和表面质量的同时，更注重保证零件和结构内部的组织性能和完整性；在产品和零件设计上，更强调针对复杂型腔和曲面的加工能力；在工艺过程中，涉及温度场、流场、应力应变场以及材料内部组织的变形；控制因素多样。

材料成形是一个涉及流体、传热、冶金、力学等复杂因素的过程。要得到高质量的产品必须控制这些因素。而有限元数值模拟方法可用来确定材料成形方案、生产工艺及相关参数、产品缺陷诊断、预测及质量检测。材料成形技术需要在材料成形原理指导下，通过数值模拟分析，预测近似工艺条件下，材料成形后所得到的组织、性能和质量，进而实现材料成形工艺的优化设计。数值模拟技术在材料成形过程中可起到如下作用：

① 优化工艺设计，使工艺参数达到最佳，提高成形质量。

② 可在较短的时间内，对多种工艺方案进行检测，缩短产品开发周期。

③ 在计算机上进行工艺模拟实验，降低产品开发费用和对资源的消耗。

1.2.2　材料成形技术发展趋势

（1）高效节能

随着成形工艺的不断发展，对材料的需求量越来越大，这就意味着材料成形的时间必须缩短，材料生产的规模需要扩大，材料成形的效率需要得到提高。而未来能源必然会愈加紧张，能源浪费高的材料成形技术将不再符合时代的要求，节约能源的成形技术会成为社会的主流。高效节能是未来材料成形技术发展的趋势，以提高产品的生产效率和质量，减少能源消耗。

（2）绿色环保

随着工业化进程，健康和绿色环保越来越被重视，人们对生活和工作环境都有了更高的要求。高污染、作业环境恶劣以及对人体危害较大的材料成形技术会逐渐被人们放弃，转而研发洁净环保的新型成形技术，以降低对环境产生的噪声，气体、水资源等方面的污染，保证工作人员的人身安全。

（3）数字化和智能化

对材料成形工艺和成形过程建立数字化数据体系，实现设计体系、制造技术以及检测与后加工的数字化。建立数字化技术体系，能够减少材料生产中各个环节产生的误差，加强整个生产过程的监督检验。智能化是在材料成形的生产过程中，对材料生产的各个环节实施智能化控制技术，优化生产工艺和流程，以提高产品的产量和质量。

（4）自动化

自动化是材料成形技术发展的必然趋势，随着工业发展对材料产品生产规模和生产质量稳定性要求的提高，提升材料生产过程的自动化就显得十分有必要。自动化可以改变材料制造中劳动密集的特征，减少材料生产的人工失误，提高生产效率等问题。

1.3
材料成形过程中典型的有限元问题

（1）结构问题

结构问题主要包括应力应变、损伤断裂、疲劳寿命、动态响应问题。

材料在外加载荷作用下改变形状、性能，计算并显示材料及加载工具的力、位移、温度等场量是最典型的有限元问题。

当材料所承受的外加载荷超过材料本身所能承受的应力应变极限值时会出现损伤、断裂等情况，在条件判据合理时，有限元方法可帮助判断损伤断裂出现的位置和时间。

用于为材料施加载荷的工模具也存在可靠性问题。在反复加载条件下，摩擦、温度、约束和加载速度等工艺条件会影响工模具的寿命，有限元方法可帮助预测工模具寿命。

材料成形过程也伴随着剧烈的运动、冲击和振动，尤其是在重载、高速和高温的条件下，加工零件和工模具也需要求解动态响应的问题。

（2）非线性问题

材料成形过程中材料处于塑性态、半固态或者熔融状态，为了得到永久性的变形，材料在高应变时发生屈服，成形过程在塑性段完成；材料的响应成为非线性和不可恢复的；工模具在对材料施加载荷的过程中，接触状态会出现变化；零件在成形过程中几何形状会发生改变，如板料成形过程中突然翻转、大变形问题等。因此，材料成形过程涉及更多的非线性问题。

（3）传热问题

为提高材料成形过程中的流动性或者改变材料的性能，需要对材料进行加热。加热的方式可以是传导、对流或者辐射。伴随加热的过程还有热量的损失以及热致损伤问题。成形质量涉及加热速度、热效率的问题。

（4）传质问题

材料成形过程伴随着热量的流动会出现质量的传递，尤其是含有凝固过程的成形工艺，如熔焊。一方面元素会传递到材料中，另一方面由于热的作用部分材料也会脱离，出现飞溅、脱氢、脱碳等，是一个复杂的传质过程。

（5）多场耦合问题

许多材料成形过程是由多个物理场（如应力场、温度场、流场等）叠加作用完成的，这些物理场之间相互影响，如焊接温度场和应力场带来的残余应力问题，温冲过程中带来的回弹问题。

第 2 章

有限单元法
基本理论

2.1 有限元法的基本思想及实施步骤

2.2 连续介质的离散化

2.3 单元分析

2.4 整体分析

2.1
有限元法的基本思想及实施步骤

在工程问题的数学模型（基本变量、基本方程、求解域和边界条件等）确定后，便可采用有限元法对其进行数值分析。有限元法求解问题的基本思想可概述为：离散求解域→单元分析→整体分析。其基本原理是将一个无限连续介质离散成有限个形状简单的子域（单元），单元之间在指定节点处连接，通过节点传递单元之间的相互作用；使其分别承受相应的等效节点载荷，对每一个单元选择一个由相关节点量确定的函数来近似描述其场变量（位移或力），并依据一定的原理建立各物理量间的关系式；将全部单元的插值函数集合成整体场变量的方程组，得到一个与有限节点相关的总体方程，然后进行数值计算解总体方程，即求得有限个节点的未知量（位移或力），进而求得其他近似解（应力、应变、应变速率等）。在实际应用中，以位移作为基本未知量的位移法比以内力作为基本未知量的力法在矩阵运算中简单，应用较多。

对于一个连续体，采用有限元法求解的基本步骤如下：

① 连续体的离散。把求解的连续体划分成很多单元。

② 插值函数。划分单元后，选择满足某些要求（如单元内保持连续性、在其边界上保证协调性等）的联系单元节点和单元内部各点位移的插值函数形式，以保证数值计算结果更逼近精确解。插值函数取决于单元的形状、节点的类型和数目等因素，通常选择多项式，便于微分和积分。

③ 单元分析。建立单元的基本方程，如刚度矩阵或能量泛函。按变分原理，对弹性和弹塑性有限元推导单元的刚度矩阵 $[k]_e$，用此矩阵把单元节点位移 $\{\delta\}_e$ 和节点力 $\{p\}_e$ 联系起来，即 $[k]_e\{\delta\}_e = \{p\}_e$。对于刚塑性有限元，则建立以节点位移 δ_i 为自变量的单元能量泛函 $\phi_e = \phi_e(\delta_i)$。方程建立方法有直接法、变分法、加权余量法。

④ 建立整体方程。对于弹性和弹塑性有限元，这个过程包括由各单元的刚度矩阵集合成整个变形体的总刚度矩阵 $[K]$，以及由单元节点力列阵集合成总载荷列阵 $\{P\}$，从而建立表示整个变形体的节点位移和总载荷关系的联立方程组，即

$$[K]\{\delta\} = \{P\}$$

对于刚塑性有限元，则建立整个变形体的能量泛函变分方程组，即

$$\delta\left\{\sum_{e=1}^{n} \phi^e(\delta_i)\right\} = 0$$

式中 n ——单元数目。

⑤ 求解整体方程组。在弹性有限元中，这些方程组是线性的。在弹塑性和刚塑性有限元中，这些方程组是非线性的，求解时进行线性化即可。

⑥ 进行参量计算。由节点位移和力，利用几何方程和物理方程，求整个变形体的应变场、应变速率场、应力场，并根据问题的需要，进一步计算其余参数。

注意： 本书用"｛ ｝"表示列矩阵，方括号"［ ］"表示方阵，上角标 T 表示转置。

2.2
连续介质的离散化

求解有限元问题，首先是将连续体离散化，把求解区域假想地划分成有限个单元，即划分网格。离散后，单元由节点连接，每个单元内用插值函数表示场变量，插值函数由节点值确定，单元之间的相互作用通过节点来传递，如图 2.1 所示。

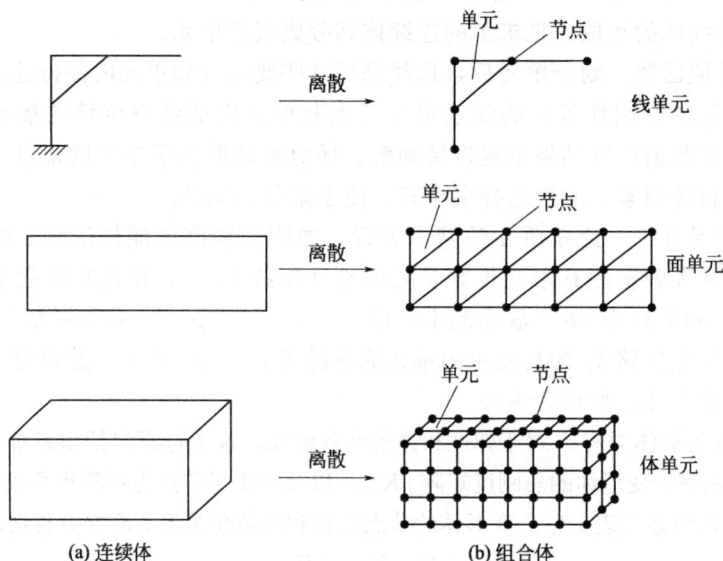

图 2.1 离散求解对象（域）

连续介质离散的步骤为：

① 单元选择；

② 节点编码；

③ 生成网格；

④ 选择计算区域。

2.2.1 选择单元形式

单元是原始结构离散后，满足一定几何特性和物理特性的最小结构域。按照维度把单元分为：一维单元（线单元），二维单元（面单元），三维单元（体单元）。一维单元可以是直线，也可以是曲线。二维单元可以是三角形、矩形或四边形。三维单元可以是四面体、五面体或一般六面体。

具有轴对称几何形状和轴对称物理性质的三维域能用二维单元绕对称轴旋转形成的三维环单元进行离散。

（1）线单元

在图 2.2 所示的模型中，将圆杆离散成两个线单元。

图 2.2　由线单元离散的一维域

（2）面单元

在图 2.3 中，一个二维域可以利用一系列三角形或四边形单元进行离散，将总体求解域理想化为由很多子域（单元）所组成。

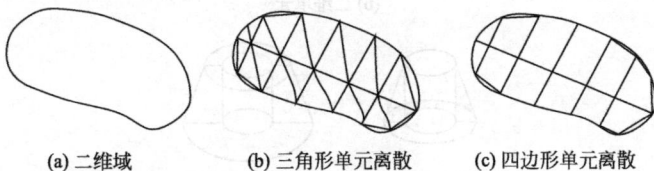

(a) 二维域　　　(b) 三角形单元离散　　　(c) 四边形单元离散

图 2.3　由面单元离散的二维域

图 2.4 所示为由不同类型体单元离散的三维域。

节点是单元与单元间的连接点。从节点参数的类型来看，它们可以是只包含场函数的节点值，也可以是同时包含场函数导数的节点值。选择何种单元类型取决于单元交界面上的连续性要求，由泛函中场函数导数的最高阶次所决定。

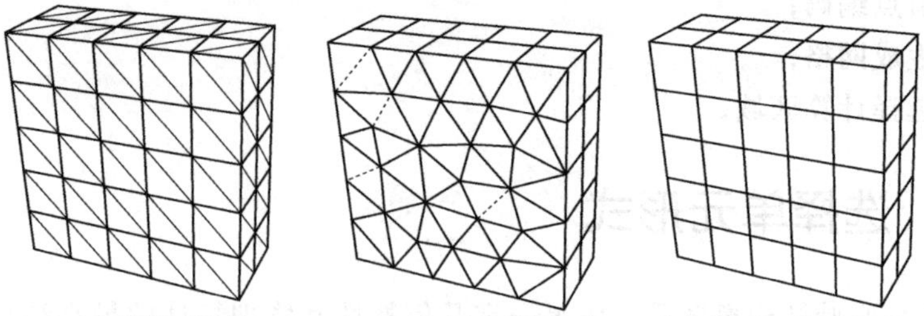

| (a) 四面体单元离散 | (b) 五面体单元离散 | (c) 规则六面体单元离散 |

图 2.4　由体单元离散的三维域

如果泛函中场函数导数的最高阶为 1 次，则单元交界面上只要求函数值保持连续，即要求单元保持 C_0 连续，节点参数只包含场函数的节点值，这类单元称为 C_0 型单元。如果泛函中场函数导数最高阶为 2 次，则要求场函数的一阶导数在交界面上也保持连续，即要求单元保持 C_1 连续性，这时节点参数中必须同时包含场函数及其一阶导数的节点值，这类单元称为 C_1 型单元。在单元插值函数的形式方面，有限元方法中几乎全部采用不同阶次幂函数的多项式来做插值函数，这是因为它们具有便于运算和易于满足收敛性要求的优点。

如果采用幂函数多项式作为单元的插值函数，对于只满足 C_0 连续性的 C_0 型单元，单元内的未知场函数的线性变化能够仅用端节点的参数表示，其单元形式如图 2.5 所示。

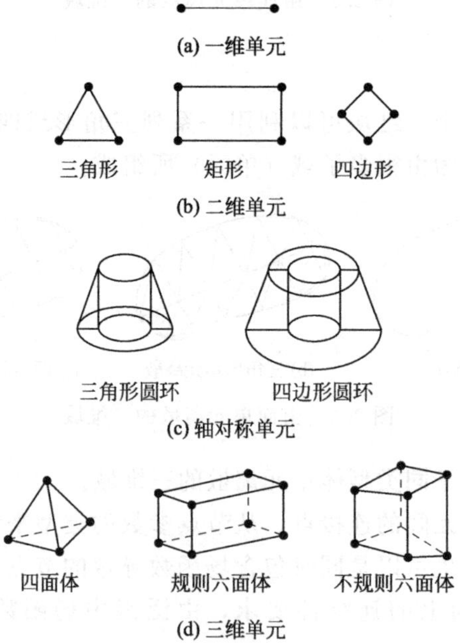

(a) 一维单元

三角形　　矩形　　四边形
(b) 二维单元

三角形圆环　　四边形圆环
(c) 轴对称单元

四面体　　规则六面体　　不规则六面体
(d) 三维单元

图 2.5　1 次单元形式

材料成形过程数值模拟
基础与应用

对于它的 2 次变化，则必须在角（或端）节点之间的边界上适当配置一个边内节点，单元形式如图 2.6 所示。

(a) 直线边

(b) 曲线边

图 2.6 2 次单元形式

以此类推，单元内未知场函数的 3 次变化，则必须在端节点之间的边界上适当配置 2 个边内节点，单元形式如图 2.7 所示。

配置边节点另一个重要的原因是需要描述曲线或曲面，沿边界配置适当的边内节点，从而可能构成 2 次或更高次多项式来描述这些曲线或曲面。有时为使插值函数保持为一定阶次的完全多项式，可能还需要在单元内部配置节点，单元内部配置节点如图 2.8 所示，但由于这些节点的存在将增加表达式和计算上的复杂性，所有这些内部节点除非是所考虑的具体情况绝对必需，否则是不希望存在的。

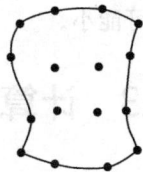

图 2.7 3 次单元形式   图 2.8 单元内部配置节点

一般来说，单元类型和形状的选择依赖于结构或总体求解域的几何特点、方程的类型及求解所希望的精度等因素。根据分析问题的维度，选定单元形式后，即可对计算区域进行单元划分。单元划分是否合理，在一定程度上会影响计算精确度和计算时间。在场变量的变化梯度较大的区域或节点附近，单元要划分得密一些，在变化梯度较小的区域，单元可划分得疏一些。网格划分变化梯度如图 2.9 所示。

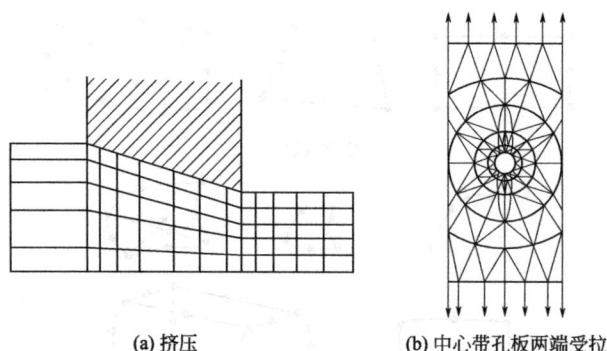

(a) 挤压　　　　　　　　　(b) 中心带孔板两端受拉

图 2.9　网格划分变化梯度

2.2.2　节点编码

节点力：单元与单元间通过节点的相互作用力。

节点载荷：作用于节点上的外载荷（等效）。

单元划分完毕后，应对节点进行编码。其目的是使单元方程有序地集合成整体方程。合理编码，能减少计算机内存占用和节省计算时间，因为一节点只与它相邻的节点发生直接联系，这样在联立求解方程组时，方程组的系数矩阵是一个稀疏矩阵。合理的编码能使稀疏矩阵中有值的元素集中排列在一个窄带内，这样可以采用带形矩阵来存储这些系数，从而减少计算机内存占用，节省计算时间。为达到这个目的，编码的安排要使整个区域内相邻两节点的编码差值尽可能小。

2.2.3　计算区域的选择

合理地选择计算区域也是十分重要的，它能使被计算的问题大大简化，并节省计算时间，通常以考虑问题的对称性和受力后变形的范围为主。

（1）无限大物体可选择有限区域来代表

如图 2.10 所示，一物体作用在半无限体大的物体上，考虑作用力影响是有限的，故可简化成有限区域来进行计算。

(a) 半无限大物体　　　　　　　　　　(b) 有限区域

图 2.10　半无限大物体简化为有限区域

（2）对称物体要充分利用其对称性

如图 2.11 所示的物体的受力就可选择四分之一来进行计算，这样大大减少占计算机内存量和计算时间。

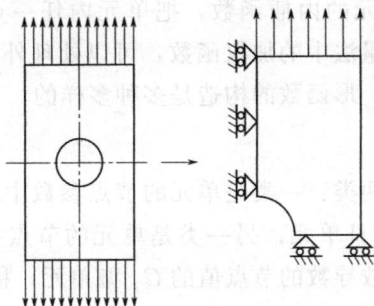

图 2.11　利用对称性

2.3
单元分析

网格划分后，下一步工作是对单元进行分析和建立基本方程。单元分析是有限元计算的核心，其任务是建立单元的节点力和位移之间的关系，即建立单

元刚度矩阵 $[k]_e$。

单元分析的基本步骤是将节点位移通过广义位移参数或直接由形函数插值转化为内部点位移；由弹性或塑性力学方程分析应变与应力，建立节点位移和内部应力的关系，再借助虚功方程或变分原理，导出单元节点力和节点位移的关系，流程如图 2.12 所示。

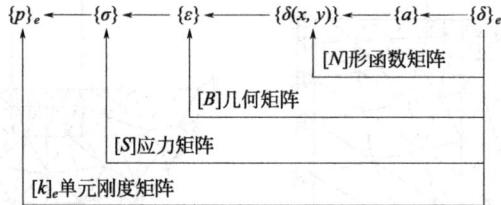

图 2.12 单元分析的步骤

2.3.1 单元与形函数

在有限元基本理论中，形函数是一个非常重要的概念，它是建立位移函数和坐标变换不可缺少的函数。形函数是用单元内部坐标来表示单元场变量的连续函数，即只要已知单元节点值的变化，单元内任一点的变化值可由形函数确定。它不仅可以用作单元的内插函数，把单元内任一点的位移用节点位移表示，而且可作为加权余量法中的加权函数，可以处理外载荷，将分布力等效为节点上的集中力和力矩。形函数的构造是多种多样的。

1）一维单元

一维单元可以分为两类：一类是单元的节点参数中只包含场函数节点值的 C_0 型单元，称为拉格朗日单元；另一类是单元的节点参数中，除了场函数的节点值外，还包含场函数导数的节点值的 C_1 型单元，称为 Hermite 单元。

（1）拉格朗日单元

① 总体坐标内的形函数。对于具有 n 个节点的一维单元，如果它的节点参数中只含有场函数的节点值，则单元内的场函数 ϕ 可插值表示为：

$$\phi = \sum_{i=1}^{n} N_i \phi_i \tag{2.1}$$

其中形函数 $N_i(x)$ 具有下列性质：

$$N_i(x_j) = \delta_{ij} \tag{2.2}$$

$$\sum_{i=1}^{n} N_i(x) = 1 \tag{2.3}$$

式中，δ_{ij} 是 Kronecker dalta（克罗内克函数）。

直接采用拉格朗日多项式构造形函数 $N_i(x)$，对于 n 个节点的一维单元，$N_i(x)$ 采用 $n-1$ 次拉格朗日插值多项式 $l_i^{n-1}(x)$，即令：

$$N_i(x) = l_i^{n-1}(x) = \prod_{j=1,\ j\neq i}^{n} \frac{x-x_j}{x_i-x_j}$$

$$= \frac{(x-x_1)(x-x_2)\cdots(x-x_{i-1})(x-x_{i+1})\cdots(x-x_n)}{(x_i-x_1)(x_i-x_2)\cdots(x_i-x_{i-1})(x_i-x_{i+1})\cdots(x_i-x_n)}$$

$$(i=1,2,\cdots,n) \tag{2.4}$$

其中，$l_i^{n-1}(x)$ 的上标 $n-1$ 表示拉格朗日插值多项式的次数；Π 表示二项式在 j 的范围内（$j=1,2,\cdots,i-1,i,i+1,\cdots,n$）的乘积，$n$ 是单元的节点数，$x_1,x_2,\cdots,x_n$ 是 n 个节点的坐标。

如果 $n=2$，场函数 ϕ 的插值表示为：

$$\phi = \sum_{i=1}^{2} l_i^{(1)}(x) \phi_i \tag{2.5}$$

其中，$l_1^{(1)}(x) = \dfrac{x-x_2}{x_1-x_2}$，$l_2^{(1)}(x) = \dfrac{x-x_1}{x_2-x_1}$

如令 $x_1=0$，$x_2=l$，则 $l_1^{(1)}(x)=1-x/l$，$l_2^{(1)}(x)=x/l$。

② 自然坐标内的形函数。定义无量纲的局部坐标为

$$\xi = \frac{x-x_1}{x_n-x_1} = \frac{x-x_1}{l}，0 \leqslant \xi \leqslant 1 \tag{2.6}$$

其中 l 为单元长度，此时 ξ 的区间为（0，1）。利用式（2.6）定义局部坐标 ξ，则式（2.4）可表示为

$$l_i^{(n-1)}(\xi) = \prod_{j=1,\ j\neq i}^{n} \frac{\xi-\xi_j}{\xi_i-\xi_j} \tag{2.7}$$

当 $n=2$，且 $\xi_1=0$，$\xi_2=1$ 时，则有：

$$l_1^{(1)} = \frac{\xi-\xi_2}{\xi_1-\xi_2} = 1-\xi \qquad l_2^{(1)} = \frac{\xi-\xi_1}{\xi_2-\xi_1} = \xi \tag{2.8}$$

当 $n=3$，且 $x_2=(x_1+x_3)/2$ 时，$\xi_1=0$，$\xi_2=1/2$，$\xi_3=1$ 时，则有：

$$l_1^{(2)} = \frac{(\xi-\xi_2)(\xi-\xi_3)}{(\xi_1-\xi_2)(\xi_1-\xi_3)} = 2(\xi-\frac{1}{2})(\xi-1)$$

$$l_2^{(2)} = \frac{(\xi-\xi_1)(\xi-\xi_3)}{(\xi_2-\xi_1)(\xi_2-\xi_3)} = -4\xi(\xi-1)$$

$$l_3^{(2)} = \frac{(\xi-\xi_1)(\xi-\xi_2)}{(\xi_3-\xi_1)(\xi_3-\xi_2)} = 2\xi(\xi-\frac{1}{2}) \tag{2.9}$$

无量纲坐标还可采用另一种形式

$$\xi = 2\frac{x - x_c}{x_n - x_1} = \frac{2x - (x_1 + x_n)}{x_n - x_1} \quad (-1 \leqslant \xi \leqslant 1) \quad (2.10)$$

其中 $x_c = (x_1 + x_n)/2$ 是单元中心的坐标，此时 ξ 的区间为 $(-1,1)$。

③ 拉格朗日形函数的广义表达式。为方便今后构造其他形式的拉格朗日单元，在此还可将式（2.7）改写成

$$N_i = l_i^{(n-1)} = \prod_{j=1, j \neq i}^{n} \frac{f_j(\xi)}{f_j(\xi_i)} \quad (2.11)$$

其中，$f_j(\xi) = \xi - \xi_j$，表示任一点 ξ 至点 ξ_j 的距离。

（2）Hermite 单元

在单元间的公共节点上还需要保持场函数导数的连续性，则节点参数中还应包含场函数导数的节点值。这时可以方便地采用 Hermite 多项式作为单元的形函数，对于只有两个端节点的一维单元，场函数 ϕ 采用 Hermite 多项式的插值表达式可写成

$$\phi(\xi) = \sum_{i=1}^{2} H_i^{(0)}(\xi)\phi_i + \sum_{i=1}^{2} H_i^{(1)}(\xi)\left(\frac{\mathrm{d}\phi}{\mathrm{d}\varepsilon}\right)_i \quad (2.12)$$

$$或\ \phi(\xi) = \sum_{i=1}^{4} N_i(\xi)Q_i \quad (2.13)$$

在端部节点最高保持场函数的一阶导数连续性的 Hermite 多项式称为一阶 Hermite 多项式。在两个节点的情况下，它是自变量 ξ 的三次多项式。零阶 Hermite 多项式即拉格朗日多项式。在节点上保持至函数的 n 阶导数连续性的 Hermite 多项式称为 n 阶 Hermite 多项式。

函数 ϕ 的二阶 Hermite 多项式插值表示如下：

$$\phi(\xi) = \sum_{i=1}^{2} H_i^{(0)}(\xi)\phi_i + \sum_{i=1}^{2} H_i^{(1)}(\xi)\left(\frac{\mathrm{d}\phi}{\mathrm{d}\xi}\right)_i + \sum_{i=1}^{2} H_i^{(2)}(\xi)\left(\frac{\mathrm{d}^2\phi}{\mathrm{d}\xi^2}\right)_i$$

$$(2.14)$$

或写成

$$\phi(\xi) = \sum_{i=1}^{6} N_i Q_i \quad (2.15)$$

2）二维单元

（1）广义坐标内的形函数

设形函数为：

$$\sum_{i=1}^{n} N_i(x, y) \quad (2.16)$$

N 为单元的节点数，形函数应满足：

a. 在节点 i 上有 $N_i(x_i, y_i) = 1$；

b. 对单元内任一点有 $\sum\limits_{i=1}^{n} N_i(x, y) = 1$；

c. 能保证所定义的未知量（u，v 或 x，y 等）在相邻单元之间的连续性；

d. 应包含任意线性项，以便由它定义的单元位移满足常应变准则。

① 形函数次数的选择

一般来说，单元的形函数次数对计算精度的影响是次数越高精度越高，形函数次数的增加可使计算精度提高，但计算的复杂性和计算时间也大大增加。对于一具体问题都有一个合适的形函数阶数。形函数阶数的选择一般要根据计算经验确定。

形函数通常采用一次或二次式，很少采用三次多项式，因三次以上每增加一次，计算工作量增加很大，而精度的提高却不大。为此，通常选用形函数阶数较低，单元数较多的方法，而不用较少单元的高阶元。

单元最高次数选定以后，位移模式可由下列三角形来表示。

多项式级数					完备多项式项数
1				常数项	1 项
x y				1 次项	3 项
x^2 xy y^2				2 次项	6 项
x^3 x^2y xy^2 y^3				3 次项	10 项
x^4 x^3y x^2y^2 xy^3 y^4				4 次项	15 项

② 单元类型与位移模式的对应关系

a. 三边形单元。三边形单元只有 3 个节点，如图 2.13 所示，对应的位移模式只能有 3 项，其多项式场函数为：

$$\phi = a_0 + a_1 x + a_2 y \tag{2.17}$$

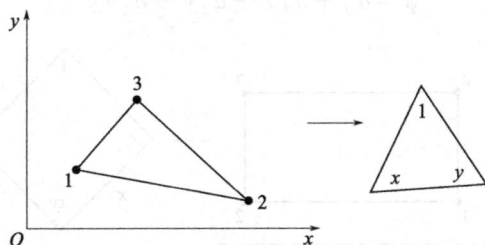

图 2.13　三边形单元及其位移模式

b. 六节点三边形单元。如图 2.14 所示，位移模式应取六项，对应的多项式场函数为：

$$\phi = a_0 + a_1 x + a_2 y + a_3 xy + a_4 x^2 + a_5 y^2 \qquad (2.18)$$

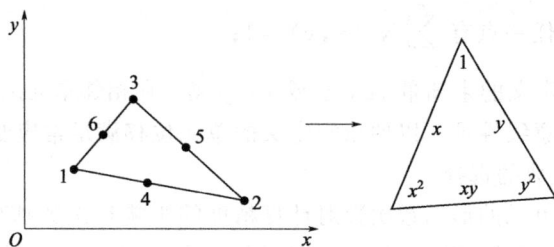

图 2.14　六节点三边形单元及其位移模式

c. 十节点三边形单元。每个边界上有 4 个位移值，如图 2.15 所示，可唯一确定边界上位移分布的三次函数，并包含一个内部节点，完备的多项式场函数为：

$$\phi = a_0 + a_1 x + a_2 y + a_3 x^2 + a_4 xy + a_5 y^2 + a_6 x^3 + a_7 x^2 y + a_8 xy^2 + a_9 y^3$$
$$(2.19)$$

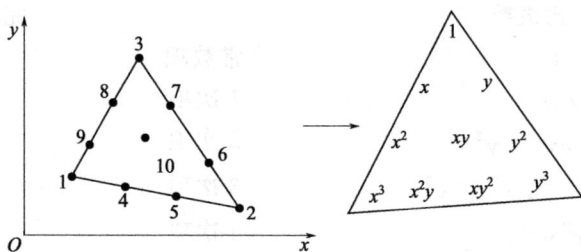

图 2.15　十节点三角形单元及其位移模式

d. 四节点矩形单元。如图 2.16 所示，位移模式只能取四项，因此多项式场函数是非完备多项式。

$$\phi = a_0 + a_1 x + a_2 y + a_2 xy \qquad (2.20)$$

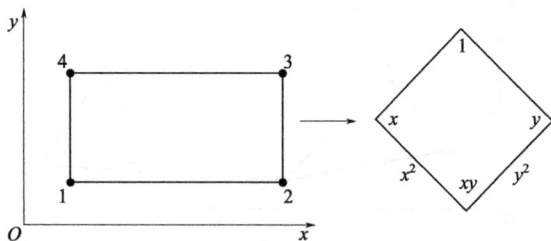

图 2.16　四节点矩形单元及其位移模式

e. 八节点矩形单元。八节点矩形单元如图 2.17 所示，对应的位移模式也是不完备的三次多项式，其多项式场函数表示为：

$$\phi = a_0 + a_1 x + a_2 y + a_3 x^2 + a_4 xy + a_5 y^2 + a_6 x^2 y + a_7 xy^2 \quad (2.21)$$

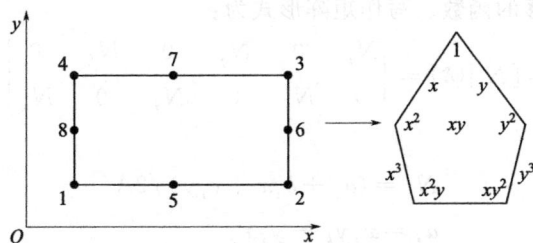

图 2.17　八节点矩形单元及其位移模式

f. 九节点矩形单元，如图 2.18 所示。可选取对称双二次的九项多项式，它包含一个内部节点。

$$\phi = a_0 + a_1 x + a_2 y + a_3 x^2 + a_4 xy + a_5 y^2 + a_6 x^2 y + a_7 xy^2 + a_8 x^2 y^2$$
$$(2.22)$$

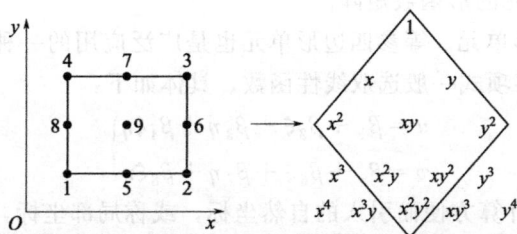

图 2.18　九节点矩形单元及其位移模式

③ 求出形函数

a. 三边形单元为一次完备多项式位移模式时，三个节点 i, j, k 的位移可表示为

$$\delta_i = \begin{Bmatrix} u_i \\ v_i \end{Bmatrix} \quad \delta_j = \begin{Bmatrix} u_j \\ v_j \end{Bmatrix} \quad \delta_k = \begin{Bmatrix} u_k \\ v_k \end{Bmatrix}$$

$$\text{或} \quad \{\delta\} = [u_i v_i u_j v_j u_k v_k]^T \quad (2.23)$$

由节点位移可得到关于完备多项式系数 $\beta_1 \sim \beta_6$ 的方程组如下：

$$\begin{Bmatrix} u_i \\ u_j \\ u_k \end{Bmatrix} = \begin{bmatrix} 1 & x_i & y_i \\ 1 & x_j & y_j \\ 1 & x_k & y_k \end{bmatrix} \begin{Bmatrix} \beta_1 \\ \beta_2 \\ \beta_3 \end{Bmatrix} \quad (2.24)$$

$$\begin{Bmatrix} v_i \\ v_j \\ v_k \end{Bmatrix} = \begin{bmatrix} 1 & x_i & y_i \\ 1 & x_j & y_j \\ 1 & x_k & y_k \end{bmatrix} \begin{Bmatrix} \beta_4 \\ \beta_5 \\ \beta_6 \end{Bmatrix} \quad (2.25)$$

由式 (2.24) 与式 (2.25) 可求出 $\beta_1 \sim \beta_6$，单元内任一点的位移就可表示为单元节点位移的函数。写作矩阵形式为：

$$\begin{Bmatrix} u \\ v \end{Bmatrix} = [N]\{\delta\} = \begin{bmatrix} N_i & 0 & N_j & 0 & N_k & 0 \\ 0 & N_i & 0 & N_j & 0 & N_k \end{bmatrix} \{\delta\} \tag{2.26}$$

式中

$$N_i = (a_i + b_i x + c_i y)/2A$$
$$a_i = x_j y_k - y_j x_k$$
$$b_i = y_j - y_k$$
$$c_i = -x_j + x_k$$
$$2A = \begin{vmatrix} 1 & x_i & y_i \\ 1 & x_j & y_j \\ 1 & x_k & y_k \end{vmatrix}$$

$[N]$ ——单元的形函数矩阵。

b. 等参四边形单元。等参四边形单元也是广泛应用的一种单元，它有四个节点，为此插值多项式一般选双线性函数，具体如下：

$$\left.\begin{aligned} u &= \beta_1 + \beta_2 \xi + \beta_3 \eta + \beta_4 \xi\eta \\ v &= \beta_5 + \beta_6 \xi + \beta_7 \eta + \beta_8 \xi\eta \end{aligned}\right\} \tag{2.27}$$

$\xi - \eta$ 是为了计算方便而引入的自然坐标，或称局部坐标，$\xi - \eta$ 坐标系的取值在 $-1 \sim 1$ 之间变化。任一单元都可通过坐标变换和自然坐标相对应。单元内任意一点都可在自然坐标系中找到对应的点，如图 2.19 所示。

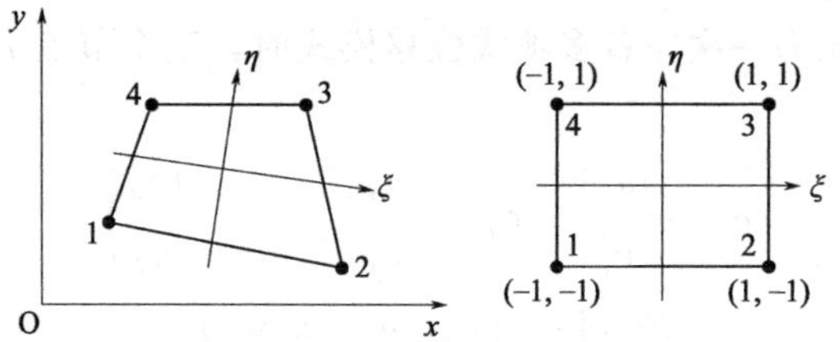

图 2.19 坐标变换

单元内任一点的位置可表为节点位置的函数，即

$$\left.\begin{aligned} x &= \sum_{i=1}^{4} \frac{x_i}{4}(1 + \xi_i \xi)(1 + \eta_i \eta) \\ y &= \sum_{i=1}^{4} \frac{y_i}{4}(1 + \xi_i \xi)(1 + \eta_i \eta) \end{aligned}\right\} \tag{2.28}$$

式中 $\quad x_i$、y_i ——单元节点在 x 和 y 方向上的坐标。

$$\xi_1 = -1 \quad \eta_1 = -1$$
$$\xi_2 = 1 \quad \eta_2 = -1$$
$$\xi_3 = 1 \quad \eta_3 = 1$$
$$\xi_4 = -1 \quad \eta_4 = 1$$

单元内任一点的位移也可表为节点位移的函数,即:

$$\begin{cases} u = \sum_{i=1}^{4} \dfrac{u_i}{4}(1+\xi_i\xi)(1+\eta_i\eta) \\ v = \sum_{i=1}^{4} \dfrac{v_i}{4}(1+\xi_i\xi)(1+\eta_i\eta) \end{cases} \quad (2.29)$$

式中 $\quad u_i$、v_i —— x、y 方向上的节点位置。

位置函数与位移函数有相同的形式,所以四边形单元称为等参单元。

将位移写成矩阵形式为:

$$\begin{Bmatrix} u \\ v \end{Bmatrix} = \begin{bmatrix} N_1 & 0 & N_2 & 0 & N_3 & 0 & N_4 & 0 \\ 0 & N_1 & 0 & N_2 & 0 & N_3 & 0 & N_4 \end{bmatrix} \begin{Bmatrix} u_1 \\ v_1 \\ u_2 \\ v_2 \\ u_3 \\ v_3 \\ u_4 \\ v_4 \end{Bmatrix} \quad (2.30)$$

式中

$$N_1 = \frac{1}{4}(1-\xi)(1-\eta)$$

$$N_2 = \frac{1}{4}(1+\xi)(1-\eta)$$

$$N_3 = \frac{1}{4}(1+\xi)(1+\eta)$$

$$N_4 = \frac{1}{4}(1-\xi)(1+\eta)$$

(2)三角形域的自然坐标——面积坐标

采用局部的自然坐标来直接构造一般三角形单元的形函数,运算相对简单。

三角形中任一点 P 与其 3 个角点相连形成 3 个子三角形,如图 2.20 所示。以原三角形边所对的角码来命名此 3 个子三角形的面积,即 $\triangle Pjm$ 面积为 A_i,

ΔPmi 面积为 A_j ，ΔPij 面积为 A_m 。P 点的位置可由 3 个比值来确定，即 $P(L_i,L_j,L_m)$ ，其中 $L_i=A_i/A$ ，$L_j=A_j/A$ ，$L_m=A_m/A$ 。

A 是三角形面积，因此有 $A_i+A_j+A_m=A$ ，L_i ，L_j ，L_m 为面积坐标。

用面积坐标作为三角形单元的自然坐标时，可直接得到用面积坐标表示的形函数而不必经过先求解广义坐标，然后再由广义坐标得到单元形函数的冗长计算过程。

① 线性单元。如图 2.21 所示，线性单元有 3 个节点，形函数由一个线性函数构成，对于每个角点，可通过其他两个角点的直线方程的左端项的线性函数来构成，例如对于节点 1，可用 2—3 边的方程构成它的形函数，即 $N_1=L_1$ ，其他两个节点类似，因此有

$$N_i=L_i \quad (i=1,2,3) \tag{2.31}$$

即线性单元的 3 个形函数就是三角形的 3 个面积坐标。

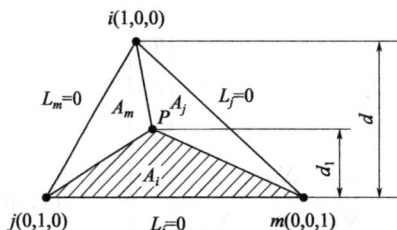

图 2.20　三角形单元的面积坐标　　图 2.21　面积坐标内线性三角形单元

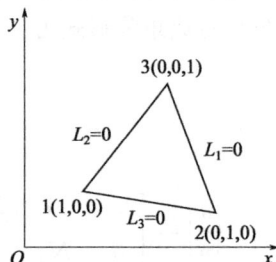

② 二次单元。如图 2.22 所示，二次单元有 6 个节点，各节点的面积坐标分别标注在括号内，采用划线法构造的形函数表示为：

$$N_i=\prod_{j=1}^{2}\frac{f_j^{(i)}(L_1,L_2,L_3)}{f_j^{(i)}(L_{1i},L_{2i},L_{3i})} \tag{2.32}$$

但其中 $f_j^{(i)}(L_1,L_2,L_3)$ 、$f_j^{(i)}(L_{1i},L_{2i},L_{3i})$ 赋予了和三角形单元相对应的几何意义。当 $i=1$ 时，$f_j^{(1)}$ 分别是通过节点 4 和节点 6 的直线方程 $f_1^{(1)}(L_1,L_2,L_3)=L_1-1/2=0$ 和通过节点 2、节点 5、节点 3 的直线方程 $f_2^{(1)}(L_1,L_2,L_3)=L_1=0$ 的左端项。$f_j^{(i)}(L_{1i},L_{2i},L_{3i})$ 中的 L_{1i},L_{2i},L_{3i} 是节点 i 的面积坐标。所以得到

$$N_1=\frac{L_1-1/2}{1/2}\times\frac{L_1}{1}=(2L_1-1)L_1 \tag{2.33}$$

类似的，可以得到：

$$N_2=\frac{L_2-1/2}{1/2}\times\frac{L_2}{1}=(2L_2-1)L_2$$

$$N_3 = \frac{L_3 - 1/2}{1/2} \times \frac{L_3}{1} = (2L_3 - 1)L_3$$

$$N_4 = \frac{L_1}{1/2} \times \frac{L_2}{1/2} = 4L_1L_2$$

$$N_5 = \frac{L_2}{1/2} \times \frac{L_3}{1/2} = 4L_2L_3$$

$$N_6 = \frac{L_3}{1/2} \times \frac{L_1}{1/2} = 4L_3L_1 \qquad (2.34)$$

③ 三次单元。为保证二维域三次多项式的完备性，三次单元应有 10 个节点，如图 2.23 所示，利用划线法构造形函数。

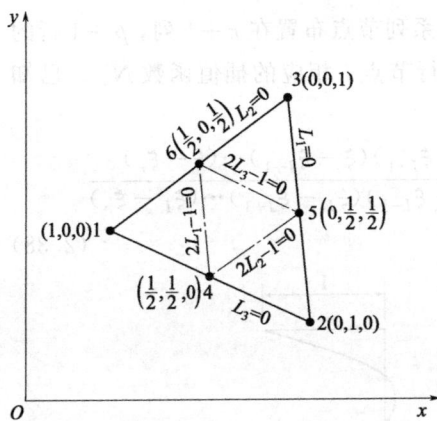

图 2.22 面积坐标内二次三角形单元   图 2.23 自然坐标内的三次三角形单元

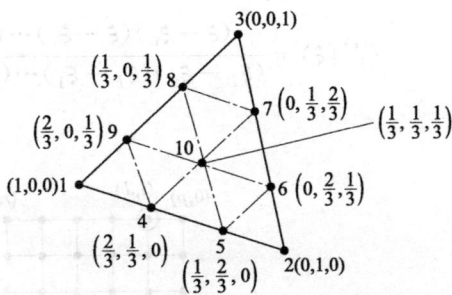

对于角节点，有

$$N_i = \frac{L_i - 2/3}{1/3} \times \frac{L_i - 1/3}{2/3} \times \frac{L_i}{1} = \frac{1}{2}(3L_i - 1)(3L_i - 2)L_i \qquad (i = 1,2,3)$$

$$(2.35)$$

对于边内节点，有：

$$N_4 = \frac{L_1}{2/3} \times \frac{L_2}{1/3} \times \frac{L_1 - 1/3}{1/3} = \frac{9}{2}L_1L_2(3L_1 - 1)$$

$$N_5 = \frac{L_1}{1/3} \times \frac{L_2}{2/3} \times \frac{L_2 - 1/3}{1/3} = \frac{9}{2}L_1L_2(3L_2 - 1)$$

$$N_6 = \frac{L_2}{2/3} \times \frac{L_3}{1/3} \times \frac{L_2 - 1/3}{1/3} = \frac{9}{2}L_2L_3(3L_2 - 1)$$

$$N_7 = \frac{L_2}{1/3} \times \frac{L_3}{2/3} \times \frac{L_3 - 1/3}{1/3} = \frac{9}{2}L_2L_3(3L_3 - 1)$$

$$N_8 = \frac{L_1}{1/3} \times \frac{L_3}{2/3} \times \frac{L_3 - 1/3}{1/3} = \frac{9}{2}L_1L_3(3L_3 - 1)$$

$$N_9 = \frac{L_1}{2/3} \times \frac{L_3}{1/3} \times \frac{L_1 - 1/3}{1/3} = \frac{9}{2}L_1L_3(3L_1 - 1) \quad (2.36)$$

对于中心节点，有

$$N_{10} = \frac{L_1}{1/3} \times \frac{L_2}{1/3} \times \frac{L_3}{1/3} = 27L_1L_2L_3 \quad (2.37)$$

（3）拉格朗日矩形单元

构造任意的拉格朗日矩形单元插值函数的一个简便而系统的方法是利用两个坐标方向适当方次拉格朗日多项式的乘积。

考虑图 2.24 所示的单元。单元中，一系列节点布置在 $r+1$ 列，$p+1$ 行的规则网格上。现需要构造和布置在 I 列 J 行节点 i 相应的插值函数 N_i。已知拉格朗日多项式

$$l_I^{(r)}(\xi) = \frac{(\xi - \xi_0)(\xi - \xi_1) \cdots (\xi - \xi_{I-1})(\xi - \xi_{I+1}) \cdots (\xi - \xi_r)}{(\xi_I - \xi_0)(\xi_I - \xi_1) \cdots (\xi_I - \xi_{I-1})(\xi_I - \xi_{I+1}) \cdots (\xi_I - \xi_r)}$$

$$(2.38)$$

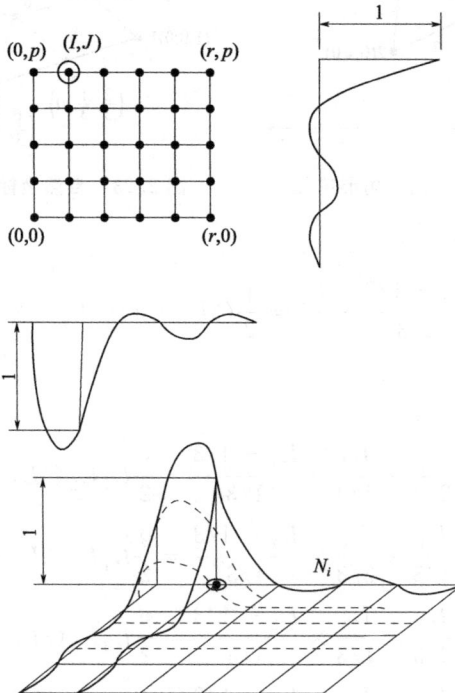

图 2.24　拉格朗日矩形单元

材料成形过程数值模拟
基础与应用

在第 I 列节点上等于 1，而在其他列节点上等于 0。同理

$$l_J^{(P)}(\eta) = \frac{(\eta - \eta_0)(\eta - \eta_1)\cdots(\eta - \eta_{J-1})(\eta - \eta_{J+1})\cdots(\eta - \eta_P)}{(\eta_J - \eta_0)(\eta_J - \eta_1)\cdots(\eta_J - \eta_{J-1})(\eta_J - \eta_{J+1})\cdots(\eta_J - \eta_P)}$$

(2.39)

在第 J 列节点上等于 1，而在其他列节点上等于 0。需要构造的形函数为：

$$N_j = N_{IJ} = l_I^{(r)}(\xi)l_J^{(p)}(\eta)$$

(2.40)

N_i 在节点 i 上等于 1，在其余所有节点上等于 0。

（4）Hermite 矩形单元

Hermite 矩形单元如图 2.25 所示。

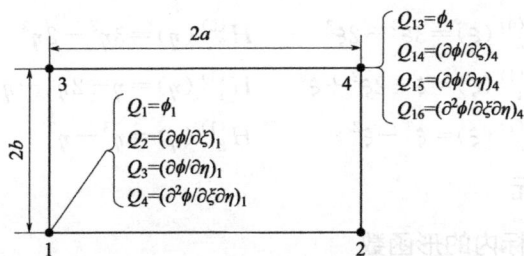

图 2.25　Hermite 矩形单元

对于双一阶（三次）Hermite 多项式，可有

$$\phi = \sum_{i=1}^{16} N_i Q_i$$

(2.41)

其中

$$N_1 = H_1^{(0)}(\xi)H_1^{(0)}(\eta) \quad N_2 = H_1^{(1)}(\xi)H_1^{(0)}(\eta)$$

$$N_3 = H_1^{(0)}(\xi)H_1^{(1)}(\eta) \quad N_4 = H_1^{(1)}(\xi)H_1^{(1)}(\eta)$$

$$N_5 = H_2^{(0)}(\xi)H_1^{(0)}(\eta) \quad N_6 = H_2^{(1)}(\xi)H_1^{(0)}(\eta)$$

$$N_7 = H_2^{(0)}(\xi)H_1^{(1)}(\eta) \quad N_8 = H_2^{(1)}(\xi)H_1^{(1)}(\eta)$$

$$N_9 = H_1^{(0)}(\xi)H_2^{(0)}(\eta) \quad N_{10} = H_1^{(1)}(\xi)H_2^{(0)}(\eta)$$

(2.42)

$$N_{11} = H_1^{(0)}(\xi)H_2^{(1)}(\eta) \quad N_{12} = H_1^{(1)}(\xi)H_2^{(1)}(\eta)$$

$$N_{13} = H_2^{(0)}(\xi)H_2^{(0)}(\eta) \quad N_{14} = H_2^{(1)}(\xi)H_2^{(0)}(\eta)$$

$$N_{15} = H_2^{(0)}(\xi)H_2^{(1)}(\eta) \quad N_{16} = H_2^{(1)}(\xi)H_2^{(1)}(\eta)$$

和

$$Q_1=\phi_1 \quad Q_2=\left(\frac{\partial\phi}{\partial\xi}\right)_1 \quad Q_3=\left(\frac{\partial\phi}{\partial\eta}\right)_1 \quad Q_4=\left(\frac{\partial^2\phi}{\partial\xi\partial\eta}\right)_1$$

$$Q_5=\phi_2 \quad Q_6=\left(\frac{\partial\phi}{\partial\xi}\right)_2 \quad Q_7=\left(\frac{\partial\phi}{\partial\eta}\right)_2 \quad Q_8=\left(\frac{\partial^2\phi}{\partial\xi\partial\eta}\right)_2$$

$$Q_9=\phi_3 \quad Q_{10}=\left(\frac{\partial\phi}{\partial\xi}\right)_3 \quad Q_{11}=\left(\frac{\partial\phi}{\partial\eta}\right)_3 \quad Q_{12}=\left(\frac{\partial^2\phi}{\partial\xi\partial\eta}\right)_3$$

$$Q_{13}=\phi_4 \quad Q_{14}=\left(\frac{\partial\phi}{\partial\xi}\right)_4 \quad Q_{15}=\left(\frac{\partial\phi}{\partial\eta}\right)_4 \quad Q_{16}=\left(\frac{\partial^2\phi}{\partial\xi\partial\eta}\right)_4$$

（2.43）

以及

$$H_1^{(0)}(\xi)=1-3\xi^2+2\xi^3 \quad H_1^{(0)}(\eta)=1-3\eta^2+2\eta^3$$

$$H_2^{(0)}(\xi)=3\xi^2-2\xi^3 \quad H_2^{(0)}(\eta)=3\eta^2-2\eta^3$$

$$H_1^{(1)}(\xi)=\xi-2\xi^2+\xi^3 \quad H_1^{(1)}(\eta)=\eta-2\eta^2+\eta^3$$

$$H_2^{(1)}(\xi)=\xi^3-\xi^2 \quad H_2^{(1)}(\eta)=\eta^3-\eta^2$$

（2.44）

3）三维单元

（1）广义坐标内的形函数

三维问题中，可用帕斯卡尔（Pascal）多项式项数三角锥直观地表示位移模式级数，如图 2.26 所示。这种单元与二维三角形单元类似，形函数是在广义坐标内的各次完全多项式。在各个面的节点配置和同次二维三角形单元相同，函数是相应二维的完全多项式，从而保证了单元之间的协调性。

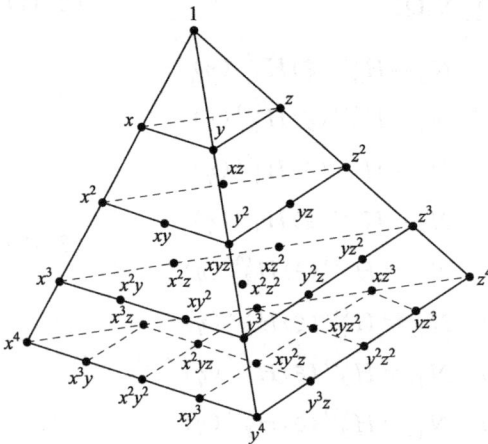

多项式次数	完备多项式项数
常数项	1 项
线性	4 项
二次	10 项
三次	20 项
四次	35 项

图 2.26　帕斯卡尔（Pascal）多项式三角锥

① 四节点四面体单元，如图 2.27 所示。场函数可取线性完备的多项式表示：

$$\phi = a_0 + a_1 x + a_2 y + a_3 z \tag{2.45}$$

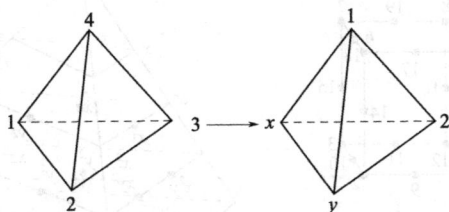

图 2.27　四节点四面体单元及其位移模式

② 十节点四面体单元，如图 2.28 所示。

$$\phi = a_0 + a_1 x + a_2 y + a_3 z + a_4 xy + a_5 yz + a_6 zx + a_7 x^2 + a_8 y^2 + a_9 z^2 \tag{2.46}$$

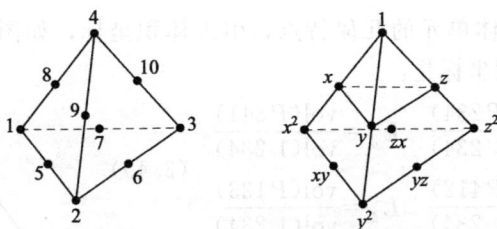

图 2.28　十节点四面体单元及其位移模式

③ 八节点六面体单元，如图 2.29 所示。

$$\phi = a_0 + a_1 x + a_2 y + a_3 z + a_4 xy + a_5 yz + a_6 zx + a_7 xyz \tag{2.47}$$

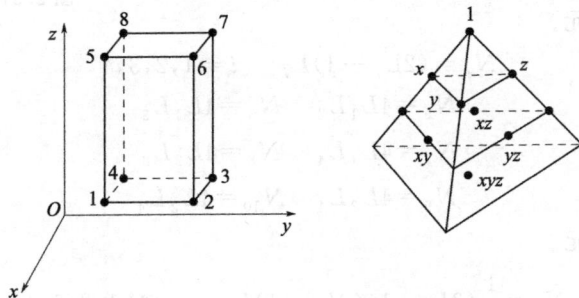

图 2.29　八节点六面体单元及其位移模式

④ 二十节点六面立方体单元，如图 2.30 所示。场函数是不完备的多项式。

$$\phi = a_0 + a_1 x + a_2 y + a_3 z + a_4 x^2 + a_5 y^2 + a_6 z^2 + a_7 xy + a_8 yz + $$
$$a_9 zx + a_{10} x^2 y + a_{11} xy^2 + a_{12} y^2 z + a_{13} yz^2 + a_{14} z^2 x + $$
$$a_{15} zx^2 + a_{16} xyz + a_{17} x^2 yz + a_{18} xy^2 z + a_{19} xyz^2 \tag{2.48}$$

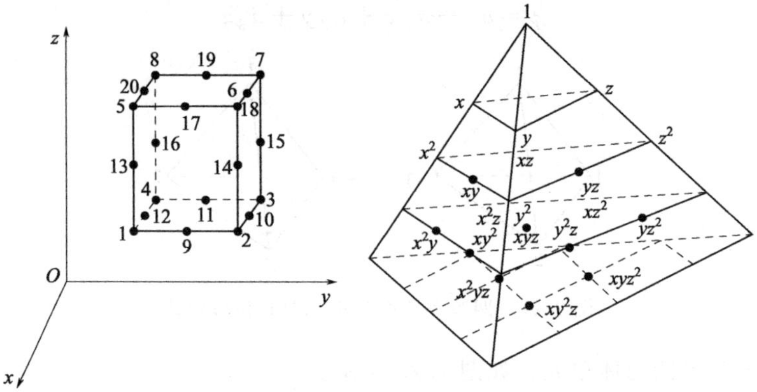

图 2.30 二十节点六面立方体单元及其位移模式

（2）体积坐标内的形函数

根据三维四面体单元的几何特点，引入体积坐标，如图 2.31 所示。单元内任一点 P 的体积坐标是：

$$L_1 = \frac{\text{vol}(P234)}{\text{vol}(1\,234)} \quad L_2 = \frac{\text{vol}(P341)}{\text{vol}(1\,234)}$$

$$L_3 = \frac{\text{vol}(P412)}{\text{vol}(1\,234)} \quad L_4 = \frac{\text{vol}(P123)}{\text{vol}(1\,234)} \tag{2.49}$$

图 2.31 体积坐标

并且满足 $L_1 + L_2 + L_3 + L_4 = 1$。

四面体单元的形函数如下：

① 线性单元。

$$N_i = L_i \quad i = 1,2,3,4 \tag{2.50}$$

② 二次单元。

角节点： $\quad N_i = (2L_i - 1)L_i \quad i = 1,2,3,4 \tag{2.51}$

棱内节点： $\quad N_5 = 4L_1 L_2 \quad N_6 = 4L_1 L_3$

$$N_7 = 4L_1 L_4 \quad N_8 = 4L_2 L_3$$

$$N_9 = 4L_3 L_4 \quad N_{10} = 4L_2 L_4 \tag{2.52}$$

③ 三次单元。

角节点： $\quad N_i = \frac{1}{2}(3L_i - 1)(3L_i - 1)L_i \quad i = 1,2,3,4 \tag{2.53}$

棱内节点： $\quad N_5 = \frac{9}{2}L_1 L_2 (3L_1 - 1)$ 等 $\tag{2.54}$

面内节点： $\quad N_{17} = 27L_1 L_2 L_3$ 等 $\tag{2.55}$

（3）六面体单元

① Serendipity 六面体单元。

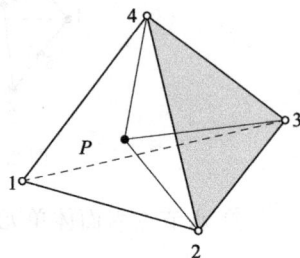

材料成形过程数值模拟
基础与应用

三维 Serendipity 单元如图 2.32 所示，引入 3 个自然坐标 ξ，η，$\zeta(-1\leqslant$ ξ，η，$\zeta\leqslant1)$ 和符号 $\xi_0=\xi_i\xi$，$\eta_0=\eta_i\eta$，$\zeta_0=\zeta_i\zeta$，构造出三维 Serendipity 插值函数。

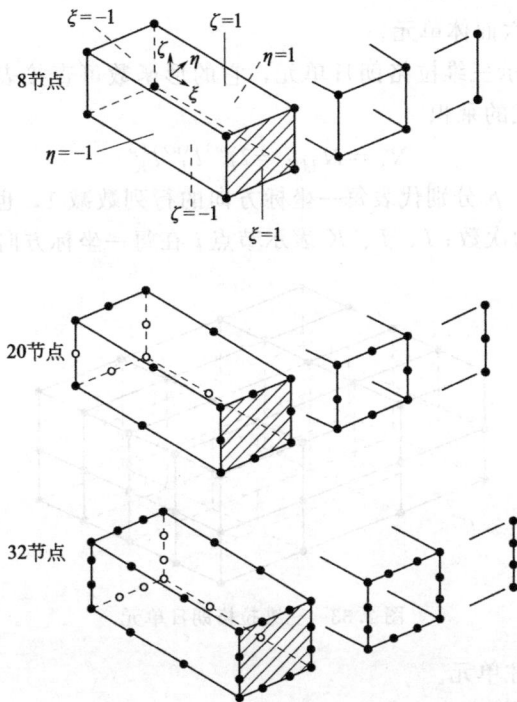

图 2.32　三维 Serendipity 单元及相应的二维和一维单元

a.线性单元（8 节点）。

$$N_i=\frac{1}{8}(1+\xi_0)(1+\eta_0)(1+\zeta_0) \qquad (2.56)$$

其中，$\xi_0=\xi_i\xi$，$\eta_0=\eta_i\eta$，$\zeta_0=\zeta_i\zeta$。

b.二次单元（20 节点）。

角节点：$N_i=\dfrac{1}{8}(1+\xi_0)(1+\eta_0)(1+\zeta_0)(\xi_0+\eta_0+\zeta_0-2)$　　(2.57)

典型的棱内节点（$\xi_i=0$，$\eta_i=\pm1$，$\zeta_i=\pm1$）：

$$N_i=\frac{1}{4}(1-\xi^2)(1+\eta_0)(1+\zeta_0) \qquad (2.58)$$

c.三次单元（32 节点）。

角节点：$N_i=\dfrac{1}{64}(1+\xi_0)(1+\eta_0)(1+\zeta_0)\left[9(\xi^2+\eta^2+\zeta^2)-19\right]$　(2.59)

典型的棱内节点（$\xi_j = \pm\dfrac{1}{3}$，$\eta_j = \pm1$，$\zeta_i = \pm1$）：

$$N_i = \frac{9}{64}(1 - \xi^2)(1 + 9\xi_0)(1 + \eta_0)(1 + \zeta_0) \qquad (2.60)$$

② 拉格朗日六面体单元。

如图 2.33 所示三维拉格朗日单元，它的形函数可直接表示成 3 个坐标方向拉格朗日多项式的乘积

$$N_i = N_{IJK} = l_I^{(m)} l_J^{(n)} l_K^{(p)} \qquad (2.61)$$

其中，m、n、p 分别代表每一坐标方向的行列数减 1，也即每一坐标方向拉格朗日多项式的次数；I、J、K 表示节点 i 在每一坐标方向的行列号。

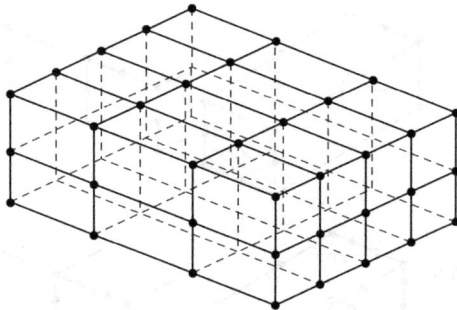

图 2.33　三维拉格朗日单元

③ 三角形棱柱单元。

为更方便地离散形状复杂的三维求解域，需要在某些边界区域采用三角形棱柱单元。单元形式如图 2.34 所示。

(a)

(b) 6 节点，线性

(c) 15 节点，二次

(d) 26 节点，三次

图 2.34　三角形棱柱单元

材料成形过程数值模拟
基础与应用

角节点： $N_1 = \dfrac{1}{2}L_1(2L_1-1)(1+\zeta) - \dfrac{1}{2}L_1(1-\zeta^2)$ （2.62）

三角形的边内节点： $N_{10} = 2L_1 L_2(1+\zeta)$ （2.63）

矩形的边内节点： $N_7 = L_1(1-\zeta^2)$ （2.64）

2.3.2 几何矩阵

求单元内任意一点的应变值时只需将位移函数对坐标求导。单元内任一点的应变与该单元节点位移的关系矩阵称作几何矩阵，即：

$$\{\varepsilon\} = [B]\{\delta\} \tag{2.65}$$

式中　$\{\varepsilon\}$——应变各分量的列矩阵；

$[B]$——几何矩阵。

（1）平面变形问题

平面变形问题有三个分量，写出矩阵形式有

$$\{\varepsilon\} = \begin{Bmatrix} \varepsilon_x \\ \varepsilon_y \\ \gamma_{xy} \end{Bmatrix} = \begin{bmatrix} \partial u/\partial x \\ \partial v/\partial y \\ \partial u/\partial y + \partial v/\partial x \end{bmatrix} \tag{2.66}$$

将单元内任一点的位移矩阵表示为：

$$\begin{Bmatrix} u \\ v \end{Bmatrix} = [N]\{\delta\} = \begin{bmatrix} N_i & 0 & N_j & 0 & N_k & 0 \\ 0 & N_i & 0 & N_j & 0 & N_k \end{bmatrix} \{\delta\} \tag{2.67}$$

$[N]$ 是形函数矩阵。

① 三角形单元。将式（2.67）代入式（2.66）就得到

$$\{\varepsilon\} = \begin{Bmatrix} \varepsilon_x \\ \varepsilon_y \\ \gamma_{xy} \end{Bmatrix} = \frac{1}{2A} \begin{bmatrix} b_i & 0 & b_j & 0 & b_k & 0 \\ 0 & c_j & 0 & c_j & 0 & c_k \\ c_i & b_j & c_j & b_j & c_k & b_k \end{bmatrix} \begin{Bmatrix} u_i \\ v_i \\ u_j \\ v_j \\ u_k \\ v_k \end{Bmatrix} = [B]\{\delta\} \tag{2.68}$$

即

$$[B] = \frac{1}{2A} \begin{bmatrix} b_i & 0 & b_j & 0 & b_k & 0 \\ 0 & c_i & 0 & c_j & 0 & c_k \\ c_i & b_j & c_j & b_j & c_k & b_k \end{bmatrix} \tag{2.69}$$

② 四边形单元。在导出四边形单元形函数矩阵 $[N]$ 时，引进自然坐标，$[N]$ 为自然坐标的函数。在式（2.66）中，u，v 对坐标 x，y 求导应采用复合

函数求导，即：

$$\left\{\begin{matrix}\dfrac{\partial}{\partial x}\\[2mm]\dfrac{\partial}{\partial y}\end{matrix}\right\}=[J]^{-1}\left(\begin{matrix}\dfrac{\partial}{\partial \xi}\\[2mm]\dfrac{\partial}{\partial \eta}\end{matrix}\right)=\frac{1}{|J|}\begin{bmatrix}\dfrac{\partial y}{\partial \eta} & -\dfrac{\partial x}{\partial \eta}\\[2mm]-\dfrac{\partial y}{\partial \xi} & \dfrac{\partial x}{\partial \xi}\end{bmatrix}\left(\begin{matrix}\dfrac{\partial}{\partial \xi}\\[2mm]\dfrac{\partial}{\partial \eta}\end{matrix}\right) \tag{2.70}$$

式中　$[J]^{-1}$——雅可比矩阵的逆矩阵；

$|J|$——雅可比行列式，$|J|=\dfrac{\partial x}{\partial \varepsilon}\dfrac{\partial y}{\partial \eta}-\dfrac{\partial x}{\partial \eta}\dfrac{\partial y}{\partial \xi}$

由此可导出应变

$$\{\varepsilon\}=\begin{pmatrix}\varepsilon_x\\ \varepsilon_y\\ \gamma_{xy}\end{pmatrix}=\left\{\begin{matrix}\dfrac{\partial u}{\partial x}\\[2mm]\dfrac{\partial v}{\partial y}\\[2mm]\dfrac{\partial u}{\partial y}+\dfrac{\partial v}{\partial x}\end{matrix}\right\}=[B]\{\delta\} \tag{2.71}$$

$$[B]=\frac{2}{|J|}\begin{bmatrix}A_1 & 0 & A_2 & 0 & A_3 & 0 & A_4 & 0\\ 0 & B_1 & 0 & B_2 & 0 & B_3 & 0 & B_4\\ B_1 & A_1 & B_2 & A_2 & B_3 & A_3 & B_4 & A_4\end{bmatrix} \tag{2.72}$$

式中，

$$\begin{Bmatrix}A_1\\ A_2\\ A_3\\ A_4\end{Bmatrix}=\begin{Bmatrix}y_{23}-y_{43}\xi-y_{24}\eta\\ -y_{14}+y_{43}\xi+y_{13}\eta\\ -y_{23}+y_{12}\xi-y_{13}\eta\\ y_{14}-y_{12}\xi+y_{24}\eta\end{Bmatrix} \tag{2.73}$$

$$\begin{Bmatrix}B_1\\ B_2\\ B_3\\ B_4\end{Bmatrix}=\begin{Bmatrix}-x_{23}+x_{43}\xi+x_{24}\eta\\ x_{14}-x_{43}\xi-x_{13}\eta\\ x_{23}-x_{12}\xi+x_{13}\eta\\ -x_{14}+x_{12}\xi-x_{24}\eta\end{Bmatrix} \tag{2.74}$$

$$\begin{matrix}x_{ij}=x_i-x_j\\ y_{ij}=y_i-y_j\end{matrix}\qquad(i,j=1,2,3,4) \tag{2.75}$$

$$|J|=\{(-x_1+x_2+x_3-x_4)+(x_1-x_2+x_3-x_4)\eta\}$$
$$\{(-y_1-y_2+y_3-y_4)+(y_1-y_2+y_3-y_4)\xi\}$$
$$-\{(-x_1-x_2+x_3+x_4)+(x_1-x_2+x_3-x_4)\xi\}$$
$$\{(-y_1+y_2+y_3-y_4)+(y_1-y_2+y_3-y_4)\eta\} \tag{2.76}$$

（2）三维问题

三维问题的应变共有六个分量

$$\{\varepsilon\} = \begin{bmatrix} \varepsilon_x & \varepsilon_y & \varepsilon_z & \gamma_{xy} & \gamma_{yz} & \gamma_{zx} \end{bmatrix}^T = \begin{bmatrix} \dfrac{\partial u}{\partial x} & \dfrac{\partial v}{\partial y} & \dfrac{\partial w}{\partial z} & \dfrac{\partial v}{\partial x} + \dfrac{\partial u}{\partial y} & \dfrac{\partial w}{\partial y} + \dfrac{\partial v}{\partial z} & \dfrac{\partial u}{\partial z} + \dfrac{\partial w}{\partial x} \end{bmatrix}^T$$

$$\tag{2.77}$$

用节点位移表示单元内任一点的位移函数，得

$$\{\varepsilon\} = [B]\{\delta\} \tag{2.78}$$

式中，$\quad [B] = [[B_1][B_2][B_3][B_4][B_5][B_6][B_7][B_8]] \tag{2.79}$

$$\{\delta\} = [u_1, v_1, w_1, u_2, v_2, w_2 \cdots u_8, v_8, w_8]^T \tag{2.80}$$

$$[B_i] = \begin{bmatrix} \dfrac{\partial N_i}{\partial x} & 0 & 0 & \dfrac{\partial N_i}{\partial y} & 0 & \dfrac{\partial N_i}{\partial z} \\[2mm] 0 & \dfrac{\partial N_i}{\partial y} & 0 & \dfrac{\partial N_i}{\partial x} & \dfrac{\partial N_i}{\partial z} & 0 \\[2mm] 0 & 0 & \dfrac{\partial N_i}{\partial z} & 0 & \dfrac{\partial N_i}{\partial y} & \dfrac{\partial N_i}{\partial x} \end{bmatrix}^T \quad (i=1,2,3,\cdots,8) \tag{2.81}$$

N_i 是自然坐标 $\xi\eta\zeta$ 的函数，求导时应按复合函数求导，即

$$\begin{Bmatrix} \dfrac{\partial}{\partial \xi} \\[2mm] \dfrac{\partial}{\partial \eta} \\[2mm] \dfrac{\partial}{\partial \zeta} \end{Bmatrix} = [J] \begin{Bmatrix} \dfrac{\partial}{\partial x} \\[2mm] \dfrac{\partial}{\partial y} \\[2mm] \dfrac{\partial}{\partial z} \end{Bmatrix}$$

$$\begin{Bmatrix} \dfrac{\partial}{\partial x} \\[2mm] \dfrac{\partial}{\partial y} \\[2mm] \dfrac{\partial}{\partial z} \end{Bmatrix} = [J]^{-1} \begin{Bmatrix} \dfrac{\partial}{\partial \xi} \\[2mm] \dfrac{\partial}{\partial \eta} \\[2mm] \dfrac{\partial}{\partial \zeta} \end{Bmatrix} \tag{2.82}$$

$[J]$ 是雅可比矩阵，$[J]^{-1}$ 是它的逆矩阵。

$$[J] = \begin{Bmatrix} \dfrac{\partial x}{\partial \xi} & \dfrac{\partial y}{\partial \xi} & \dfrac{\partial z}{\partial \xi} \\[2mm] \dfrac{\partial x}{\partial \eta} & \dfrac{\partial y}{\partial \eta} & \dfrac{\partial z}{\partial \eta} \\[2mm] \dfrac{\partial x}{\partial \zeta} & \dfrac{\partial y}{\partial \zeta} & \dfrac{\partial z}{\partial \zeta} \end{Bmatrix}$$

$$= \frac{1}{8} \begin{bmatrix} \xi_1(1+\eta_1\eta)(1+\zeta_1\zeta) & \xi_2(1+\eta_2\eta)(1+\zeta_2\zeta) & \cdots & \xi_8(1+\eta_8\eta)(1+\zeta_8\zeta) \\[2mm] \eta_1(1+\xi_1\xi)(1+\zeta_1\zeta) & \eta_2(1+\xi_2\xi)(1+\zeta_2\zeta) & \cdots & \eta_8(1+\xi_8\xi)(1+\zeta_8\zeta) \\[2mm] \zeta_1(1+\xi_1\xi)(1+\eta_1\eta) & \zeta_2(1+\xi_2\xi)(1+\eta_2\eta) & \cdots & \zeta_8(1+\xi_8\xi)(1+\eta_8\eta) \end{bmatrix}$$

$$\begin{bmatrix} x_1 & y_1 & z_1 \\ x_2 & y_2 & z_2 \\ x_3 & y_3 & z_3 \\ \vdots & \vdots & \vdots \\ x_8 & y_8 & z_8 \end{bmatrix} \tag{2.83}$$

且有 $\mathrm{d}x\mathrm{d}y\mathrm{d}z = |J| \mathrm{d}\xi\mathrm{d}\eta\mathrm{d}\zeta$，$|J|$ 为雅可比行列式。

单元的几何特性仅取决于单元的类型、位移模式和节点数值，与材料无关，因此，上述有关形状函数和几何矩阵等，既适用于弹性问题，也适用于塑性问题。

2.3.3 应力矩阵

已知单元内任一点的应变后，利用本构关系就可求出该点的应力。几种常见的应力应变本构关系如图 2.35 所示。本构关系反映了材料的应力-应变特性。假设应力与应变之间的关系矩阵为 $[D]$，$[D]$ 矩阵具有不同的形式。

有了应力应变关系矩阵，根据式（2.84）就能求得单元内任一点的应力。

$$\{\sigma\} = [D]\{\varepsilon\} = [D][B]\{\delta\} \tag{2.84}$$

令 $[S] = [D][B]$，$[S]$ 就是应力矩阵，

$$\{\sigma\} = [S]\{\delta\} \tag{2.85}$$

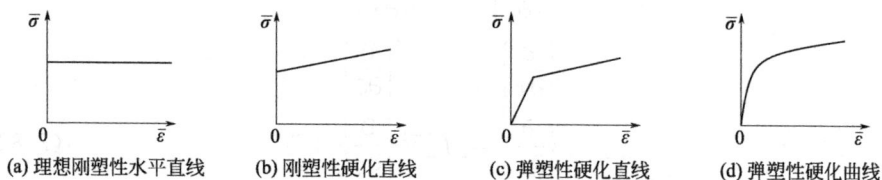

(a) 理想刚塑性水平直线　(b) 刚塑性硬化直线　(c) 弹塑性硬化直线　(d) 弹塑性硬化曲线

图 2.35　几种常见的应力应变本构关系

2.3.4 单元刚度矩阵

（1）虚功原理

虚功原理又称虚位移原理，是最基本的能量原理。即对于处于平衡状态的弹性体，外力在虚位移上所做的虚功等于弹性体应力在相应虚应变上的总虚应变能。

$$\delta W = \delta U \tag{2.86}$$

式中，δW 为虚功；δU 为虚应变能。

其中，虚位移是指在约束条件允许的范围内弹性体可能发生的任意微小位移。它的发生与时间及弹性体所受的外载无关。而弹性体在外载作用下产生的实位移是可能的虚位移之一。

（2）单元刚度矩阵

单元分析的目的是建立单元节点位移与单元节点力的关系式。假设单元之间的作用由节点来传递，对于一个单元来说，先假设周围单元对它的节点作用力为 $\{P\}_e$，

$$\{P\}_e = [P_{ix}, P_{iy}, P_{iz}, P_{jx}, P_{jy}, P_{jz}, \cdots, P_{mx}, P_{my}, P_{mz}]^T \quad (2.87)$$

由虚功原理，外力虚功等于应力在虚应变上的虚变形功，得

$$\{\delta^*\}_e \{P\}_e = \iiint_V \{\varepsilon^*\}^T \{\sigma\} \mathrm{d}V \quad (2.88)$$

取平面问题为例进行推导，上式变为

$$\{\delta^*\}_e^T \{P\}_e = \iint_S \{\varepsilon^*\}^T \{\sigma\} t \, \mathrm{d}x \, \mathrm{d}y \quad (2.89)$$

式中，t 为厚度。

将式（2.71）和式（2.84）代入式（2.89）得：

$$\{\delta^*\}_e \{P\} = \iint_S ([B]\{\delta^*\}_e)^T [D][B]\{\delta\}_e t \, \mathrm{d}x \, \mathrm{d}y$$

$$= \iint_S \{\delta^*\}_e^T [B]^T [D][B]\{\delta\}_e t \, \mathrm{d}x \, \mathrm{d}y \quad (2.90)$$

上式右边是对单元积分，$\{\delta\}_e$ 为单元节点位移，为一定值，将它提到积分号外面，可得：

$$\{\delta^*\}_e^T \{P\} = \{\delta^*\}_e^T (\iint_S [B]^T [D][B] t \, \mathrm{d}x \, \mathrm{d}y)\{\delta\}_e \quad (2.91)$$

$$\{P\}_e = (\iint_S [B]^T [D][B] t \, \mathrm{d}x \, \mathrm{d}y)\{\delta\}_e \quad (2.92)$$

令 $[K]_e = \iint_S [B]^T [D][B] t \, \mathrm{d}x \, \mathrm{d}y$，则式（2.92）可写作

$$\{P\}_e = [K]_e \{\delta\}_e \quad (2.93)$$

上式即为单元分析最后得到的节点位移和节点力的关系式，$[K]_e$ 就称为单元刚度矩阵。

对于轴对称问题

$$[K]_e = \iint_S [B]^T [D][B] 2\pi R \, \mathrm{d}R \, \mathrm{d}z \quad (2.94)$$

对于三维问题

$$[K]_e = \iiint_V [B]^T [D][B] \mathrm{d}x \, \mathrm{d}y \, \mathrm{d}z \quad (2.95)$$

2.3.5 表面均布作用力的转换和体力转换

有限元法假设单元之间作用力传递是通过节点的，外作用力必须转换作用在节点上。结构上的外荷载有两种：一种是集中荷载，另一种是分布荷载。对

于集中荷载，在划分网格时应使集中荷载的作用点成为一个节点。而分布荷载应转换成等效的节点荷载，以便于计算。荷载间的代换按静力等效的原则进行。只有这样才能使得由于代换而引起的应力误差是局部的，而不影响整体的应力。

（1）分布边界力的等效节点荷载

如图 2.36 所示，设在靠近边界的 e 单元 i、j 边上作用有均匀分布的水平力，其合力为 $p_x tl$，其中 l 为 i、j 边的长度，t 为单元的厚度。合力的作用点是 i、j 边的中点，利用虚位移原理不难证明等效节点荷载为

$$\{P\}_e = [x_i, y_i, x_j, y_j, x_k, y_k]^{\mathrm{T}} = \frac{p_x tl}{2}[1\ 0\ 1\ 0\ 0\ 0]^{\mathrm{T}} \tag{2.96}$$

又如图 2.36（b）所示，在 i、j 边上作用着三角形分布水平边界力，在 j 点的集度为 p_x，其合力为 $\frac{1}{2}p_x tl$，合力的作用点至 j 点距离为 $l/3$，至 i 点的距离为 $2l/3$，由虚功原理证明等效节点荷载为 $\{P\}_e = \frac{p_x tl}{2}\left[\dfrac{1}{3}\quad 0\quad \dfrac{2}{3}\quad 0\ 0\ 0\right]$。

（2）均布体积力的等效节点荷载

以平面问题为例，在三角形单元中，设均质、等厚单元 ijk，在其单元体积上作用着水平体积力 F_x 和铅锤体积力 F_y，其合力为

$$Q_x = F_x tA\ ,\ Q_y = F_y tA \tag{2.97}$$

式中，t 为单元的厚度；A 为单元的面积。合力的作用点在单元的重心 C 上，如图 2.37 所示。首先求 i 点的水平荷载 X_i，假想单元发生这样的虚位移，节点 i 沿水平方向产生单位虚位移，其他两个节点 j 和 k 不动，根据线性位移假设，重心 C 在水平方向移动 1/3 单位，在沿铅锤方向虚位移为零。按静力等效原则，荷载的虚功应等于 X_i 的虚功，即

$$X_i \times 1 = Q_x \times \frac{1}{3} + Q_x \times O \tag{2.98}$$

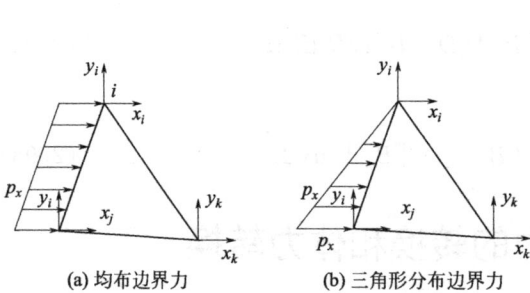

(a) 均布边界力　　　(b) 三角形分布边界力

图 2.36　受外荷载的边界单元

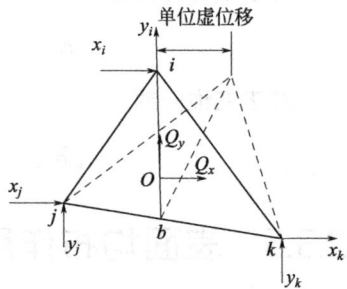

图 2.37　均布体积力等效节点荷载

由此可知 $X_i = Q_x/3$，同理可求出其他节点荷载，其荷载向量如下：

$$\{P\}_e = \frac{1}{3}[Q_x, Q_y, Q_x, Q_y, Q_x, Q_y]^T \qquad (2.99)$$

2.4
整体分析

由于作用于单元节点上的力未知，所以求得的单元结构方程无法求解，但各单元共同作用在节点上的合力是可以知道的。因此，对于连续体问题，必须将单元集合成整体结构后才能求解。整体分析的步骤如图 2.38 所示。

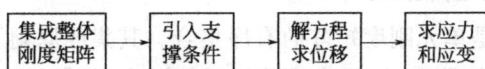

图 2.38 整体分析的步骤

2.4.1 建立整体结构方程

整体结构方程就是把所有的单元方程有序的累加起来，集合成方程组

$$\sum_{i=1}^{n}\{p\}_i = \sum_{i=1}^{n}[k]_i\{\delta\} \qquad (2.100)$$

n 为计算体系内离散单元的总数。

令 $[K] = \sum_{i=1}^{n}[k]_i$ 和 $\{P\} = \sum_{i=1}^{n}\{p\}_i$

式（2.99）可写为

$$\{P\} = [K]\{\delta\} \qquad (2.101)$$

式中　$\{P\}$——作用在各节点上的力向量；

　　　$[K]$——整体刚度矩阵。

$[K]$ 与结构的尺寸和材料特性有关。当结构处于弹性变形阶段，$[K]$ 与外载荷无关；当结构进入塑性变形阶段后，$[K]$ 遵从非线性的本构关系函数。

当 $[K]$ 求出后，已知各节点的力就能求出各节点的位移，或已知节点的位移求出节点力。因此，建立整体结构方程的关键是集成整体刚度矩阵。

（1）整体刚度矩阵的分块形式

整体刚度矩阵一般按整体编码排列，每一个节点占一个码，但每个节点

的位移通常都不止一个方向。将整体刚度矩阵写作以节点为单位的子块形式，即

$$
\left\{
\begin{array}{c}
\{P_1\} \\
\{P_1\} \\
\vdots \\
\{P_i\} \\
\vdots \\
\{P_n\}
\end{array}
\right\}
=
\left[
\begin{array}{ccccc}
[K_{11}][K_{12}][K_{13}]\cdots[K_{1n}] \\
[K_{21}][K_{22}][K_{23}]\cdots[K_{2n}] \\
\vdots \\
[K_{i1}][K_{i2}][K_{i3}]\cdots[K_{in}] \\
\vdots \\
[K_{n1}][K_{n2}][K_{n3}]\cdots[K_{nn}]
\end{array}
\right]
\left\{
\begin{array}{c}
\{\delta_1\} \\
\{\delta_2\} \\
\vdots \\
\{\delta_i\} \\
\vdots \\
\{\delta_n\}
\end{array}
\right\}
\tag{2.102}
$$

式中　$\{\delta_i\}$、$\{P_i\}$——节点位移和力的子向量；

　　　　$[K_{ij}]$——子矩阵。

（2）整体刚度矩阵集成

整体刚度矩阵是单元刚度矩阵的有序集合。其集成原则及步骤如下：

① 将单元刚度矩阵 $[k]_e$ 扩大成单元贡献矩阵 $[K]_e$；

② 将各单元的贡献矩阵 $[K]_e$ 叠加，得到整体刚度矩阵 $[K]$；

③ 排列原则：单元刚度矩阵 $[k]_e$ 的子块按节点局部码排列；整体刚度矩阵 $[K]$ 的子块按总码排列；单元贡献矩阵 $[K]_e$ 的子块按总码排列。

例如图 2.39 所示的连续体，将其划分成 3 个单元 5 个节点。

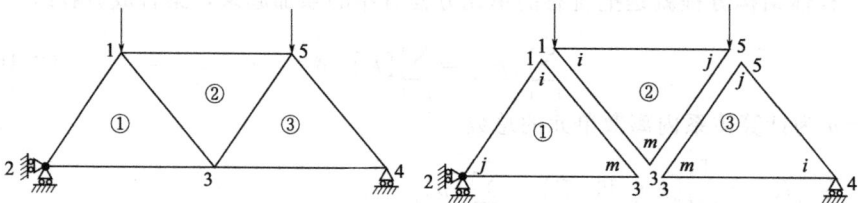

图 2.39　整体刚度矩阵集成

首先求出各单元的单元刚度矩阵，即：

$$
[k]_n =
\begin{bmatrix}
[K_{11}]^n & [K_{12}]^n & [K_{13}]^n \\
[K_{21}]^n & [K_{22}]^n & [K_{23}]^n \\
[K_{31}]^n & [K_{32}]^n & [K_{33}]^n
\end{bmatrix}
\tag{2.103}
$$

式中，n 为单元编号，$n=1,2,3$。

求得单元刚度矩阵后，扩大成单元贡献矩阵 $[K]_e$，i、j、m 为单元内局部码，$i,j,m=1,2,3$，即

　材料成形过程数值模拟
　　　　基础与应用

$$[K]_1 = \begin{array}{c} 1 \\ 2 \\ 3 \\ 4 \\ 5 \end{array} \begin{bmatrix} \left[K_{ii}\right]^{(1)} & \left[K_{ij}\right]^{(1)} & \left[K_{im}\right]^{(1)} & & \\ \left[K_{ji}\right]^{(1)} & \left[K_{jj}\right]^{(1)} & \left[K_{jm}\right]^{(1)} & & \\ \left[K_{mi}\right]^{(1)} & \left[K_{mj}\right]^{(1)} & \left[K_{mm}\right]^{(1)} & & \\ & & & & \\ & & & & \end{bmatrix},$$

$$\qquad\qquad 1 \qquad\quad 2 \qquad\quad 3 \qquad\quad 4 \qquad\quad 5$$

$$[K]_2 = \begin{array}{c} 1 \\ 2 \\ 3 \\ 4 \\ 5 \end{array} \begin{bmatrix} \left[K_{ii}\right]^{(2)} & & \left[K_{ij}\right]^{(2)} & & \left[K_{im}\right]^{(2)} \\ & & & & \\ \left[K_{ji}\right]^{(2)} & & \left[K_{jj}\right]^{(2)} & & \left[K_{jm}\right]^{(2)} \\ & & & & \\ \left[K_{mi}\right]^{(2)} & & \left[K_{mj}\right]^{(2)} & & \left[K_{mm}\right]^{(2)} \end{bmatrix} \qquad (2.104)$$

$$\qquad\qquad 1 \qquad\quad 2 \qquad\quad 3 \qquad\quad 4 \qquad\quad 5$$

$$[K]_3 = \begin{array}{c} 1 \\ 2 \\ 3 \\ 4 \\ 5 \end{array} \begin{bmatrix} & & & & \\ & & & & \\ & & \left[K_{ii}\right]^{(3)} & \left[K_{ij}\right]^{(3)} & \left[K_{im}\right]^{(3)} \\ & & \left[K_{ji}\right]^{(3)} & \left[K_{jj}\right]^{(3)} & \left[K_{jm}\right]^{(3)} \\ & & \left[K_{mi}\right]^{(3)} & \left[K_{mj}\right]^{(3)} & \left[K_{mm}\right]^{(3)} \end{bmatrix}$$

$$\qquad\qquad 1 \qquad\quad 2 \qquad\quad 3 \qquad\quad 4 \qquad\quad 5$$

有了各单元的贡献矩阵，就容易集成整体刚度矩阵，即：

$$[K] = \begin{array}{c} 1 \\ 2 \\ 3 \\ 4 \\ 5 \end{array} \begin{bmatrix} \left[K_{ii}\right]^{(1)}+\left[K_{ii}\right]^{(2)} & \left[K_{ij}\right]^{(1)} & \left[K_{im}\right]^{(1)}+\left[K_{ij}\right]^{(2)} & & \left[K_{im}\right]^{(2)} \\ \left[K_{ji}\right]^{(1)} & \left[K_{jj}\right]^{(1)} & \left[K_{jm}\right]^{(1)} & & \\ \left[K_{mi}\right]^{(1)}+\left[K_{ji}\right]^{(2)} & \left[K_{mj}\right]^{(1)} & \left[K_{mm}\right]^{(1)}+\left[K_{jj}\right]^{(2)}+\left[K_{ii}\right]^{(3)} & \left[K_{ij}\right]^{(3)} & \left[K_{jm}\right]^{(2)}+\left[K_{im}\right]^{(3)} \\ & & \left[K_{ji}\right]^{(3)} & \left[K_{jj}\right]^{(3)} & \left[K_{jm}\right]^{(3)} \\ \left[K_{mi}\right]^{(2)} & & \left[K_{mj}\right]^{(2)}+\left[K_{mi}\right]^{(3)} & \left[K_{mj}\right]^{(3)} & \left[K_{mm}\right]^{(2)}+\left[K_{mm}\right]^{(3)} \end{bmatrix}$$

$$\qquad\quad 1 \qquad\qquad\qquad 2 \qquad\qquad\qquad 3 \qquad\qquad\qquad 4 \qquad\qquad 5$$

$$(2.105)$$

贡献矩阵仅作为推导的中间过渡矩阵，实际计算中并不需要，只要将单元刚度矩阵按上述方法有序地加入整体刚度矩阵中。

2.4.2 位移约束

有限元法一般对位移求解，在已知物体表面的外作用下求解各节点的位移。为了求解整体平衡方程 $\{P\} = [K]\{\delta\}$，必须引入位移约束条件。因为结构不受约束或约束不足时，在外力作用下会产生刚体运动，表现为 $[K]$ 是奇异阵，因此方程有无穷多个解。为了求出唯一的节点位移解，必须施加足够的几何约束，以限制结构刚体运动，消除 $[K]$ 的奇异性。

（1）边界位移为零的处理方法

当边界位移为 0 时，零位移分量对应行和列的主对角元素在总刚矩阵 $[K]$ 中置 1，而其他元素皆变为 0。在节点载荷列阵 $\{P\}$ 中，将 0 位移分量对应的节点载荷也变为 0。矩阵 $[K]$ 和 $\{P\}$ 仍保持原有的阶数和排列顺序。如图 2.38 所示模型，边界位移约束条件为 $u_2 = v_2 = v_4 = 0$，对应于节点位移列阵的分量 $\delta_3 = \delta_4 = \delta_8 = 0$，对矩阵 $[K]$、$\{P\}$ 进行处理后，结构的刚度方程变为

$$
\begin{array}{cccccccccc}
u_1 & v_1 & u_2 & v_2 & u_3 & v_3 & u_4 & v_4 & u_5 & v_5 \\
\downarrow & \downarrow & \downarrow & \downarrow & \downarrow & \downarrow & \downarrow & \downarrow & \downarrow & \downarrow
\end{array}
$$

$$
\begin{bmatrix}
K_{11} & K_{12} & 0 & 0 & K_{15} & K_{16} & K_{17} & 0 & K_{19} & K_{1,10} \\
K_{21} & K_{22} & 0 & 0 & K_{25} & K_{26} & K_{27} & 0 & K_{29} & K_{2,10} \\
0 & 0 & 1 & 0 & K_{35} & 0 & 0 & 0 & K_{39} & 0 \\
0 & 0 & 0 & 1 & 0 & 0 & 0 & 0 & 0 & 0 \\
K_{51} & K_{52} & 0 & 0 & 1 & K_{56} & K_{57} & 0 & K_{59} & K_{5,10} \\
K_{61} & K_{62} & 0 & 0 & K_{65} & 1 & K_{67} & 0 & K_{69} & K_{6,10} \\
K_{71} & K_{72} & 0 & 0 & K_{75} & K_{76} & 1 & 0 & K_{79} & K_{7,10} \\
0 & 0 & 0 & 0 & 0 & 0 & 0 & 1 & 0 & 0 \\
K_{91} & K_{92} & 0 & 0 & K_{95} & K_{96} & K_{97} & 0 & 1 & K_{9,10} \\
K_{10,1} & K_{10,2} & 0 & 0 & K_{10,5} & K_{10,6} & K_{10,7} & 0 & K_{10,9} & 1
\end{bmatrix}
\begin{Bmatrix}
\delta_1 \\ \delta_2 \\ \delta_3 \\ \delta_4 \\ \delta_5 \\ \delta_6 \\ \delta_7 \\ \delta_8 \\ \delta_9 \\ \delta_{10}
\end{Bmatrix}
=
\begin{Bmatrix}
P_1 \\ P_2 \\ 0 \\ 0 \\ P_5 \\ P_6 \\ P_7 \\ 0 \\ P_9 \\ P_{10}
\end{Bmatrix}
\begin{matrix}
\leftarrow u_1 \\ \leftarrow v_1 \\ \leftarrow u_2 \\ \leftarrow v_2 \\ \leftarrow u_3 \\ \leftarrow v_3 \\ \leftarrow u_4 \\ \leftarrow v_4 \\ \leftarrow u_5 \\ \leftarrow v_5
\end{matrix}
$$

$$\text{(2.106)}$$

将上式 $[K]$ 中的第 3 行、第 4 行、第 8 行与列矩阵相乘，就是节点位移约束为：$\delta_3 = 0$，$\delta_4 = 0$，$\delta_8 = 0$。

（2）边界位移为已知值的处理方法

如果节点位移是大于零的已知值，则将该位移分量所对应的主对角元素置为大数，再将载荷列阵 $\{P\}$ 中对应的分量置为大数乘以已知的节点位移，而其余各行保持不变，如图 2.39 所示模型，节点 1 和节点 5 的垂直位移为已知量 Δ。结构刚度方程为：

材料成形过程数值模拟
基础与应用

$$
\begin{array}{c}
\begin{matrix} u_1 & v_1 & u_2 & v_2 & u_3 & v_3 & u_4 & v_4 & u_5 & v_5 \\ \downarrow & \downarrow & \downarrow & \downarrow & \downarrow & \downarrow & \downarrow & \downarrow & \downarrow & \downarrow \end{matrix}\\
\begin{bmatrix}
K_{11} & K_{12} & K_{13} & K_{14} & K_{15} & K_{16} & K_{17} & K_{18} & K_{19} & K_{1,10} \\
K_{21} & M & K_{23} & K_{24} & K_{25} & K_{26} & K_{27} & K_{28} & K_{29} & K_{2,10} \\
K_{31} & K_{32} & K_{33} & K_{34} & K_{35} & K_{36} & K_{37} & K_{38} & K_{39} & K_{3,10} \\
K_{41} & K_{42} & K_{43} & K_{44} & K_{45} & K_{46} & K_{47} & K_{48} & K_{49} & K_{4,10} \\
K_{51} & K_{52} & K_{53} & K_{54} & K_{55} & K_{56} & K_{57} & K_{58} & K_{59} & K_{5,10} \\
K_{61} & K_{62} & K_{63} & K_{64} & K_{65} & K_{66} & K_{67} & K_{68} & K_{69} & K_{6,10} \\
K_{71} & K_{72} & K_{73} & K_{74} & K_{75} & K_{76} & K_{77} & K_{78} & K_{79} & K_{7,10} \\
K_{81} & K_{82} & K_{83} & K_{84} & K_{85} & K_{86} & K_{87} & K_{88} & K_{89} & K_{8,10} \\
K_{91} & K_{92} & K_{93} & K_{94} & K_{95} & K_{96} & K_{97} & K_{98} & K_{99} & K_{9,10} \\
K_{10,1} & K_{10,2} & K_{10,3} & K_{10,4} & K_{10,5} & K_{10,6} & K_{10,7} & K_{10,8} & K_{10,9} & M
\end{bmatrix}
\begin{Bmatrix} \delta_1 \\ \delta_2 \\ \delta_3 \\ \delta_4 \\ \delta_5 \\ \delta_6 \\ \delta_7 \\ \delta_8 \\ \delta_9 \\ \delta_{10} \end{Bmatrix}
=
\begin{Bmatrix} P_1 \\ M\Delta \\ P_3 \\ P_4 \\ P_5 \\ P_6 \\ P_7 \\ P_8 \\ P_9 \\ M\Delta \end{Bmatrix}
\begin{matrix} \leftarrow u_1 \\ \leftarrow v_1 \\ \leftarrow u_2 \\ \leftarrow v_2 \\ \leftarrow u_3 \\ \leftarrow v_3 \\ \leftarrow u_4 \\ \leftarrow v_4 \\ \leftarrow u_5 \\ \leftarrow v_5 \end{matrix}
\end{array}
$$
$$\text{(2.107)}$$

式（2.107）中，M 为给定的大数 10^n，$n = 10 \sim 15$。

将式（2.107）中 $[K]$ 的第 2 行、第 10 行与列矩阵相乘得：

$$k_{21}\delta_1 + M\delta_2 + k_{32}\delta_3 + k_{42}\delta_4 + k_{52}\delta_5 + k_{62}\delta_6 +$$
$$k_{72}\delta_7 + k_{82}\delta_8 + k_{92}\delta_9 + k_{10,2}\delta_{10} = M\Delta \tag{2.108}$$

$$\delta_2 = \Delta - (k_{21}\delta_1 + + k_{32}\delta_3 + k_{42}\delta_4 + k_{52}\delta_5 + k_{62}\delta_6 +$$
$$k_{72}\delta_7 + k_{82}\delta_8 + k_{92}\delta_9 + k_{10,2}\delta_{10})/M$$
$$= \Delta - \text{相对小量} \approx \Delta \tag{2.109}$$

同理推导，$\delta_{10} \approx \Delta$。

同一有限元模型，在相同载荷作用下，引入不同的边界条件时计算出的结果会有很大的差别，因此分析时必须引入正确边界条件。

2.4.3 求解整体结构方程

对矩阵 $[K]$、$\{P\}$ 进行约束处理后，原刚度方程变为

$$[\bar{K}]\{\delta\} = \{\bar{P}\} \tag{2.110}$$

$[\bar{K}]$、$\{\bar{R}\}$ 为经约束处理后的总刚矩阵和节点载荷列阵。处理后的整体结构方程是一个大型的线性方程组，采用数值分析方法中的高斯法、二分法、牛顿迭代法等可求解出上述线性方程组中所有节点的位移分量 $\{\delta\}$。

2.4.4 求应力和应变

求出各节点的位移后，单元内任一点的应力和应变就可利用几何矩阵和应

力矩阵求得：

$$\{\varepsilon\} = [B]\{\delta\} \qquad (2.111)$$

$$\{\sigma\} = [S]\{\delta\} \qquad (2.112)$$

在计算中一般只要取单元内若干个有代表性点的应力和应变值来表示这个单元的应力和应变特征。对四边形单元，可只求出四个积分点和中心点的值。由于三角形单元为常应变单元，取单元内任一点求值即可。

第3章

有限元软件
ABAQUS基础

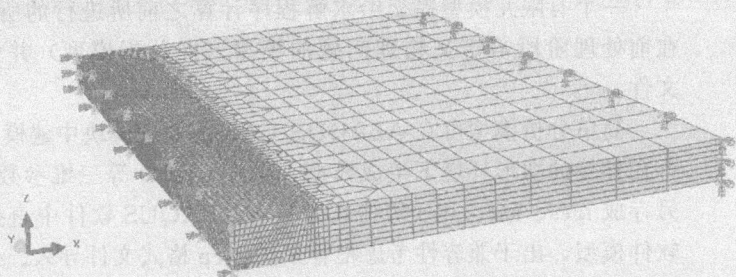

3.1 ABAQUS/CAE简介

3.2 ABAQUS/Standard和Explicit

3.3 ABAQUS中坐标和量纲

3.4 ABAQUS/CAE功能模块介绍

3.5 快速入门算例

本章基于有限元基本理论，介绍通用有限元软件，帮助初学者了解和使用 ABAQUS 软件的基本功能，快速入门。本章主要介绍软件的组成、分析步骤、各模块的功能、操作界面、基本使用方法及帮助文件。

ABAQUS 主要包含以下模块：ABAQUS/CAE、ABAQUS/Standard、Explicit、ABAQUS/CFD、ABAQUS/Electromagnetic、ABAQUS/ATOM 等。ABAQUS/CAE 是 ABAQUS 完整的交互式图形环境，ABAQUS/Standard、Explicit、ABAQUS/Electromagnetic、ABAQUS/CFD 为主要的分析模块。ABAQUS/ATOM 为拓扑优化模块。在材料成形过程的数值分析中 ABAQUS/Standard、Explicit 分析模块使用得较多，本书更多地对这两个分析模块做介绍。

一个完整的有限元分析过程，通常由三个明确的步骤组成：前处理、模拟计算和后处理。这三个步骤的功能及生成顺序如图 3.1 所示。

图 3.1　完整的有限元分析过程及涉及的相关模块

（1）前处理（ABAQUS/CAE）

一个有限元模型提交给求解程序计算之前所进行的所有工作称为前处理。在前处理阶段需定义物理问题的模型（即分析模型）并生成 ABAQUS 输入文件。

简单分析模型可在 ABAQUS/CAE 前处理模块中建模生成。复杂分析模型可在外接的图形环境下生成模型，如在 CREO 等三维参数化软件中建好模型，另存成 iges、sat、step 等格式后导入 ABAQUS 软件中直接使用。对于 CREO 软件模型，出于兼容性考虑推荐采用 step 格式文件导入。外部模型的导入方法如图 3.2 所示。另外可采用三维绘图软件的交互式接口向 ABAQUS 导入几何形体。

（2）模拟计算（ABAQUS/Standard/Explicit）

模拟计算阶段用 ABAQUS/Standard 或 Explicit 求解模型所定义的数值问题，它在正常情况下是作为后台进程处理的。一个应力分析算例的输出包括位移和应力，它们存储在二进制文件中以便进行后处理。完成一个求解过程所需的时间是不固定的，这取决于所分析问题的复杂程度和计算机的运算能力。

（3）后处理（ABAQUS/CAE）

一旦完成了模拟计算得到位移、应力或其他基本变量，就可以对计算结果进行定量显示、分析评估，即后处理。通常，后处理是使用 ABAQUS/CAE 或其他后处理软件中的可视化模块在图形环境下交互式地进行，读入核心二进制输出数据库文件后，可视化模块（包括 ABAQUS/View 子模块及 Visualization）有多种方法显示结果，包括等值图、动画云图和 X-Y 值图等。

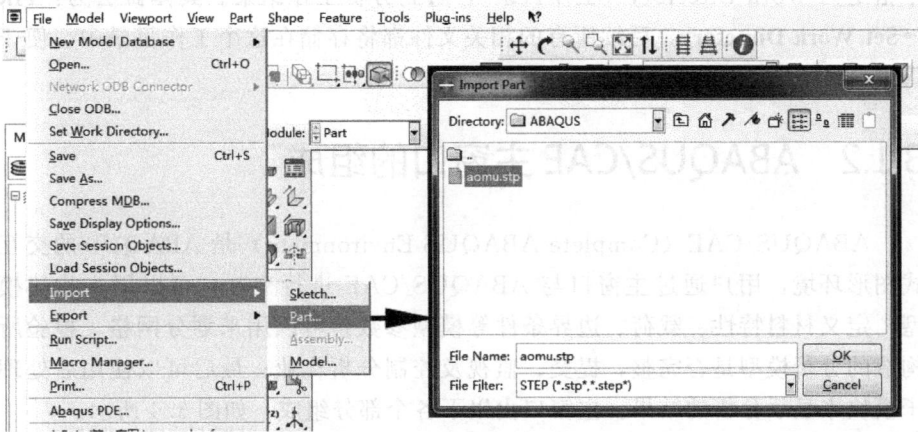

图 3.2　从外部软件导入分析模型

3.1
ABAQUS/CAE 简介

3.1.1　ABAQUS/CAE 的启动

① 方法一：桌面快捷方式启动 **ABAQUS CAE**。

② 方法二：开始菜单→所有程序→**ABAQUS CAE**，Start session 对话框如图 3.3 所示。

在这个对话框中有 4 个选择项：

a. **Create model Database**。创建一个新的分析模型。对于结构问题选择 **With Standard/Explicit Model**，对于电磁场问题选择 **With Electromagnetic Model**。

b. **Open Database**。打开一个以前存储过的模型或者输出数据库文件。

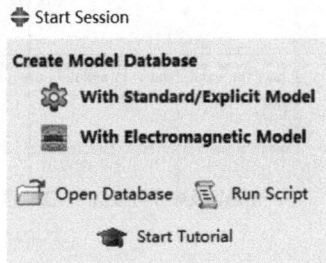

图 3.3　Start session 对话框

c. **Run Script**。运行一个 ABAQUS/CAE 命令文件。

d. **Start Tutorial**。从在线文件启动辅导教程。

启动 ABAQUS 后对于一个分析对象，应建立一个文件夹，并在 ABAQUS 中指定为 Work Directory（工作目录），直到分析工作结束。具体做法为：**File →Set Work Directory**，后续所有的相关文件都将存储在这个工作目录中，便于管理。

3.1.2　ABAQUS/CAE 主窗口的组成

ABAQUS/CAE（Complete ABAQUS Environment）是 ABAQUS 的交互式图形环境，用户通过主窗口与 ABAQUS/CAE 进行交互，可以用来构建模型，定义材料特性、载荷、边界条件等模型参数；可以用来划分网格，检验所构造的分析模型是否完整，提交、监视及控制分析作业；最后可以使用后处理子模块来显示分析的结果。主窗口由以下各个部分组成，如图 3.4 所示。

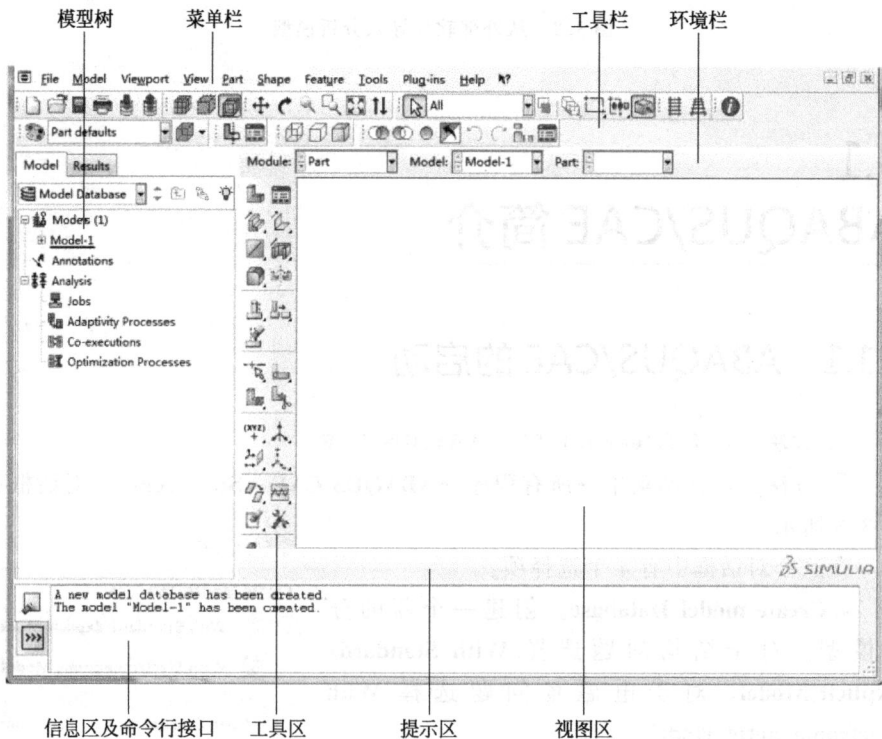

图 3.4　主窗口的各个部分

（1）Title bar（标题栏）

Title bar 给出了正在运行的 ABAQUS/CAE 版本和当前的模型数据库的名字。

（2）Menu bar（菜单栏）

Menu bar 中包含了所有的菜单，通过对菜单的操作可调用 ABAQUS/CAE 的全部功能。当用户在 Context bar 中选择不同的模块时，就会在 Menu bar 得到不同的菜单系统。

（3）Toolbar（工具栏）

Toolbar 提供了一种快捷访问方式来调用菜单中常用命令。

（4）Context bar（环境栏）

ABAQUS/CAE 是分为一系列功能模块的，其中每一个模块只针对模型的某一方面。用户可以在 Context bar 的 Module 表中进行各模块之间的切换。Context bar 里的其他项则是当前模块的功能。例如，在 Part 功能模块允许用户在不同的部件间切换。

（5）Model tree（模型树）

实现菜单栏和工具栏大部分功能。

（6）Toolbox area（工具区）

一旦进入某一功能模块，Toolbox area 中就会出现该功能模块对应的工具。

Toolbox 使用户可快速调用许多模块功能，这些功能在 Menu bar 中也是有效的。

（7）Canvas、Drawing area（视图区）

可把 Canvas 设想为一个无限大的屏幕或布告板，用户可在其中放置诸如图形窗口、文本和箭标等内容。Drawing area 是 Canvas 的可见部分。

（8）Viewport（图形窗口）

Viewport 是 ABAQUS/CAE 显示模型的几何图形的窗口。

（9）Prompt area（提示区）

提示区会提示用户的下一步操作，例如在生成由两点连成的线段时，会提示要选择或输入的坐标。

（10）Message area（信息区，命令行）

在信息区中会出现状态和警告信息，若要改变信息区的大小，可拖拉位于其右上方的小方块，若要阅读已滚出信息区的信息，可利用右边的滚动条。

3.2
ABAQUS/Standard 和 Explicit

ABAQUS/Standard 是通用分析模块，它能求解广泛领域的线性和非线性问题，包括静态分析、动态分析以及复杂的非线性耦合物理场分析等。ABAQUS/Standard 采用并行的稀疏矩阵求解器对各种大规模计算问题进行可靠快速求解。

ABAQUS/Explicit 是显式动态分析模块，它适于求解复杂非线性动力学问题和准静态问题，特别适用于模拟短暂、瞬时的动态事件，如冲击和爆炸问题，处理接触条件变化的高度非线性问题也非常有效，适于模拟材料成形问题。该模块支持应力/位移分析，也支持完全耦合的瞬态温度/位移分析、声固耦合分析。任意拉格朗日-欧拉（ALE）自适应网格功能可有效模拟材料成形领域的大变形非线性问题。

3.3
ABAQUS 中坐标和量纲

在 ABAQUS 软件中，默认整体坐标系采用直角坐标右手法则。

ABAQUS 是数值计算软件，没有固定的量纲系统，用户需要根据自己分析问题的情况，选择合适并一致的量纲系统。所有输入参数必须选择统一的量纲，输出物理量的量纲亦保持一致。如出现交叉输入量纲的情况，则输出结果将出现不可料想的混乱。现将部分常用的量纲系统列于表 3.1 中。

表 3.1　部分常用量纲系统

量纲系统	SI/m	SI/mm	US Unit/ft	US Unit/inch
长度	m	mm	ft	in
力	N	N	1bf	1bf
质量	kg	$T(10^3 kg)$	slug	$1bf \cdot s^2/in$
时间	s	s	s	s
应力	$Pa(N/m^2)$	$MPa(N/mm^2)$	$1bf/ft^2$	$psi(1bf/in^2)$
能量	J	$mJ\ (10^{-3} J)$	ft 1bf	in 1bf

量纲系统	SI/m	SI/mm	US Unit/ft	US Unit/inch
密度	kg/m^3	t/mm^3	$slug/ft^3$	$1bf \cdot s^2/in^4$
加速度	m/s^2	mm/s^2	ft/s^2	in/s^2

3.4
ABAQUS/CAE 功能模块介绍

一个 ABAQUS 分析模型至少需要具有如下信息：几何模型、单元特性、材料参数、网格、载荷、边界条件以及分析类型。它们共同描述所分析的物理问题和所得到的结果。每一个模块只包含构建分析模型所需的某一方面工具。例如 Part 模块包含所有的建模工具，Mesh 模块只包含生成网格的工具，而 Job 模块只包含生成、编辑、提交和监控分析作业的工具等。可从 Context 条的 Module 表中选择各模块，见图 3.5。

在 Module 表中排列的模块顺序与构造一个分析模型应遵循的逻辑顺序是一致的。例如在生成装配件前必须先生成部件。虽然 ABAQUS/CAE 也允许用户在任何时刻选择任一个模块进行工作，而无需顾及模型的状态，但在实际操作中，遵循这个自然的顺序来完成构建模型任务是简单易行不遗漏的好方法。因此，现按照模块顺序分别介绍如下。

3.4.1 Part（零件）

用户可在 Part 功能模块里定义模型各部分的几何形体以生成单个零件。创建包括点、线、面、体特征的零件。Part 模块专有建模工具如图 3.6 所示。零件创建对话框如图 3.7 所示。

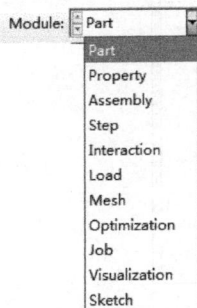

图 3.5　功能模块的选择

图 3.6　Part 模块专有建模工具

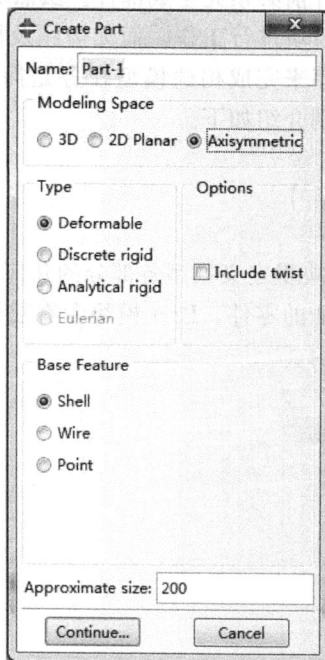

(a)

(b)

(c)

图 3.7　零件创建对话框

（1）创建几何形体工具▣

单击菜单栏 **Part→Create** 或单击▣图标创建几何形体，采用基于参数化的建模方式。

图 3.7 中 **Modeling Space** 表示创建模型类别：3D（三维立体模型），2D Planar（二维平面模型），Axisymmetric（轴对称模型）。

Type 表示部件类型：Deformable（可变形体），Discrete rigid（离散刚体），Analytical（解析刚体），Eulerian（欧拉体）。

Shape 表示部件形态：Solid（实体），Shell（壳体），Wire（线），Point（点）。

Base Feature 中 **Type** 表示建模方式：Extrusion（拉伸），Revolution（旋转），Sweep（扫掠）。

Approximate size 表示截面的大致尺寸，便于建模。一般输入零件最大轮廓尺寸的 2 倍。

对话框随 Modeling Space 和 Type 不同而不同。

右侧▣为 Part 管理器（或单击菜单栏 **Part→Manager**），其功能也可以在窗口左侧模型树的右键快捷菜单实现，其功能包括创建新 Part、复制 Part、重命名 Part、删除 Part、锁定及解锁 Part、修正 Part 及退出。

注意：锁定后 Part 将不能被修改。

（2）创建拉伸实体功能▣

单击菜单栏 **Shape→Solid** 或▣图标创建拉伸实体。

方法依次为 Extrude（拉深）▣、Revolve（旋转）▣、Sweep（扫掠）▣、Loft（放样）▣、From shell（由壳体创建）▣。

按照提示区的提示依次选择草绘平面，为草绘平面定向，草绘截面，设置三维形体参数即可完成。

（3）创建拉伸壳体功能▣

方法依次为 Extrude（拉深）▣、Revolve（旋转）▣、Sweep（扫掠）▣、Loft（放样）▣、Planar（由平面生成）▣、From solid（由实体创建）▣。

（4）创建线功能▣

方法依次为 Planar（由平面生成）▣、Point to Point（点到点生成）▣、Between 2 lines（两线倒圆角）▣ 和 From selected edges（从已有边）▣。

（5）在现有几何形体基础上剪切拉伸▦

单击菜单栏 **Shape→Cut** 或▦图标在现有几何形体基础上剪切拉伸。

方法依次为 Extrude（拉深）▦、Revolve（旋转）▦、Sweep（扫掠）▦、Loft（放样）▦ 和 Circular hole（内孔）▦。与生成实体的步骤类似，差别在于是剪切的。

（6）倒角▦

单击菜单栏 **Shape→Blend** 或▦图标创建倒角。▦▦分别为倒圆角和倒直角。

按照提示区提示选择需要倒角的面并输入倒角参数即可。

（7）镜像▦

单击菜单栏 **Shape→Transform→Mirror** 或图标▦对已建立的几何形体进行镜像。

（8）特征修改、删除等功能▦

（9）线、面、体分割工具▦

可辅助网格划分。

（10）建立基准点、线、面及坐标系工具▦

（11）小面修复等工具▦

辅助网格划分。

（12）赋中面区域，赋偏移和厚度工具▦▦。

注意：在以上的工具中，如果按钮右下方有小黑三角，左键长按不放，即可展开其他类似功能，向右移动鼠标即可切换功能。

提示：同时按住 Ctrl＋Alt＋鼠标左键可旋转模型（或点击工具栏中的▦），按住 Ctrl＋Alt＋鼠标中键可平移模型（或点击工具栏中的▦），按住 Ctrl＋Alt＋鼠标右键可缩放模型（或点击工具栏中的▦）。

由于 ABAQUS 软件不会自动保存文件，当完成部分建模工作后，可点击顶部工具栏中的▦保存文件，或菜单栏中 **File→Save**，输入文件名，该文件名自动添加后缀.cae。

3.4.2 Property（特性）

ABAQUS 计算结果的有效性受材料输入数据的准确程度和范围的限制，

所以对于所有单元必须确定其材料参数。材料参数包括基本参数（密度）、力学性能参数（弹性变形参数、塑性变形参数、各类损伤断裂准则、黏性变形参数等）、热力学参数、电磁学参数等一切描述材料在承受载荷和约束时的响应关系。这些参数在 Property 模块中赋予，Property 模块专有工具如图 3.8 所示。

可按照以下步骤来定义材料属性：

（1）定义材料属性

单击图标 ε **Create Material** 创建新材料，或在菜单栏中选择 **Material→Create**，或双击模型树中 **Materials** 来完成材料的创建，如图 3.9 所示。

Create Material 工具右侧为材料管理器，可以用来创建、编辑、复制、重命名、删除材料等，其功能对话框如图 3.10 所示。

（2）创建截面属性

图 3.8　Property 模块专有工具

ABAQUS 采用 Section（截面）的概念来管理将用于 Part（零件）不同区域、不同类别的材料信息。它是材料性能的集合，包括了零件特性或零件区域类信息，如区域的相关材料定义和横截面形状信息。先将零件不同区域需要的材料性能建立成截面，当需要时再赋予这些区域。在材料类别众多时这种事先归类的集合可避免混乱。

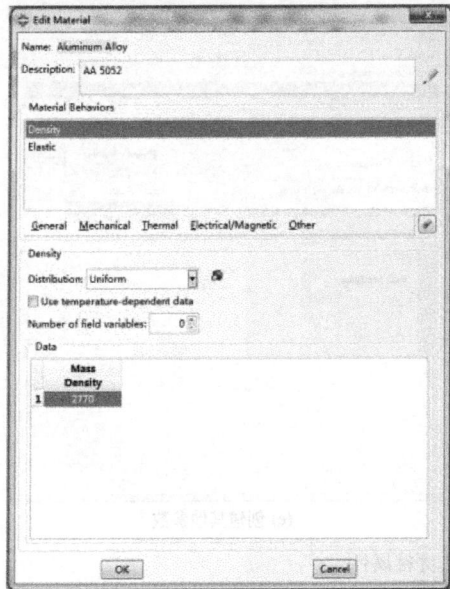

(a) 创建基本材料参数　　　　(b) 创建力学性能参数

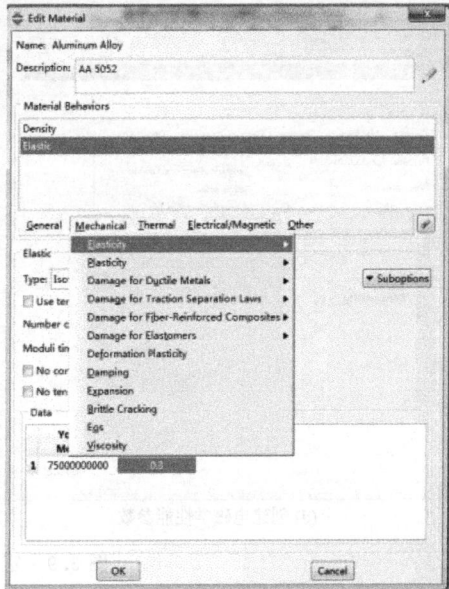

图 3.9

(c) 创建热力学性能参数

(d) 创建电磁学性能参数

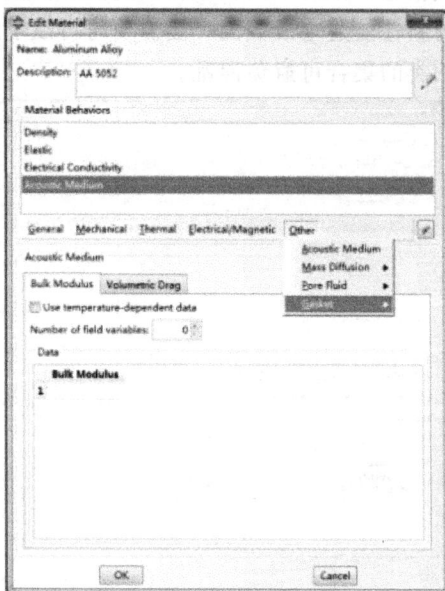

(e) 创建其他参数

图 3.9 定义材料属性

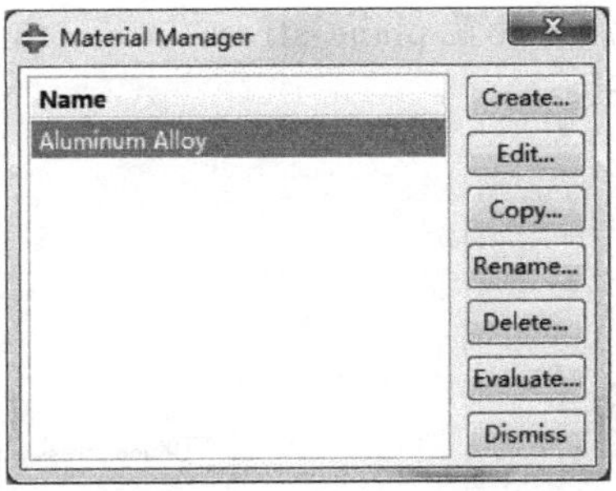

图 3.10　材料管理器

🦾🖼为创建截面工具及其管理器（或单击菜单栏 **Section→Create**），创建固体截面和壳截面对话框如图 3.11 所示。

(a) 固体截面创建　　　　　　　(b) 壳体截面创建

图 3.11　创建截面对话框

Name：创建的截面命名。

Category（种类）和 **Type**（类型）：配合起来指定截面的类型。

Solid（实体）：包括 Homogeneous（均匀的）、Generalized plane strain（一般平面应变）、Eulerian（欧拉体的）、Composite（复合的）。

Shell（壳）：包含 Homogeneous（均匀的）、Composite（复合的）、Membrane（膜）、Surface（表面）和 General shell stiffness（一般刚性壳）等。

Beam（梁）：包括梁和桁架。

Other（其他）：即 Gasket（垫圈）、Cohesive（内聚物）、Acoustic infinite（声媒耦合）、Acoustic interface（声媒界面）等。

创建截面菜单后续步骤如图 3.12 所示，在对话框下拉选项中选择已建立的材料。

注意：三维模型不需要设置 plane stress/strain thickness 参数，采用默认值 1 即可，如图 3.13 所示。

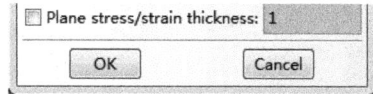

图 3.12　创建实体截面菜单　　　　图 3.13　设置 plane stress/strain thickness 参数

对于壳截面，创建壳截面对话框如图 3.14 所示。

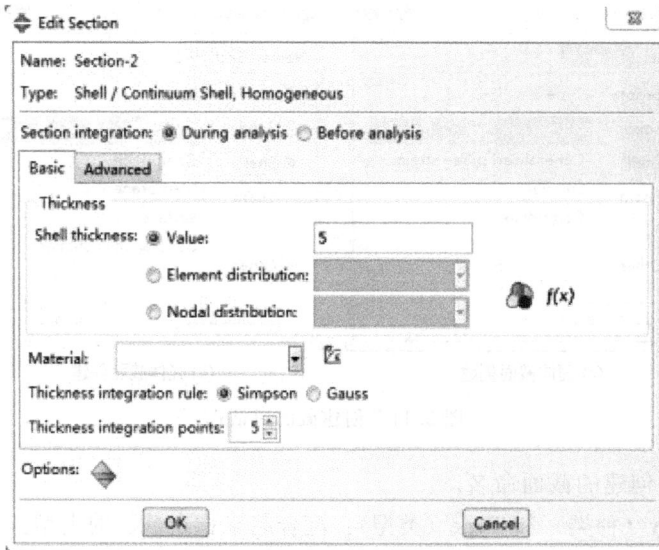

图 3.14　创建壳截面对话框

Shell thickness：指定壳所代表的厚度。

Material：选择已建立的材料。

Thickness integration rule：选择厚度积分所采用的算法 Simpson 或 Gauss。

Thickness integration points：如采用 Simpson 积分算法，则厚度积分点（Thickness intergration points）应选择 3～15 的奇数，如采用 Gauss 积分算法则厚度积分点应选择 2～15 的数。如不遵循此法则，在后面 **Job→Data Check** 检查时会通不过。

注意：平面应力问题的截面属性类型是 Solid，而不是 Shell。

（3）赋截面属性

单击 ■L（或单击菜单栏 **Assign→Section**），根据提示区选择要分配材料的目标体，← X Select the regions to be assigned a section（ □ Create set）Done 选择前面已建立的 Section，对话框如图 3.15 所示。

注意： 未被分配截面属性的 Cell 呈灰白色，已经正确分配截面属性的 Cell 呈淡绿色，被重复分配几种截面属性的 Cell 呈黄色。一个 Cell 仅允许存在一种截面属性，如有重复分配的情况，应在工具区 ■L ▦ 右侧截面管理工具中予以删除。

3.4.3 Assembly（装配件）

所生成的零件存在于自己的坐标系里，独立于模型中的其他部件。用户可使用 Assembly 模块生成零件的 instance（副本），将副本纳入公共坐标系，并且在公共坐标系里把各零件的副本相互定位，从而生成一个装配件。一个模型 Model 只能包含一个装配件 Assembly，一个零件 Part 可以被多次调用来组装成装配件，后面的定义载荷、边界条件、相互作用等操作都在装配件的基础上进行。Assembly 模块专有工具如图 3.16 所示。

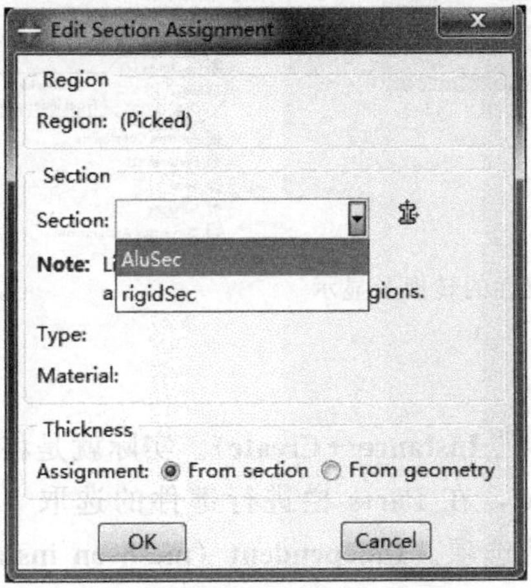

图 3.15　分配截面属性对话框 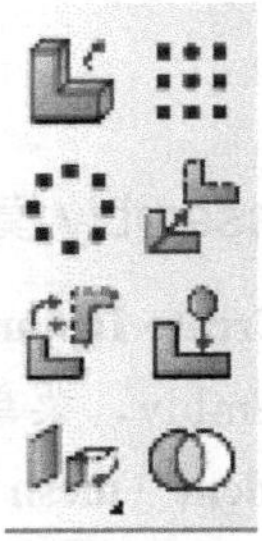　　　　图 3.16　Assembly 模块专有工具

（1）独立副本和非独立副本

① **Independent instance**（独立副本）是对 Part 中零件的复制，可以直接对独立副本划分网格（即 mesh on instance），而不能对相应的零件划分网格。如对同一个零件创建了多个独立副本，需对每个独立副本都划分网格。

② **Dependent instance**（非独立副本）只是零件的一个指针，非独立副本和原始零件共用几何形体和网格。可以对原始零件划分网格（即 mesh on part），但不能对一个非独立副本划分网格。非独立副本可以节约很多内存资源，且对零件进行网格划分只需要进行一次，是较为经济的网格划分策略。

对于同一个零件，只能在创建 Independent instance 和 Dependent instance 中二选一。但 Independent instance 和 Dependent instance 的状态可以互相转换。在模型树中，鼠标移到 Assembly 的 Instance 上，单击鼠标右键即可转换，其方法如图 3.17 所示，同时副本的状态可在鼠标移动到副本上来显示，由图 3.17 可以看出 Dependent instance 的网格是划分在零件上，副本和零件为相同网格。而 Independent instance 的网格是划分在副本上，副本之间以及副本与零件之间的网格可以不同。

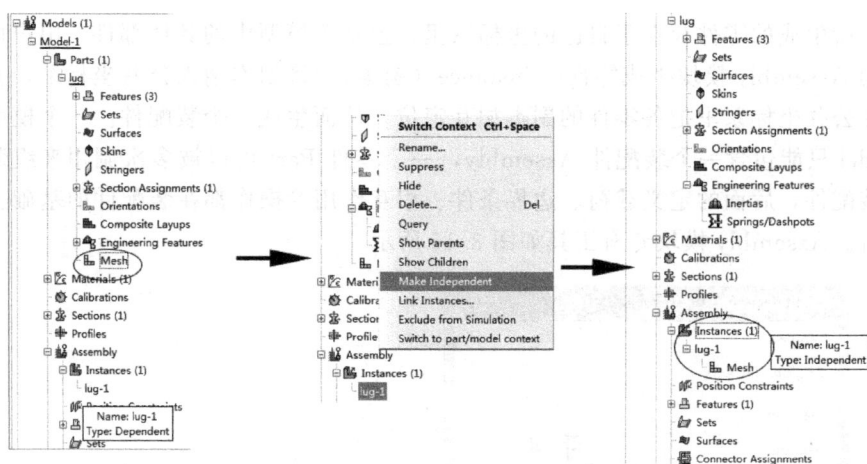

图 3.17　副本属性的转换及显示

（2）Assembly 模块工具区功能

① **Create Instance**（或单击菜单栏 **Instance→Create**）。实际就是将 Part 导入到 Assembly，菜单如图 3.18 所示，在 Parts 栏进行部件的选取（可多选），**Dependent（mesh on part）** 为默认选项。**Independent（mesh on instance）** 耗用内存较多，生成的 inp 文件也较大。**Auto-offset from other instances** 选项在多次调用同一 Part 进 Assembly 时应用。

② **Linear Pattern**（线性阵列，或单击菜单栏 **Instance → Linear Pattern**）。

Select the instances to pattern Done 选取要进行阵列的副本，阵列参数设置对话框如图 3.19 所示，可选择阵列方向、数量、偏移量等。

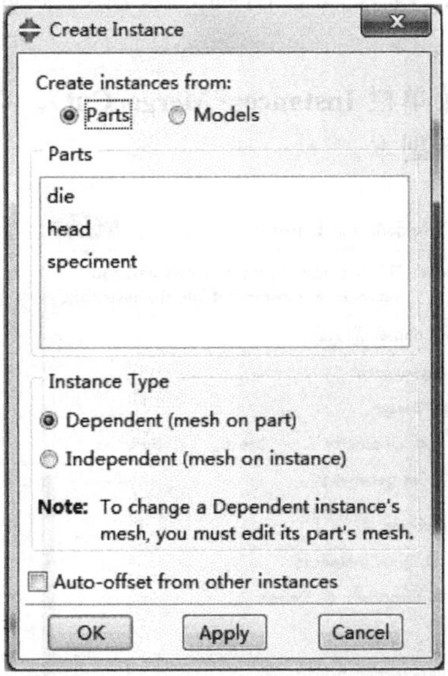

图 3.18　Create Instance 工具对话框

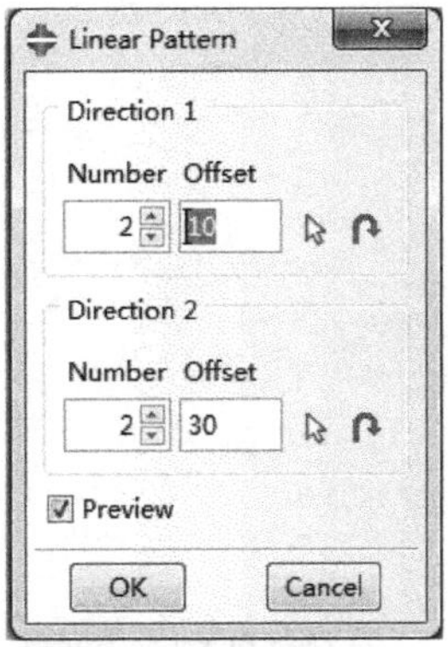

图 3.19　线性阵列参数设置

③ ⋮⋮ **Radial Pattern**（环形阵列，或单击菜单栏 **Instance → Radial Pattern**）。

⬅X Select the instances to pattern Done 选取要进行阵列的副本，阵列参数设置对话框如图 3.20 所示，可在菜单中选择阵列数量、范围（°）等。

④ 🔧 **Translate**（平移或单击菜单栏 **Instance→Translate**）。选取要进行平移的副本，设置平移量（终点坐标—初始坐标），可以手动输入点坐标，也可选取副本上的点 ⬅X Select a start point for the translation vector--or enter X,Y,Z: 0,0,0,0,0 ，最后预览平移并确认。

⑤ 🔧 **Rotate**（旋转或单击菜单栏 **Instance→Rotate**）。选取要进行旋转的副本，采用两点法确定旋转中心轴，输入起始点和结束点的坐标 ⬅X Select a start point for the axis of rotation--or enter X,Y,Z: 0,0,0,0,0 ⬅X Select an end point for the axis of rotation--or enter X,Y,Z: 0,0,0,0,0 ，设置旋转角度 ⬅X Angle of rotation: 90.0 ，最后预览旋转并确认。

⑥ 🔧 **Translate to**（平移到或单击菜单栏 **Instance→Translate to**）。选取要进行移动的副本上的面 ⬅X Select faces of the movable instance individually ▾ Done ，选取固定不变的副本上的面 ⬅X Select faces of the fixed instances individually ▾ Done ，两点法确定移动方向，输入移动后两实体相应两面的间隙距离 ⬅X Clearance: 0.0 Preview Done 。

⑦ 🔧 **Constraint**（约束，或单击菜单栏 **Constraint**）。🔧🔧⌐⌐🔧🔧🔧

分别是创建面平行、面匹配、边平行、边共线、同轴、共点、坐标系平行约束。

⑧ ◎合并 **Merge**/剪切 **Cut**（或单击菜单栏 **Instance→Merge/Cut**）。对话框如图 3.21 所示，可通过布尔运算来生成新副本。

图 3.20　环形阵列参数设置

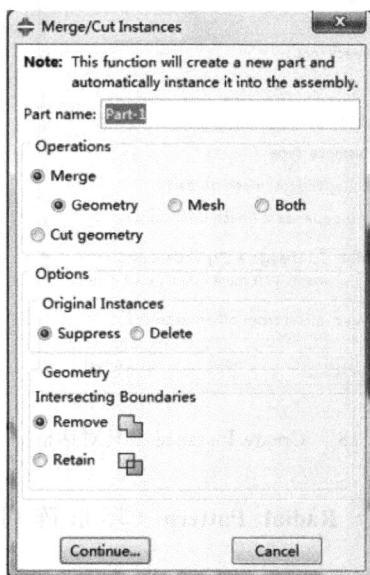

图 3.21　合并 **Merge**/剪切 **Cut** 对话框

3.4.4　Step（分析步骤）

为便于在不同的阶段或区域施加不同的载荷、边界条件及场量，ABAQUS 将分析过程人为地分成若干步骤。用户用 Step 模块生成和配置分析步骤与相应的输出需求。分析步骤的顺序提供了方便的途径来体现模型中的变化（如载荷和边界条件的变化）。在各个步骤之间，输出需求可以改变。ABAQUS 自动为每个分析创建一个 Initial step（初始分析步），可以在其中施加边界条件，以保证结构最初状态是静定的。用户需创建后续分析步，用来施加载荷。Step 模块专有工具如图 3.22 所示，定义分析步对话框如图 3.23 所示。

图 3.22　Step 模块专有工具

注意：分析步的顺序不便修改，需提前规划和设计好各分析步。

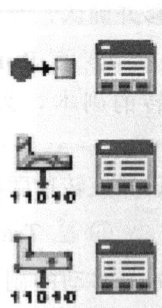

（1）分析步的种类

分析步的种类包含 General（通用）和 Linear perturbation（线性摄动分析步）两种。

① 通用分析步。可用于线性或非线性问题的分析，使用较多。常用的通用分析步包括以下几种：

Static，General：线性或非线性静力学分析。

Dynamic，Implicit：隐式动力学分析。

Dynamic，Explicit：显式动力学分析等。

② 线性摄动分析步。只能用来分析线性问题，对话框如图 3.24 所示。在 ABAQUS/Explicit 分析中不能使用线性摄动分析步。线性摄动分析步包括：

Buckle：线性特征值屈曲。

Frequency：频率提取分析。

Static，Linear perturbation：静态线性摄动分析。

Steady-state dynamics：稳态动态分析。

Substructure generation：子结构生成。

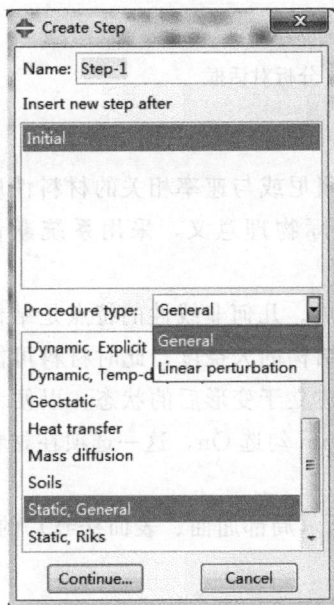

图 3.23　定义分析步对话框　　　　图 3.24　线性摄动分析步对话框

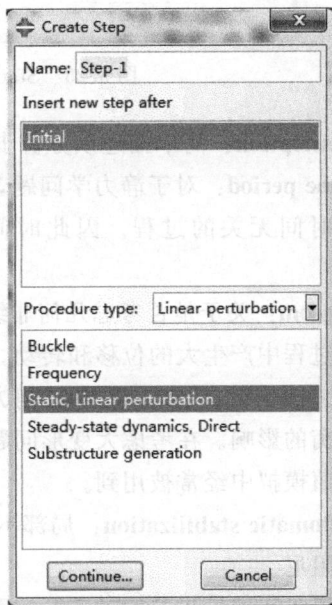

（2）通用分析步包含分析功能

① **Static，General** 线性或非线性静力学分析。对话框如图 3.25 所示。

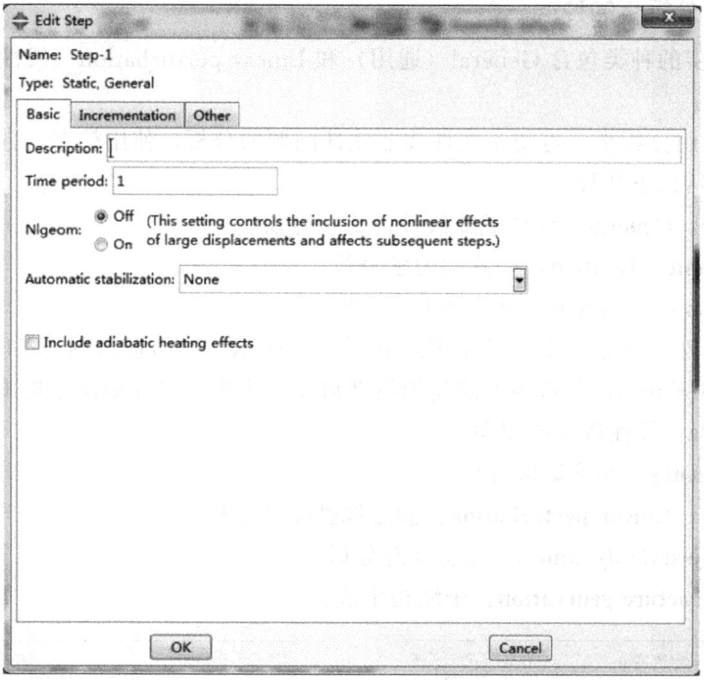

图 3.25　Static，General 分析对话框

Description：简单描述该分析步的作用。

Time period：对于静力学问题，不包含阻尼或与速率相关的材料性质，是一个与时间无关的过程。因此时间没有实际物理意义，采用系统默认值 1 即可。

Nlgeom：关于是否考虑几何非线性的选项。几何非线性的特点是结构在载荷作用过程中产生大的位移和转动，如板壳结构的大挠度，此时材料可能仍保持为线弹性状态，但是结构的几何方程必须建立于变形后的状态，以便考虑变形对平衡的影响。在考虑大变形问题时 Nlgeom 勾选 On，这一选项在材料成形过程数值模拟中经常被用到。

Automatic stabilization：局部不稳定问题（局部屈曲、表面祛皱）的处理，即施加阻尼。

设置时间增量步参数对话框如图 3.26 所示。

Type：选择时间增量的控制方法，默认为 Automatic，即增量步的大小由软件自动控制，根据分析结果的收敛情况自动增大或减小增量步。Fixed 表示给定时间增量的固定值。

Maximum number of increments：增量步的最大数目，图示 100 为系统默

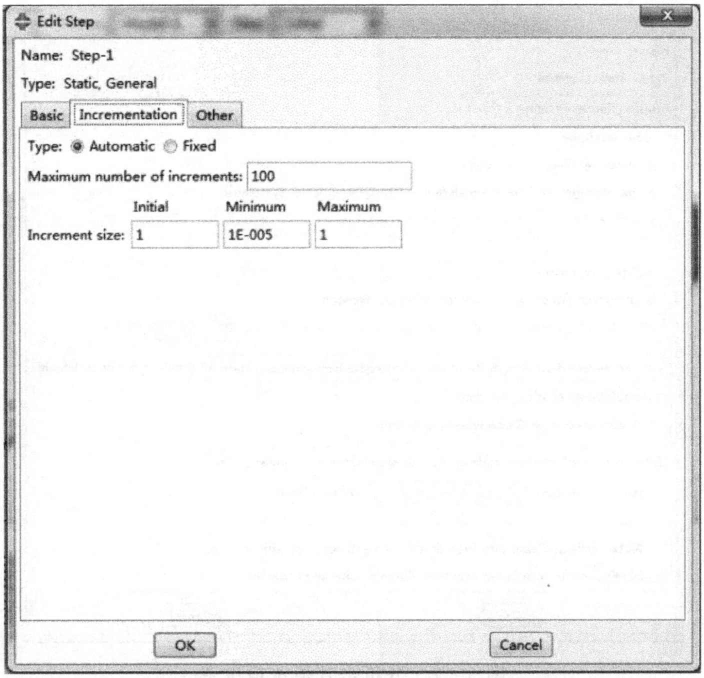

图 3.26　静力学分析时间增量步设置对话框

认值，表示如果经过 100 个增量步后结果还不收敛，则分析中止。设置的数值越大计算尝试的次数越多。

Increment size：初始时间增量、最小时间增量和最大时间增量。对于简单问题，可为初始增量步赋值为分析步时间（如图所示"1"）。对于复杂的非线性问题（如成形过程的接触问题或大塑性变形问题），分析不容易收敛，可以尝试减小初始增量步。

分析步其他设置选项如图 3.27 所示，主要是对于求解算法的选择，正确的算法选择可帮助计算收敛。

Method：求解器，Direct 适用于大多数分析，Iterative 对于大模型分析较快。

Matrix storage：矩阵存储方式。

Solution technique：选择求解方法，Full Newton 完全牛顿法，适用于大多数分析；Quasi-Newton 准牛顿法，雅克比矩阵对称且在迭代过程中，变化不大时，能加快收敛。

② **Dynamic，Explicit** 显示动力学分析。显示动力学分析时间增量步设置对话框如图 3.28 所示。

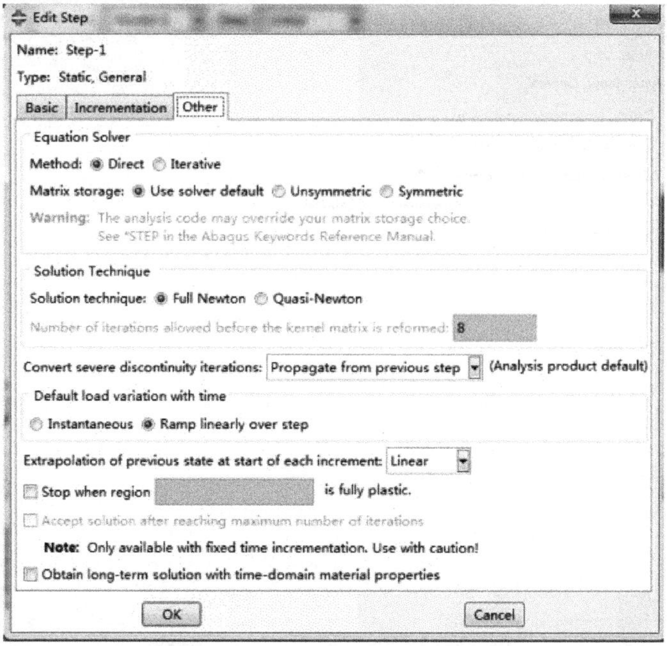

图 3.27　分析步其他选项设置

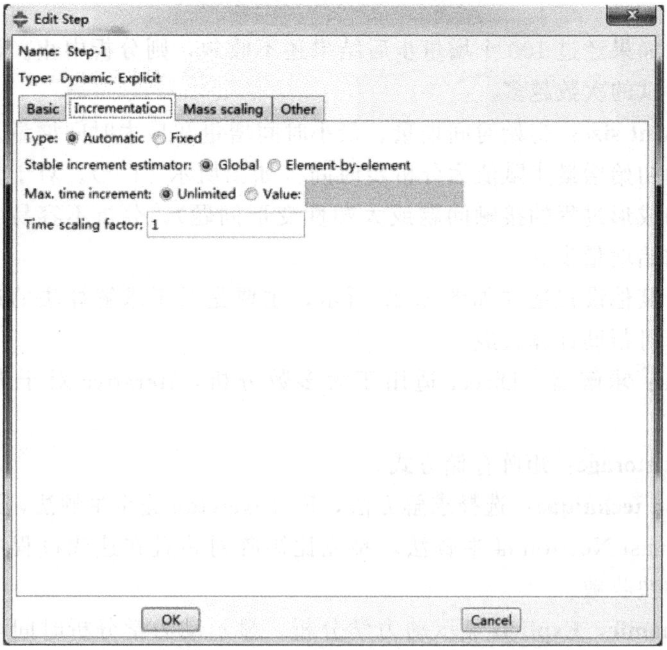

图 3.28　显示动力学分析时间增量步设置对话框

材料成形过程数值模拟
基础与应用

Type：Automatic，Fixed。一般默认 Automatic 选项，在 Abaqus/Explicit 中可使用固定的时间增量方案。

Stable increment estimation：Global，Element-by-element。逐单元法估计值趋于保守，得到的稳定时间增量总是小于整体估算法。

Max. time increment：Unlimited，默认选项，即不限制时间增量的上限。

Time scaling factor：时间缩放因子，输入时间比例因子以调整由 Abaqus/Explicit 计算的稳定时间增量。但时间比例因子不能用于缩放用户定义的固定时间增量。可以通过调整时间缩放因子来加快仿真速度，且保持动能是工作结果表中总能量的十分之一（0.1），则时间比例因子对于显式分析是可接受的。

设置质量缩放参数对话框如图 3.29 所示。

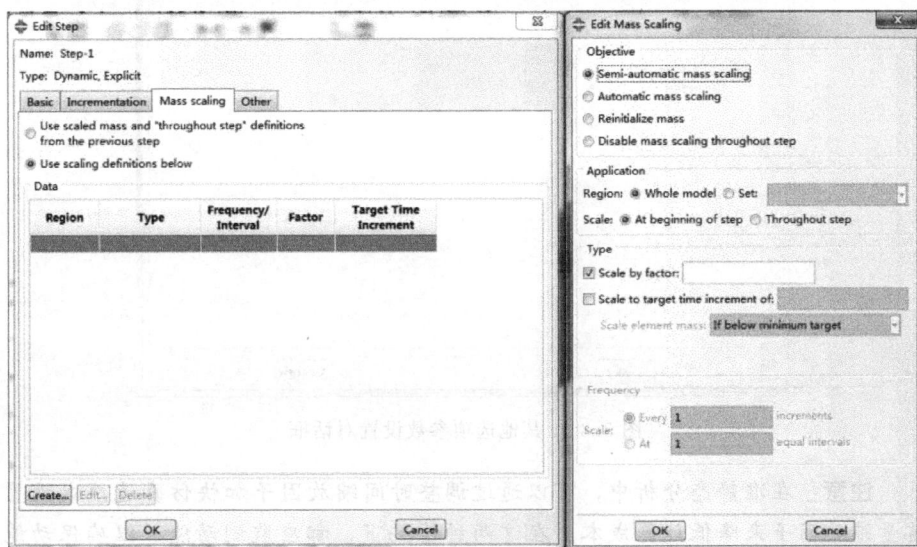

图 3.29　设置质量缩放参数对话框

质量缩放通常在 Abaqus/Explicit 中用于准静态分析和稳定时间增量受少数小尺寸单元限制的动态分析中。

质量缩放可以通过以下方式执行：

- 通过用户提供的常数因子缩放所有指定单元的质量；
- 用相同的值缩放所有指定单元的质量，以使单元组中任何单元的最小稳定时间增量等于用户提供的时间增量；
- 仅缩放组内稳定时间增量小于用户给定时间增量的单元，以使这些单元稳定时间增量等于用户提供的时间增量；
- 缩放指定单元的质量，以使它们的单元稳定时间增量每个都等于用户提供的时间增量；

· 根据网格几何形状和初始条件自动缩放，以进行大块金属轧制分析。但质量缩放因子的使用应以不影响结构的整体质量特性为前提。

其他选项参数设置对话框如图 3.30 所示。

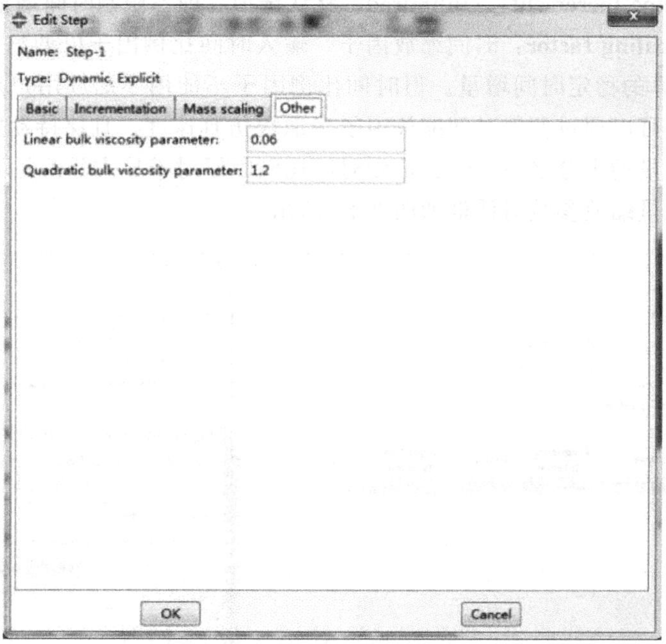

图 3.30 其他选项参数设置对话框

注意：在准静态分析中，可以通过调整时间缩放因子加快仿真速度或设置质量缩放因子来降低计算成本。在这两种情况下，都应监测动能，以确保动能与内部能之比不会变得太大（通常小于 10%）。

Linear bulk viscosity parameter（线性体积黏度参数）：默认值 0.06 即可。

Quadratic bulk viscosity parameter（二次体积黏度参数）：默认值 1.2，仅适用于连续实体单元和压容积应变率。

（3）变量输出文件

① 输出文件类型。有限元分析会输出大量数据。ABAQUS 允许用户控制和管理输出数据，从而只输出理解计算结果所必需的数据。其常用输出文件有以下几种。

a. 文件后缀为 .odb，二进制输出文件，它用于 ABAQUS/CAE 的后处理，这种文件称为 ABAQUS 输出数据库文件。

b. 文件后缀为 .dat，文本文件，可以存放用户要求的输出结果。

c. 文件后缀为 .res，用于后续分析的数据形式，输出为 ABAQUS 重启动文件。

d. 文件后缀为 .fil，输出为 ABAQUS 结果文件，是用于第三方软件后处理的二进制文件。

每生成一个分析步，ABAQUS/CAE 就会产生一个缺省的输出要求。缺省情况为输出 .odb 文件。

② ODB 文件存储信息类型。ODB 文件（Output Database File）是用户最常用到的文件，ODB 文件中存储了以下三种类型信息。

a. **Field output**（场变量输出结果）。用于输出来自整个模型或指定区域的应力、应变、位移、速度、加速度、力、接触、能量、失效/断裂等，这些变量是对整个模型或模型的很大一部分起作用的。被写入输出数据库的频率相对较低，用来在后处理中生成等值图、动画、矢量图和 X-Y 值图等。

文件生成方法为：在菜单栏中依次点击 **Output→Field Output Requests→Creat** 或在模型树中点击 **Field Output Requests**，右击 **Creat**。

b. **History output**（历史变量输出结果）。这些变量是针对模型的很少的局部如某个节点的结果，它们以很高频率写入输出数据库。

文件生成方法为：在菜单栏中依次点击 **Output→History Output Requests→Creat** 或在模型树中点击 **History Output Requests**，右击 **Creat**。

c. **Diagnostics information**（诊断信息）。记录分析过程信息。

3.4.5　Interaction（相互作用）

在 Interaction 模块里，用来规定模型的各区域之间或模型的一个区域与环境之间的力学和热学的相互作用，例如两个表面之间的接触关系（最常用的相互作用）。一对相互接触的面称为 contact pair（接触对）。如果只有一个接触面，则称为 self-contact（自接触）。

其他的相互作用为约束，包括绑定约束、方程约束和刚体约束等。若不在 Interaction 模块里规定接触关系，ABAQUS/CAE 不会自动识别副本之间或一个装配件的各区域之间的力学接触关系。只规定两个表面之间相互作用的类型，对于描述装配件中两个表面的边界物理接近度是不够的。相互作用与分析步有关，必须指定相互作用是在哪些分析步中起作用。Interaction 模块专用工具如图 3.31 所示。

图 3.31　Interaction 模块专用工具

（1）定义和管理接触属性 🔲 🔳

单击菜单栏 **Interaction → Property → Create，Interaction → Property → Manager**。在定义接触之前，需要先定义相应的接触属性（摩擦特性、阻尼等）。接触属性包括 Mechanical（机械）、Thermal（热）、Electrical（电），接触属性定义对话框如图 3.32 所示。

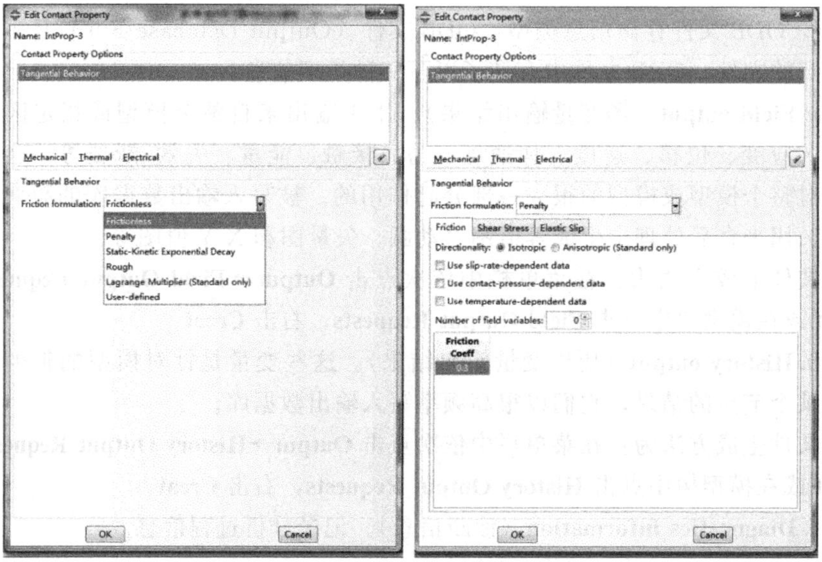

图 3.32　接触属性定义对话框

① **Mechanical→Tangential Behavior**（接触的切向行为）。

Frictionless：自由滑动，无摩擦。

Pentalty：罚函数，允许表面黏着时发生相对弹性滑动。

Static-Kinetic Exponential Decay：动力学摩擦公式，假设摩擦系数从静态值到动态值呈指数衰减。

Rough：粗糙，指定一个无限摩擦系数。

Lagrange Mutiplier（Standard only）：拉格朗日乘子，仅在 Standard 通用分析模块中有效，使两个接触面严格执行黏着约束，直至满足条件 $\tau = \tau_{crit}$，τ_{crit} 为临界切应力。

User-difined：用户自定义。

② **Mechanical→Normal Behavior**（接触的法向行为）。

Hard contact：为一般问题的默认接触法向行为。接触面之间能够传递的接触压力的大小不受限制。当接触压力变为零或负值时，两个接触面分离，并且去掉相应节点上的接触约束。

其余软接触为 **Exponential**（指数）、**Linear**（线性）、**Tabular**（表格输入）。

（2）定义和管理接触对 🔲 🔳

单击菜单栏 **Interaction→Create，Interaction→Manager**。显式动力学分析下接触属性定义对话框如图 3.33 所示。

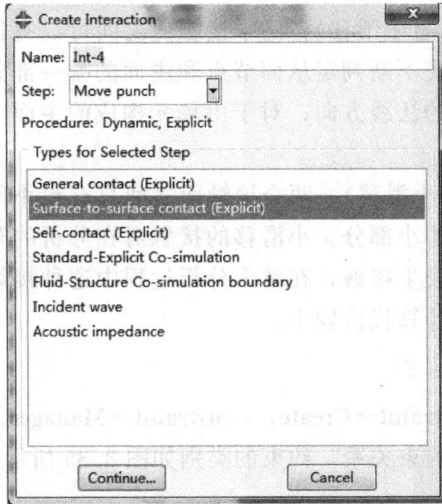

图 3.33　显式动力学分析下接触属性定义对话框

其中，**Surface-to-surface contact**（面面接触）定义对话框如图 3.34 所示，面面接触对包含一个主面和一个从面，变形量小的定义为主面，变形量大的定义为从面。或当接触对由一刚性面和一可变形面组成，则定义刚性面为主面。

图 3.34　面面接触定义对话框

Mechanical constraint formulation（机械约束方程）有两种选择：

a. **Kinematic contact method**（运动接触法）：严格执行设定的接触约束。

b. **Penalty contact method**（罚接触法）：对接触约束的执行较弱，但允许处理更一般的接触类型，一般的成形问题都可选用这种约束。

两个接触面的相对滑动有两种类型：

a. **Finite sliding**（有限滑移）：两个接触面之间可以有任意的相对滑动，为接触的默认特性。需要不断判定从面节点和主面的哪一部分发生接触，要求主面的每个点都有唯一的法线方向，对于由单元构成的主面，会自动进行平滑处理。计算代价较大。

b. **Small sliding**（小滑移）：两个接触面之间只有很小的相对滑动，滑动量的大小只是单元尺寸的小部分。小滑移的接触对在分析的开始就确定了从面节点和主面的哪一部分发生接触，在整个分析过程中这种接触关系不会再发生变化。因此，小滑移的计算代价较小。

（3）定义约束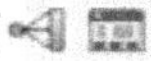

单击菜单栏 **Constraint→Create**，**Constraint→Manager**。其作用是定义模型各部分自由度之间的约束关系，约束的类别如图 3.35 所示。

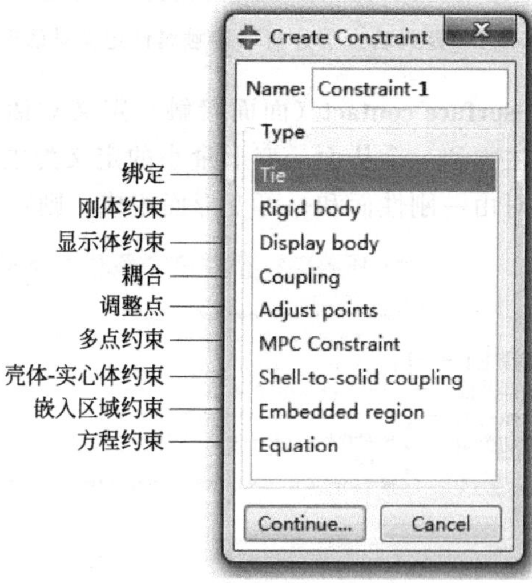
Create Constraint
Name: Constraint-1
Type
绑定
Tie
刚体约束
Rigid body
显示体约束
Display body
耦合
Coupling
调整点
Adjust points
多点约束
MPC Constraint
壳体-实心体约束
Shell-to-solid coupling
嵌入区域约束
Embedded region
方程约束
Equation
Continue...
Cancel

图 3.35 约束的类别

Tie：定义两个独立的面被牢固地黏结在一起，两个面可以为不同形状和网格，分析过程中不分开。

Rigid body：在模型的某个区域和一个参考点间建立刚性连接，此区域变为刚体，各节点间的相对位置在分析过程中保持不变。

Display body：约束实体用于图形显示而不参与分析过程。

Coupling：在模型的某个区域和参考点之间建立约束。

Adjust points：调整点之间的约束，可将一个或多个点移动到指定的曲面上。

MPC Constraint：在模型不同自由度间强加约束，也可用于不相容单元间传递载荷。可表征刚性连接、铰接、滑动等。

Shell-to-solid Coupling：在板壳的边和相邻实心体的面之间建立约束。

Embedded region：可以使用嵌入区域约束将模型区域嵌入模型的主区域或整个模型中。

Equation：用一个方程来定义几个区域的自由度之间的相互关系。

3.4.6 Load（载荷）

在 Load 模块里指定载荷、边界条件和场。载荷与边界条件跟分析步相关，这意味着用户必须指定载荷和边界条件所在的分析步。有些场变量与分析步相关，而其他场变量仅仅作用于分析的开始。Load 模块的专用工具如图 3.36 所示。

（1）定义位移/旋转边界条件

单击菜单栏 **BC→Create**，**BC→Manager**，定义对话框如图 3.37 所示。

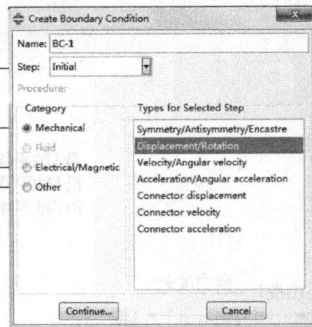

图 3.36　Load 模块专用工具　　　图 3.37　定义位移/旋转边界类型对话框

① **Symmetry/Antisymmetry/Encastre** 对话框，如图 3.38 所示。

② 在 ABAQUS 中平移自由度和旋转自由度的正方向规定，旋转遵从右手法则，如图 3.39 所示。

自由度 1：方向 1 的平移，U1。

自由度 2：方向 2 的平移，U2。

自由度 3：方向 3 的平移，U3。

沿X轴的法面对称
沿Y轴的法面对称
沿Z轴的法面对称

沿X轴的法面反对称
沿Y轴的法面反对称
沿Z轴的法面反对称

约束所有平移自由度
固支

图 3.38　Symmetry/Antisymmetry/Encastre 对话框

自由度 4：绕轴 1 的旋转，UR1。

自由度 5：绕轴 2 的旋转，UR2。

自由度 6：绕轴 3 的旋转，UR3。

③ **Displacement/Rotation** 菜单，[← X Select regions for the boundary condition (□ Create set) Done] 选择要设置边界的区域后，弹出位移/旋转边界条件定义对话框，如图 3.40 所示，其中 U 代表沿轴方向的平移，UR 代表绕轴的转动。如图 3.40 所示即约束了沿 X,Y 轴方向的平移和绕 X 轴的转动。

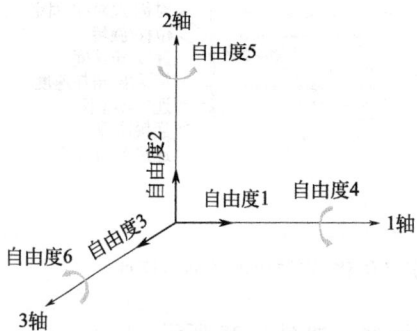

图 3.39　ABAQUS 中自由度的规定

沿X轴平移
沿Y轴平移
沿Z轴平移

沿X轴转动
沿Y轴转动
沿Z轴转动

图 3.40　定义位移/旋转边界条件对话框

（2）定义和管理初始状态

单击菜单栏 **Predefined→Create**，**Predefined→Manager**，对话框如图 3.41 所示。

（3）定义和管理载荷 🔲 🔢

单击菜单栏 **Load→Create，Load→Manager**，对话框如图 3.42 和图 3.43 所示。

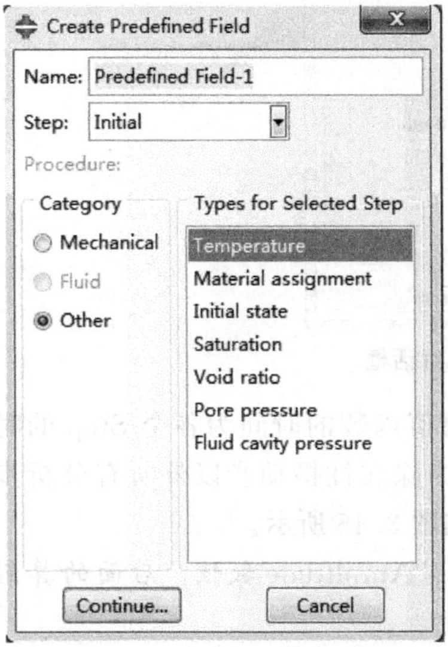

图 3.41　定义初始状态对话框 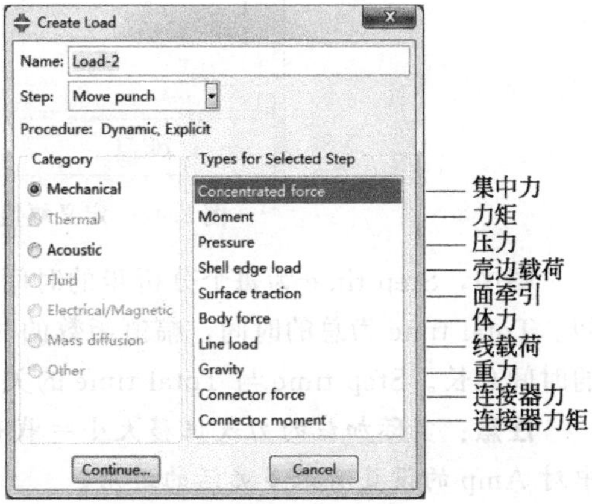　　　　　图 3.42　定义载荷对话框

图 3.43　集中力定义菜单

Amplitude（幅值曲线）可用于解决非均匀加载的问题。当载荷大小随时间变化不是恒定值时，可通过设定幅值曲线来描述边界条件和载荷随时间或频率（稳态动力分析问题）的变化。此外，选择菜单栏中 **Tool→Amplitude** 也可以完成幅值曲线的定义，定义对话框如图 3.44 所示。

图 3.44　定义幅值曲线对话框

图中，Step time 为每个分析步的时间，幅值函数的时间为各个 Step 的时间。Total time 为总的时间，幅值函数的时间为除线性摄动步以外所有分析步的时间总长。Step time 与 Total time 的关系如图 3.45 所示。

注意： 实际加载的力或位移大小＝载荷值×Amplitude 数值，后面的算例中对 Amp 的设置有很多灵活的运用。

Amplitude 可定义 11 种幅值曲线，如图 3.46 所示。

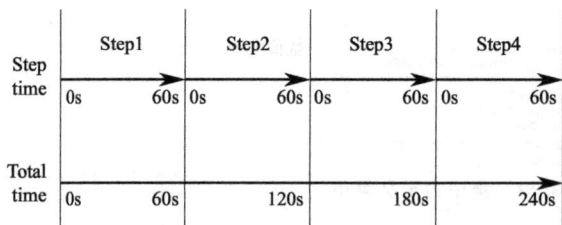

图 3.45　Step time 与 Total time 的关系　　　图 3.46　幅值曲线定义对话框

① Tabular。表格型幅值曲线。其设定对话框及对应幅值曲线如图 3.47 和图 3.48 所示，需在每个分析步的对应时间点上给出对应的幅值，其余幅值数据软件自动进行线性插值。

材料成形过程数值模拟
基础与应用

図 3.47 Tabular 型幅値曲線設定

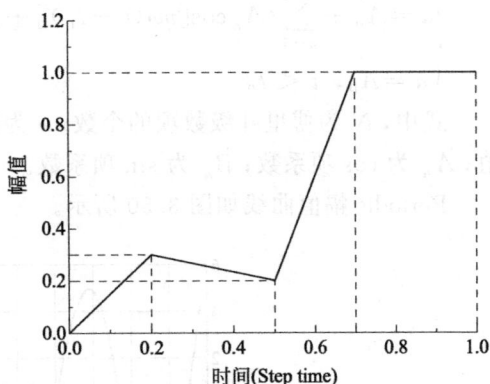

図 3.48 Tabular 型幅値曲線

• Smoothing（幅値曲線光滑度）是在 Abaqus/Standard 模块进行分析求解中，在需要计算幅值函数对时间的导数时，会对幅值函数中导数不连续点进行光滑处理。Smoothing 值的范围是（0，0.5）。其起到的作用如图 3.49 所示。

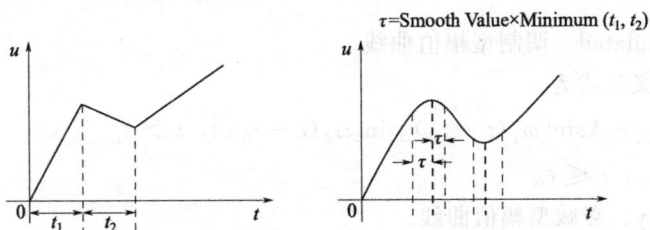

图 3.49 Smoothing 对幅值曲线的作用

Abaqus/Explicit 分析模块无光滑处理，除非是继承自其他相关的有限时间增量步。

• Use solver default 选项对 Abaqus/Standard 取 0.25，对于 Abaqus/Explicit 取 0。

Specify 需要用户指定数值，在包含较大时间间隔（time interval）的幅值曲线，可取 0.05，以避免严重偏离实际的幅值定义。

② Equally spaced。等间距型幅值曲线。以固定时间间隔给出幅值大小，其余数值为每个时间间隔内的线性插值。

③ Periodic。周期型幅值曲线。用于定义周期变化的量，用傅里叶级数表示：

$$\begin{cases} a = A_0 + \sum_{n=1}^{N} \{A_n \cos[n\omega(t-t_0)] + B_n \sin[n\omega(t-t_0)]\}, & t \geqslant t_0 \\ a = A_0, & t < t_0 \end{cases}$$

式中，N 为傅里叶级数项的个数；ω 为圆频率；t_0 为起始时刻；A_0 为初始幅值；A_n 为 cos 项系数；B_n 为 sin 项系数。

Periodic 幅值曲线如图 3.50 所示。

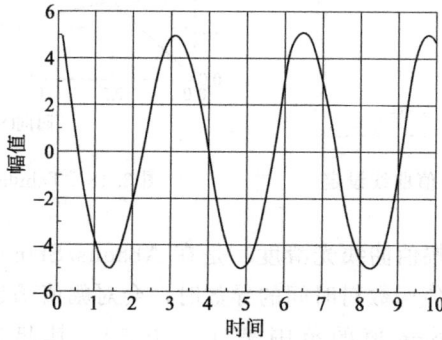

图 3.50　Periodic 幅值曲线

④ Modulated。调制型幅值曲线。

曲线定义公式为：

$$\begin{cases} a = A_0 + A \sin[\omega_1(t-t_0)]\sin[\omega_2(t-t_0)], & t > t_0 \\ a = A_0, & t \leqslant t_0 \end{cases}$$

⑤ Decay。衰减型幅值曲线。

曲线公式定义为：

$$\begin{cases} a = A_0 + A \exp[-(t-t_0)/t_d], & t \geqslant t_0 \\ a = A_0, & t < t_0 \end{cases}$$

⑥ Solution dependent。依赖于解的幅值曲线。

⑦ Smooth step。平滑分析步幅值曲线，可用于改善收敛性。

⑧ Actuator。激励器幅值曲线。

⑨ Spectrum。谱幅值曲线，在响应谱分析中通过确定谱值、频率、相关阻尼来确定。

3.4.7 Mesh（网格）

数值解是所模拟物理问题的近似解答，近似的程度取决于模型的几何形体、材料特性、边界条件和载荷对物理问题的仿真程度。网格是模型中所有单元和节点的集成。通常，网格只是实际结构几何形体的近似表达。因此生成网格是离散的重要环节，单元类型、形状、位置、阶次的选择及单元的数量都将直接影响结果的精度、收敛和计算时长等。高次单元离散曲线或曲面较好，但结果收敛较困难，计算时长较长。网格的数量越多，计算结果就越精确，计算时长也越长。网格划分专用工具如图3.51所示。

图 3.51　网格划分专用工具

（1）网格划分工具

部分几何形体不规则时不满足网格划分规则需要使用线、面、体分割工具 来辅助网格划分（或单击菜单栏 **Tools→Partition**）。

① 对面进行草绘切割 。

用草绘线来切割面。

利用过两点的直线来切割面。

利用现有基准面来切割面。

使用垂直于2条边的曲线来切割面，切割方式如图3.52所示。

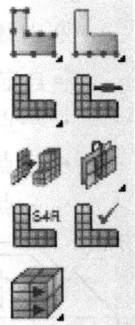

图 3.52　垂直于2条边的曲线切割面

通过延伸其他面形成切割面，切割面如图3.53所示。

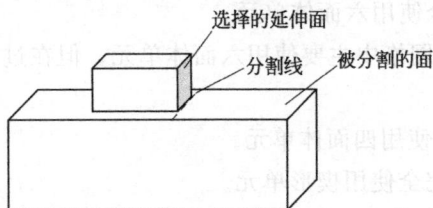

图 3.53　延伸其他面形成切割面

🔳 通过面面交线切割。

🔳 通过线的投影切割。

🔳 自动切割。

② 对体进行草绘切割 🔳 🔳 🔳 🔳 🔳 🔳。

🔳 自定义平面来切割，其方法如下：

- 一点一法线：指定通过分割面的一个点和分割面的法线；
- 三点：三点组成分割面；
- 一点一边：点要在边上，该边垂直于定义的分割面。

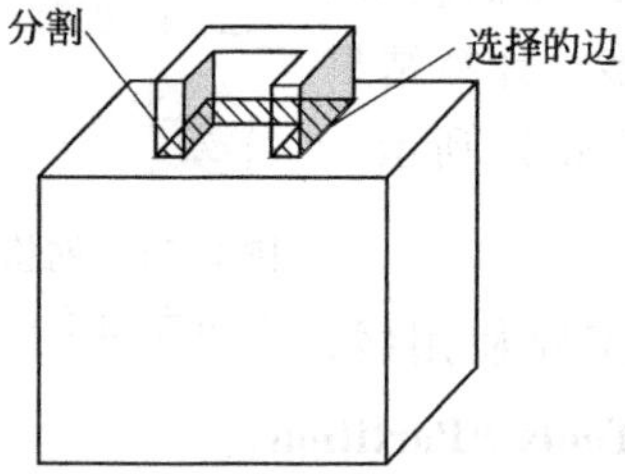

图 3.54　闭环 N 边形
形成切割面

🔳 利用现有的基准平面切割。

🔳 利用现有面来切割。

🔳 通过延伸或扫掠边获得切割面。

🔳 通过选定 N 边形形成切割面，边界的数量不限，但选定的边必须形成一个闭环。切割面如图 3.54 所示。

🔳 通过草绘面切割。

（2）🔳 赋单元控制属性（或单击菜单栏 **Mesh→Controls**）

用于选择 **Element Shape**（单元形状）、**Technique**（网格划分技术）和 **Algorithm Options**（算法）。1D 模型两相邻种子之间即为一个单位，不需要网格控制，因此 Mesh Controls 仅对 2D 和 3D 模型有效，如图 3.55 所示。

① 2D 问题。有以下可供选择的单元形状。

Quad：网格中完全使用四边形单元。

Quad-dominated：网格中主要使用四边形单元，但在过渡区域允许出现三角形单元。选择 Quad-dominated 类型更容易实现从粗网格到细网格的过渡。

Tri：网格中完全使用三角形单元。

获得优质网格的顺序为 Quad＞Quad-dominated＞Tri。

② 3D 问题。有以下可供选择的单元形状。

Hex：网格中完全使用六面体单元。

Hex-dominated：网格中主要使用六面体单元，但在过渡区域允许出现楔形（三棱柱）单元。

Tet：网格中完全使用四面体单元。

Wedge：网格中完全使用楔形单元。

获得优质网格的顺序为 Hex＞Hex-dominated＞Tet＞Wedge。

因此，使用 Quad 网格（2D 问题）和 Hex 网格（3D 问题）可以较小的计

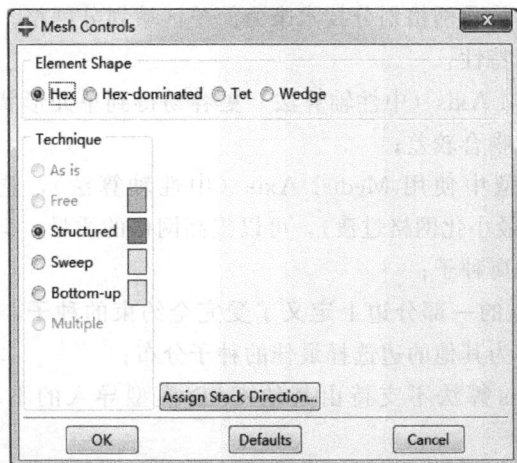

(a) 2D问题

(b) 3D问题

图 3.55 选择单元形状

算代价得到较高的精度，应尽可能选择这两种单元。

③ 网格划分技术。ABAQUS/CAE 提供了多种网格生成技术去生成不同拓扑结构模型的网格。不同的网格生成技术提供了不同水平的自动化和用户控制水准。在 Mesh Controls 对话框中有三种网格划分技术。

Structured（结构化网格）：可以采用结构化网格的区域显示为绿色。结构化网格为标准的网格模式，应用于一些形状简单的几何区域。结构化网格生成适用于预先设置网格生成形式的特殊拓扑结构模型，然而，用这种技术生成复杂模型的网格时，一般须把它分割成简单的区域。

Sweep（扫掠网格）：可以采用扫掠网格的区域显示为黄色。扫掠网格生成是沿扫掠路径拉伸生成网格或绕旋转轴旋转生成网格，和结构化网格生成一样，扫掠网格生成只限于具有特殊拓扑和几何形体的特定模型。

Free（自由网格）：可以采用自由网格的区域显示为粉红色。是最为灵活的网格生成技术，它没有预先设置的网格生成形式，几乎适用于任意形状的模型。

结构化网格和扫掠网格一般采用 Quad 和 Hex 单元，分析精度相对较高。自由网格技术采用 Tri 和 Tet 单元，一般应选择带内部节点的二次单元来保证精度。

如果存在显示为橙色的区域，则表明该区域无法使用赋予它的网格划分技术来生产网格。模型几何形状复杂时，不能采用结构化网格或扫掠网格，需要通过分割将几何形体分为更加简单的区域，来辅助划分网格。

④ 划分网格的算法。使用 Quad 和 Hex 单元划分网格时，有两种可供选择的算法：Medial Axis（中性轴算法）和 Advancing Front（进阶算法）。

a. **Medial Axis**（中性轴算法）：首先把要划分网格的区域分成一些简单的区域，然后使用结构化网格划分技术来为简单区域划分网格。Medial Axis（中性轴算法）有以下特性：

· 使用 Medial Axis（中性轴算法）更容易得到单元形状规则的网格，但网格和种子的位置吻合较差；

· 在二维模型中使用 Medial Axis（中性轴算法），选择 Minimize the mesh transition（最小化网格过渡），可以提高网格的质量，但使用这种方法生成的网格更容易偏离种子；

· 如果在模型的一部分边上定义了受完全约束的种子，Medial Axis（中性轴算法）会自动为其他的边选择最佳的种子分布；

· Medial Axis 算法不支持由其他 CAD 模型导入的不精确模型和虚拟拓扑。

b. **Advancing Front**（进阶算法）：首先在边界上生成四边形网格，然后再向区域内部扩展。进阶算法具有以下特性：

· 使用 Advancing Front 算法得到的网格可以和种子的位置吻合的很好，但在较窄的区域内，精确匹配每粒种子可能使网格歪斜；

· 使用 Advancing Front 算法更容易得到单元大小均匀的网格。在 Explicit，网格的小单元会限制增量步长。

使用 Advancing Front 算法更容易得到从粗网格到细网格的过渡。关于网格划分算法的具体选择与几何形状、应力集中区域有很大关系，需要根据实际形状进行摸索。

（3） 撒种子

① 设置全局种子（global seed）和删除全局种子。设定整个部件或实体上的单元尺寸，对话框如图 3.56 所示。

单击菜单栏 **Seed**→**Part**（对于非独立副本），**Seed**→**Instance**（对于独立副本）。

Approximate global size：单元的全局尺寸。

Curvature control：曲率控制。Abaqus/CAE 根据边的曲率和目标单元尺寸计算曲边的种子分布。Maximum deviation factor 为最大偏差系数，定义单元的边与曲边的最大偏差 h 与单元长度 L 的比值，h 为弦长偏差，L 为曲边上的单元长度，h/L 的值越小，曲边上的单元越多，有限元模型越接近几何模型。当 h/L 为 0.1 时，近似圆周上有 8 个单元。偏差系数意义如图 3.57 所示。

图 3.56 设置全局种子

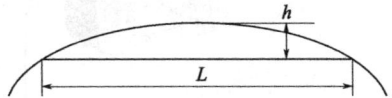

图 3.57 偏差系数 h/L

Minimum size control：最小尺寸控制。By fraction of global size 通过与全局单元尺寸的比值控制最小单元尺寸，该值为 0～1 之间的小数，最小单元尺寸即为该系数乘以全局单元尺寸。By absolute value 通过绝对值控制最小单元尺寸，该值在 0～全局单元尺寸之间取值。

② 设置局部种子 ▦ ▦ ▧。可单击菜单栏 **Seed→Edges**，对每条边单独定义单元尺寸或数量，设置对话框如图 3.58 所示。

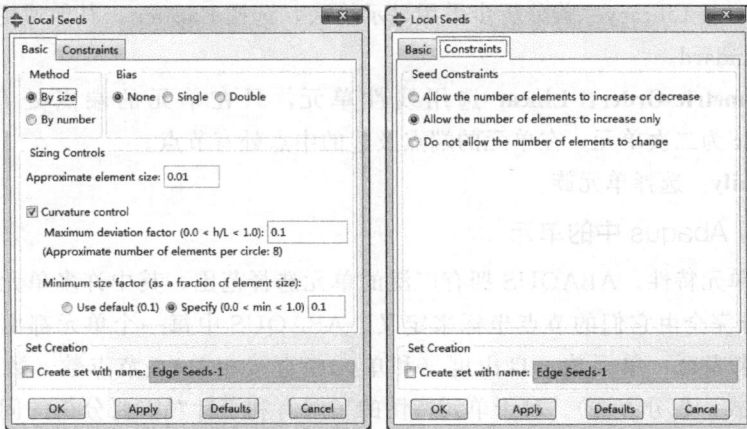

(a) basic选项

(b) constraints选项

图 3.58 局部种子设置

Bias：种子偏置，可以给选定的边定义 **None**（无偏置）、**Single**（单向偏置）、**Double**（双向偏置）的种子。

Constraints：提供种子约束，分别为允许单元数量增加或减少、只允许单元数量增加、不允许单元数量改变三种。种子约束不同图标的变化如图 3.59 所示。

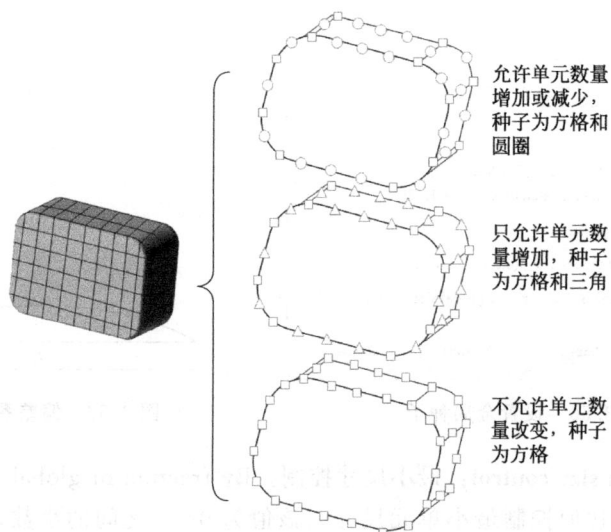

图 3.59　不同种子约束策略在节点上图标的变化

（4）赋单元类型

单击菜单栏 **Mesh→Element Type**，对话框如图 3.60 所示。

Elenent Library：若分析步采用显示算法，选择 Explicit，其他通用分析步选择 Standard。

Geometric Order：**Linear** 选用线性单元，只在单元的端点处有节点。**Quadratic** 为二次单元，在单元的端点及边的中点处有节点。

Family：选择单元族。

（5）Abaqus 中的单元

① 单元特性。ABAQUS 拥有广泛的单元选择范围，其中许多单元的几何形状不能完全由它们的节点坐标来定义。ABAQUS 中每一个单元都由下面几个特性来表征：单元族、自由度（和单元族直接相关）、节点数、数学描述（单元列式，积分方法）。对于单元特性的了解有利于针对需要分析的问题，做出更适当的选择。

a. 单元族。单元族之间一个明显的区别是每一个单元族所设定的几何类型

图 3.60 Element Type 对话框

不同。ABAQUS中实体单元以"C"开头，壳体单元以"S"开头，梁单元以"B"开头，刚体单元以"R"开头。图 3.61 给出了应力分析中常用的单元族。

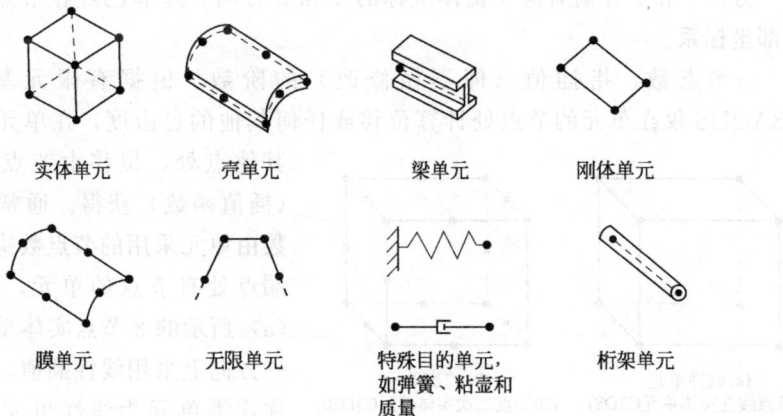

| 实体单元 | 壳单元 | 梁单元 | 刚体单元 |

| 膜单元 | 无限单元 | 特殊目的单元，如弹簧、粘壶和质量 | 桁架单元 |

图 3.61 ABAQUS中常用的单元族

b. 自由度。自由度（Dof）是分析中计算的基本变量。对于壳和梁单元的应力/位移模拟分析，自由度是每一节点处的平动和转动。对于热传导模拟分析，自由度为每一节点处的温度，因此，热传导分析要求应用与应力分析不同的单元，因为它们的自由度不同。

ABAQUS 中自由度的排序规则如下：

1——1 方向的平动；

2——2 方向的平动；

3——3 方向的平动；

4——绕 1 轴的转动；

5——绕 2 轴的转动；

6——绕 3 轴的转动；

7——开口截面梁单元的翘曲；

8——声压或孔隙压力；

9——电势；

10——温度（或物质扩散分析中归一化浓度），对梁和壳，指厚度方向第一点温度；

11——梁和壳厚度上其他点的温度。

方向 1，2，3 分别对应于整体坐标的 1，2，3 方向，除非已经在节点处定义了局部坐标系。

轴对称单元是一个例外，其位移和转动自由度指的是：

1——r 方向的平动；

2——z 方向的平动；

3——r-z 平面内的转动。

方向 r 和 z 分别对应于整体坐标的 1 和 2 方向，除非已经在节点处定义了局部坐标系。

c. 节点数。指插值（即不做修改）的阶数。根据有限元基本理论，ABAQUS 仅在单元的节点处计算位移或任何其他的自由度，在单元内的任何其他点处，位移由节点位移插值（插值函数）获得。通常插值的阶数由单元采用的节点数决定。仅在端点处有节点的单元，如图 3.62（a）所示的 8 节点实体单元，在每一方向上采用线性插值，因此常常称这类单元为线性单元或一阶单元。具有边中间节点的单元，如图

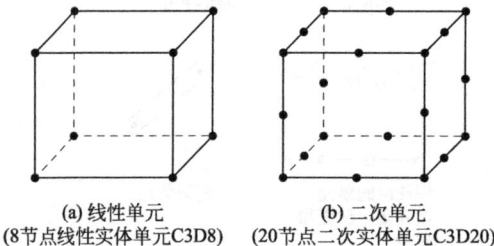

(a) 线性单元
(8节点线性实体单元C3D8)

(b) 二次单元
(20节点二次实体单元C3D20)

图 3.62　单元节点

材料成形过程数值模拟
基础与应用

3.62（b）所示的 20 节点实体单元，采用二次插值，因此常常被称为二次单元或二阶单元。

d. 单元列式。不同的有限元软件采用不同的单元列式解决不同的物理问题。ABAQUS 中应力/位移单元行为基于拉格朗日或物质描述：在整个分析过程中和一个单元相关的物质保持和这个单元相关，而且物质不能穿越单元边界。

在欧拉或空间描述中，单元固定，而物质在单元之间流动。欧拉方法通常用于塑性问题分析。

e. 积分方法。对于大部分单元，ABAQUS 运用高斯积分方法来计算单元内每一个高斯点处的物质响应。对实体单元，必须在全积分和减缩积分之间作出选择。

完全积分，指当单元具有规则形状时，所用的高斯积分点的数目足以对单元刚度矩阵中的多项式进行精确积分。因此，三维体单元 C3D8 在单元中排列了 2 个积分点。而二次单元如要完全积分则在每一方向需要 3 个积分点。在完全积分的二维四边形单元中积分点的位置如图 3.63 所示。

减缩积分，只有四边形和六面体单元才能采用减缩积分。而所有的楔形体、四面体和三角形实体单元只能采用完全积分，即使它们与减缩积分的六面体或四边形单元用在同一个网格中。

缩减积分单元比完全积分单元在每个方向少用一个积分点。减缩积分的线性单元只在单元中心有一个积分点。实际上，在 ABAQUS 中这些一阶单元采用了更精确的均匀应变公式，对此单元计算了其应变分量的平均值。对减缩积分四边形单元，积分点的位置如图 3.64 所示。ABAQUS 在单元名字末尾用字母"R"来识别减缩积分单元，对杂交单元，末尾字母为 RH。如 CAX4 是全积分、线性、轴对称实体单元；而 CAX4R 是减缩积分、线性、轴对称实体单元。

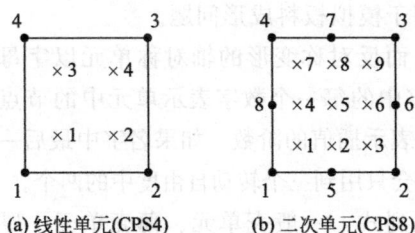

(a) 线性单元(CPS4)　　(b) 二次单元(CPS8)　　(a) 线性单元(CPS4R)　　(b) 二次单元(CPS8R)

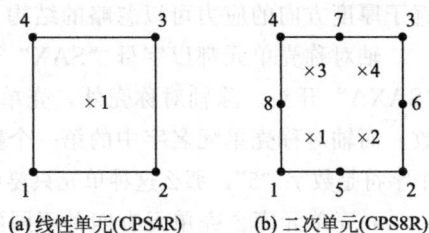

图 3.63　完全积分时，　　　　　图 3.64　采用减缩积分的
二维四边形单元中的积分点　　　　二维单元的积分点

② 实体单元。

a. 单元性质。所有的实体单元必须赋予截面性质，它定义了材料性质和与

单元相关的附加几何数据。三维单元和轴对称单元是不需要附加几何信息的，节点坐标就能够完整地定义单元的几何形状。而平面应力和平面应变单元则必须指定单元的厚度，它们的默认值为 1。

b. 单元列式和积分。实体单元族有若干可选择的单元列式，包括非协调模式的列式和杂交单元列式。实体单元可以应用完全积分或减缩积分。

选择实体单元的原则：针对具体问题，尽量采用节点数少的单元。边界规整，选择一次单元。边界是曲线或曲面，选择二次或多次单元。轴对称结构的分析对象，选择轴对称单元。在针对具体问题选择单元时可做如下考虑：

- 如果不需要模拟非常大的应变或进行复杂的需改变接触条件的问题，则应采用二次减缩积分单元（CAX8R、CPE8R、CPS8R、C3D20R 等）。

- 如果存在应力集中，则应在局部采用二次完全积分单元（CAX8、CPE8、CPS8、C3D20 等），它们可用最低代价提供应力梯度最好的解答。

- 涉及有非常大的网格扭曲问题（大应变分析），建议采用细网格剖分的线性减缩积分单元（CAX4R、CPE4R、CPS4R、C3D8R 等）。

- 对接触问题采用线性减缩积分单元或细分的非协调单元（CAX4I、CPE4I、CPS4II、C3D8I 等）。尽可能地减少网格形状的扭曲，形状扭曲的粗网格线性单元会导致非常差的结果。

对三维问题应尽可能采用六面体单元，它们以最小代价给出最好的结果，当几何形状复杂时，完全采用六面体单元构造网格往往难以办到，因此可能需要采用楔形和四面体单元。一些形状的一阶单元，如 C3D6 和 C3D4，是较差的单元。若要取得较好的精度，需剖分很细的网格，因此，只有在为了完成网格建模而万不得已的情况下才会应用这些单元，即使如此，这些单元也应远离精度要求较高的区域。

③ 壳单元。壳单元用来模拟那些厚度方向尺寸远小于另外两维尺寸，且垂直于厚度方向的应力可以忽略的结构。多用于模拟板料成形问题。

轴对称壳单元都以字母"SAX"开头，而反对称变形的轴对称单元以字母"SAXA"开头。除轴对称壳外，壳单元名字中的每一个数字表示单元中的节点数，而轴对称壳单元名字中的第一个数字则表示插值的阶数。如果名字中最后一个字符是数字"5"，那么这种单元只要可能就会只用到三个转动自由度中的两个。

a. 壳单元库。壳单元有四种不同的单元列式：一般壳单元、薄壳单元、厚壳单元、热耦合单元。壳单元库中有线性和二次插值的三角形、四边形壳单元，以及线性和二次的轴对称壳单元。

一般壳单元：S4，S4R，S3，S3R，SC6R，SC6RT，SC8R，SC8RT，SAX1，SAX2，SAX2T；

薄壳单元：STRI3，STRI65，S4R5，S8R5，S9R5，SAXA；

厚壳单元：S8R，S8RT；

热耦合单元：S3T，S3RT，S4T，S4RT。

b. 自由度。名字以数字"5"结尾的三维壳单元（如 S4R5，STRI65）每一节点只有 5 个自由度，分别为 3 个平动自由度和面内的 2 个转动自由度（即没有绕壳面法线的转动自由度）。然而，如果需要的话，节点处的所有 6 个自由度都是可以激活的，如在施加转动边界条件时或者节点位于壳的折线上时就需用 6 个自由度。其他的三维壳单位（如 S4R，S8R）在每一节点处有 6 个自由度（3 个平动自由度和 3 个转动自由度）。

轴对称壳单元的每一节点有 3 个自由度：

1——r 方向的平动；

2——z 方向的平动；

6——r-z 平面内的平动。

c. 单元性质。所有的壳单元都有壳的截面特性，它规定了壳单元的材料性质和厚度。壳的横截面刚度可在分析中计算，亦可在分析开始时计算。若选择分析中计算刚度，ABAQUS 就会用数值积分方法来计算壳厚度方向上所选点的力学性质。所选的点称为截面点，如图 3.65 所示。相关的材料性质可以是线性或非线性的，用户可在壳厚度方向上指定任意奇数个截面点。

若选择在分析开始时计算横截面刚度，可定义横截面性质来构造线性或非线性性质。此时 ABAQUS 直接根据截面工程参量（面积、惯性矩等）构造壳体横截面性质，所以就不必积分单元横截面上任何变量。因此，这个选择的计算量较小。此时会根据力和力矩结果来计算响应，只有特别输出要求时才会计算应力和应变。当壳体响应是线弹性时，建议采用这个方法。

d. 单元输出变量。壳单元的输出变量根据每一个壳单元表面上的局部材料方向进行定义。在大位移分析中，这些轴随着单元的变形而发生转动。用户亦可以定义单元局部坐标系，它们在大位移分析中随单元变形可以旋转。

④ 变形单元和刚性体

a. 变形单元。变形单元和刚性体是有限元模型的基本单元。变形单元是可变形的有限单元。变形单元需要许多自由度，并要求大量的单元计算来确定变形。

b. 刚性体。刚性体是不可变形的，只作刚体运动。在 ABAQUS 中任何物体或物体的局部都可以定义为刚性体，大多数单元类型可定义为刚性体。刚性体与变形体结合的优点是对刚性体运动的完全描述可只用一个参考点，所以不超过六个自由度即可定位一个刚性体。在 ABAQUS 里，刚性体视为节点和单元的集成体，可极大地节省计算时间并不影响整体结果。整个刚性体的运动由一个称为刚性体参考节点的运动所控制，如图 3.66 所示。一个刚性体只能定义一个刚性体参考点。

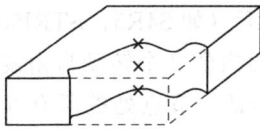

图 3.65　壳单元厚度方向截面点　　　　图 3.66　组成刚性体的单元

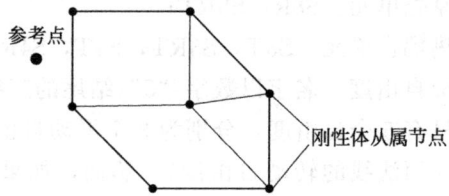

刚性体用来模拟那些极刚硬的零部件，它们不是完全固定就是有显著的刚体运动。刚性体也可用来模拟可变形部件之间的约束，可指定某些接触作用。在材料成形过程数值模拟中，刚性体经常被使用，可用于模拟模具、夹具、工具等。另外为了检验的目的，把模型的若干部分模拟成刚性体也是有用的，例如在复杂模型中，难以预先确定所有可能的接触条件，距接触区很远的单元可置于刚性体部件中，形成最后计算模型的进程就会快得多。一旦对模型和接触对的确定感到满意，再用精确的变形体代替刚性体。

c. 刚性单元库。ABAQUS 中刚性体的功能使大多数单元（不是指刚性单元）可成为刚性体的一部分。例如若壳单元或刚性元都配置给刚性体，则它们的效果是相同的。

所有的刚性单元的名字都以字母 R 开头，后面的字符是其维数，例如 2D 意味着平面单元，AZ 意味着轴对称单元，最后的字符代表单元的节点数。如 R3D4（三维四边形刚性体单元），R3D3（三维三角形刚性体单元），RB3D2（两节点刚性梁单元）。

d. 单元输出变量。刚性体单元没有变量输出。刚性体单元仅有的输出是节点的运动。另外刚性体参考节点处的反作用力和反力矩可以输出。

当单元形式选定后，即需对计算区域进行单元划分。单元划分是否合理，在一定程度上会影响到计算精度和计算时间。一般说，在场变量的变化梯度较大的地区或角点附近，单元要划分得密一些，而在变化梯度较小的区域单元可划分得疏一些。

3.4.8　Job（作业）

一旦完成了模型生成任务，用户便可用 Job 模块来实现分析计算。用户可用 Job 模块交互式地提交作业、进行分析并监控其分析过程，可同时提交多个模型进行分析并进行监控。

用于创建 Job，或单击菜单栏 **Job→Create**，对话框如图 3.67～图 3.69 所示。

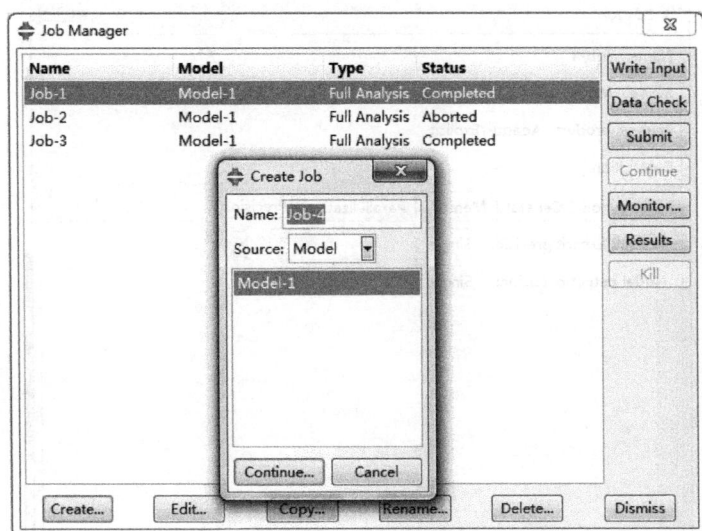

图 3.67　创建 Job 对话框

图 3.68　Memory 选项

② Memory：用于指定分配给 Abaqus/Explicit 进行计算的物理内存大小，一般保持缺省的设置即可。

③ Precision：用于设置求解器运算时的精度，建议采用缺省的设置，即双精度。

④ 在如图 3.67 所示的对话框中单击按钮 Job→Manager，弹出下一个对话框，选择 Monitor，表示 ABAQUS 将采用监控模式，如图 3.69 所示。

3.4.9　Visualization 功能模块

在求解完成之后，可以进入到可视化后处理（或者称为后处理）功能模块来查看计算的结果。可视化功能模块主要用来显示有限元模型和分析结果，如栅格图变形图、应力云图等，其他功能还有许多。为了查看分析结果，首先切换到 Visualization 功能模块，打开 Abaqus 结果文件，得到如图 3.67 所示的 Results 中的列表。在这个列表框里的相关内容，可根据需要进行分析操作。

在 Visualization 的界面中单击某一菜单，即可按不同的操作进行后处理操作。这里的文件菜单 Common 选项，可以完成各种不同的操作，打开菜单。

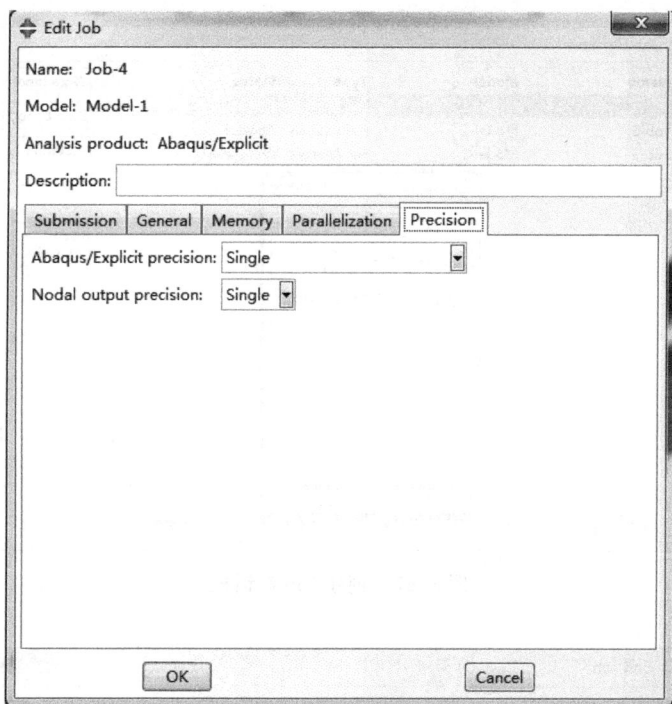

图 3.69　Precision 选项

① **Memory**，用于指定分配用于分析计算的内存，视硬件资源而定。一般选择物理内存的比例。

② **Precision**，计算精度设置，Single 为单精度，Double 为双精度，精度越高占用的计算资源和存储资源越多。

右侧的工具 为 Job 的管理器，或单击菜单栏 **Job→Manager**，可用于：**Submit** 提交运算；**Monitor** 查看运算状况；**Results** 进入后处理模块，查看计算结果。

3.4.9　Visualization（可视化）

可视化模块属于后处理步骤，可为已经获得收敛解（或部分收敛）的有限元模型提供分析结果的各种显示方法。它从输出数据中获得模型和结果信息，用户可通过 Step 模块修改输出需求，从而控制输出文件的存储信息。除环境栏中下拉菜单 Visualization 可进入可视化模块外，图 3.67 中的 **Results** 也可以进行后处理。Job 专用模块及其功能如图 3.70 所示。

在 Visualization 可视化模块下，点选工具区 或单击菜单栏 **Options→Common**，基本视图选项对话框如图 3.71 所示。

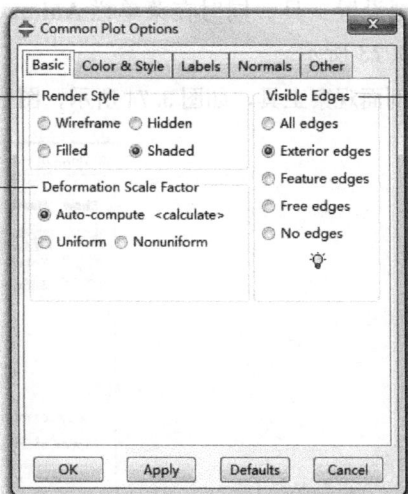

控制选项

模型着色方式

边的显示方式

模型显示

变形量比例系数控制

动画

坐标系

图表相关

场变量输出

剖面相关

体剪切

流动

图 3.70　Job 专用
模块及其功能

图 3.71　基本视图选项对话框

　　 （或单击菜单栏 **Plot→Undeformed Shape**，**Deformed Shape**）依次为显示无变形模型，显示变形后的模型。

　　 （或单击菜单栏 **Plot→Contours**）为云图显示在变形体上的设置工具，依次为：在变形后的模型上显示云图，在变形前的模型上显示云图，在变形前后的模型上均显示云图。

　　为云图显示设置工具（或单击菜单栏 **Options→Contour Plot Options**），如图 3.72 所示。

(a) 线型的控制　　　　　　　　　　(b) 极值点显示的控制

图 3.72　云图显示设置

▦▦为动画设置工具。同时在菜单栏 **Animate→Save As** 也可将动画存储做演示用，如图 3.73 所示。

▦▦为剖面观察工具，如图 3.74 所示，图中 X，Y，Z 为基础剖面（三选一）。

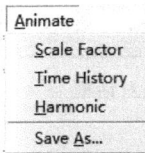

图 3.73　动画存储　　　　　　　图 3.74　剖面观察

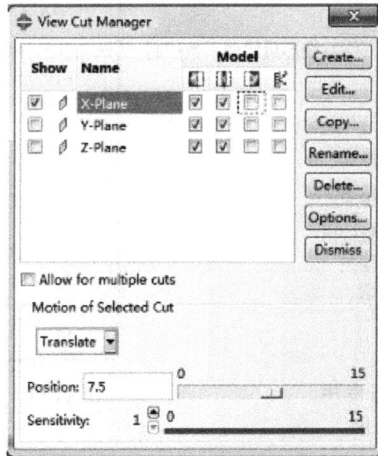

▦▦的作用是以 X-Y 数据值生成数据列表，管理 X-Y 数据值。

在 Visualization 模块下，单击菜单栏 **Viewport→Create annotation** 创建新的箭头和文字，如图 3.75 所示。

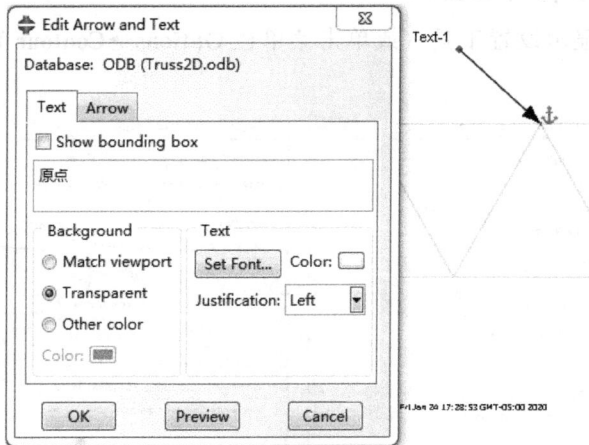

图 3.75　创建新的箭头和文字

单击菜单栏 **Viewport→Edit Annotation**，编辑已有的箭头和文字。

单击菜单栏 **Viewport→Viewport Annotation Options**，视图注释选项。

Visualization 模块还通过菜单栏提供以下功能：

① 菜单栏 **Results→Step**：选择要显示的分析步的结果。

② 菜单栏 **Results→Field Output**：选择要显示的场变量输出结果。

③ 菜单栏 **Results→History Output**：选择要显示的历史变量输出结果。

④ 菜单栏 **Report→XY**：以 X-Y 数据值的形式生成数据列表。

⑤ 菜单栏 **Report→Field Output**：生成场变量输出结果的数据列表。

⑥ 菜单栏 **Options**：视图显示方式设置。

⑦ 菜单栏 **Tools→Color Code**：用不同颜色显示模型的各个区域。

⑧ 菜单栏 **Tools→Display Group**：定义显示组，从而显示某些部分。

⑨ 菜单栏 **Tools→Path**：定义由一系列点组成的路径，使用 X-Y 曲线图可以显示这条路径上的分析结果。

⑩ 菜单栏 **Tools→View Cut**：通过切面来观察模型内部的分析结果。切面可以是平面、圆柱面或球面，也可以是云图中的等值面。

⑪ 菜单栏 **Tools→Job Diagnostics**：显示各个分析步和增量步中的诊断信息，用来观察迭代收敛的过程。

3.4.10 Sketch（绘图）

在 ABAQUS/CAE 中，先绘出二维的轮廓线有助于生成部件的形状。用 Skcteh 模块可直接生成平面部件，生成梁或一个子区域，也可以先生成二维轮廓线，然后用拉伸、扫掠、旋转的方式生成三维部件。二维绘图工具区如图 3.76 所示，长按图标右下方有小三角可显示二级菜单。

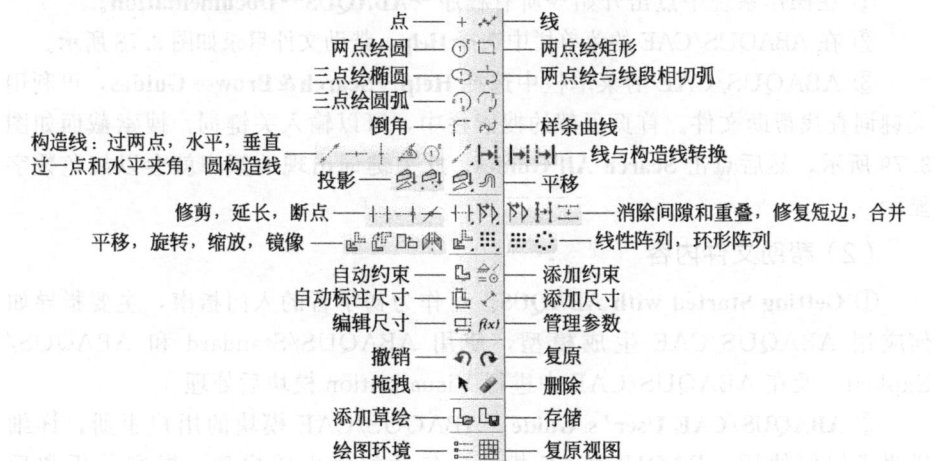

图 3.76　Sketch 模块工具区功能

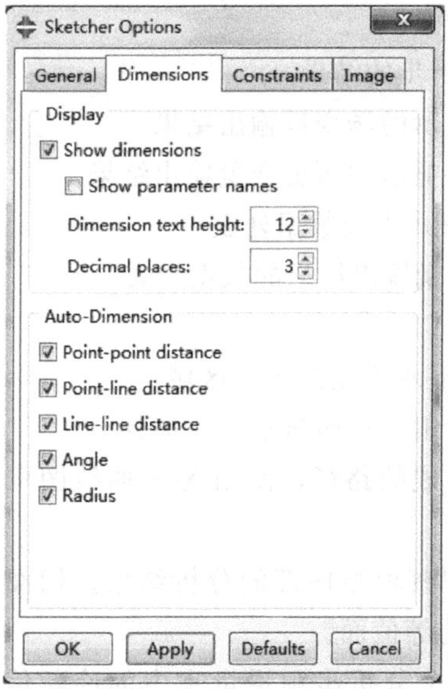

图 3.77 草绘中的图形属性

+ ~ 为截面草绘点和线的工具。点的坐标可以在绘图区域点选，也可在提示区输入坐标，此时应注意单位的输入问题，保证量纲的统一。

在截面草绘圆弧过程中，图标 所示的数字表示了绘图的顺序，即按照图标所示的顺序点选弧线上的点即可获得草绘图形，无需关注顺时针或逆时针建模的问题。

「 在两条线间导圆角。 ᵔ 通过点创建样条曲线。 ᴵ⊢ᴵ 通过点创建构造线，利用现有线设置构造线。 ᴲ 投影边，偏置线。

草绘属性修改。草绘界面中，依次点击 **Edit→Sketcher Options** 可对草绘中的图形属性进行修改，如图 3.77 所示。

3.4.11 ABAQUS 帮助文件

ABAQUS 功能强大，包含功能众多，可在工业的各个领域使用。本书受篇幅限制，未能详尽介绍的部分功能，读者可通过 ABAQUS 帮助文件进行查找，该帮助文件也是全面和进阶学习 ABAQUS 的良好资料。

（1）如何使用 ABAQUS 帮助文件

① 在操作系统中点击开始→所有程序→**ABAQUS→Documentation**。

② 在 ABAQUS/CAE 的菜单栏中选择 **Help**，帮助文件目录如图 3.78 所示。

③ ABAQUS/CAE 的菜单栏中选择 **Help→Search&Browse Guides**，可利用关键词查找帮助文件。首页顶部的搜索栏中，可以输入关键词，搜索截面如图 3.79 所示，然后点击 **Search All Guides**，此关键词出现的频率就会以红色数字显示。

（2）帮助文件内容

① **Getting Started with ABAQUS**。可作为初学者的入门指南，主要指导如何应用 ABAQUS/CAE 生成模型，使用 ABAQUS/Standard 和 ABAQUS/Explicit，及在 ABAQUS/CAE 中进行 Visualization 模块后处理。

② **ABAQUS/CAE User's Guide**。ABAQUS/CAE 模块的用户手册，详细说明了如何使用 ABAQUS/CAE 模块，包括如何生成模型、提交分析和后处理。

材料成形过程数值模拟
基础与应用

图 3.78　帮助文件目录

图 3.79　帮助文件中关键词查找引擎

③ **ABAQUS Analysis User's Guide**。ABAQUS 分析用户手册，包含了 ABAQUS 的所有功能（包括单元、材料模型、分析过程、分析技巧、载荷、相互作用、输出等）

④ **ABAQUS Examples**。涵盖了涉及各个方面工程应用的 ABAQUS 实例。

3.5
快速入门算例

扫码看视频

下面分别以一个二维和三维几何形体了解 ABAQUS 基本的分析方法和过程。

3.5.1　实例 1：二维桁架问题

一个桁架结构，每个桁架长度为 1m，铰接在一起，桁架结构及其受力状态如图 3.80 所示。桁架所用材料为外径 50mm，壁厚 5mm 的 20 钢无缝钢管，材料参数为 $\rho = 7850 \mathrm{kg/m^3}$，弹性模量 $E = 200 \times 10^9 \mathrm{Pa}$，泊松比 $\nu = 0.3$。模拟计算桁架的应力、位移及其峰值和 A、B 两点的自反力。

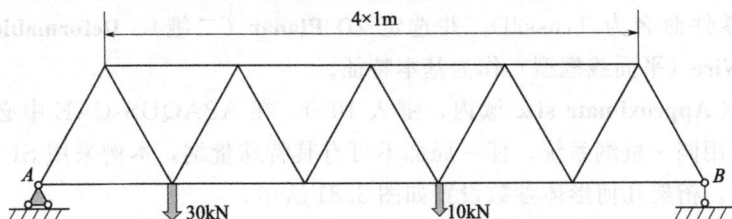

图 3.80　桥梁桁架结构及所受载荷

本例模拟步骤如下：

- Part 绘制二维几何形状，并生成框架部件；
- Property 定义材料参数和桁架的截面性质；
- Assembly 组装模型，生成装配件；
- Step 安排分析顺序，提出输出要求；
- Load 施加载荷和边界条件；
- Mesh 对框架进行有限元网格剖分；
- Job 生成一个作业并提交分析；
- Visualization 观察分析结果。

（1）Part

对于桁架结构而言，可选择二维的可变形线框型部件，只需绘制出框架的几何形体。在生成部件时 ABAQUS/CAE 会自动进入绘图（sketcher）环境。

注意：点击 cancel 可取消当前的任务，点击 backup 可取消当前的分析步骤，回到前一个步骤。

生成桁架结构的步骤如下：

① 启动 **ABAQUS/CAE**。

② 在弹出的 **Start Session** 对话框中选择 **Create model Database** 项。

③ 设置工作目录，点击菜单栏 **File→Set Work Directory**（选取事先定义好的文件夹，该文件夹必须为英文字母和数字，且第一个不能为数字）。

④ 在环境栏 **Module** 表中点击 **Part** 进入 **Part** 模块的环境，每个模块都会在其对应的工具区中给出一组工具。当从工具区中选择某一项工具时，模块工具框中相应的工具图标会突出显示，表示这项工具正在被使用。

⑤ 单击工具区 来生成新的零件（或单击菜单栏中 **Part→Create**），会弹出 **Create part** 对话框，同时在提示区会出现提示性文字。

需在 **Create part** 对话框中对零件命名，选定其模型的空间的维数类型和基本特征，并要设置部件的大致尺寸（**Approximate size**，该值取模型最大轮廓尺寸的 2 倍为宜）。一旦设定，在以后的操作中可编辑和重命名，但不可改变其模型的空间维数、类型和特征。

⑥ 零件命名为 Truss2D，并选定 **2D Planar**（二维）、**Deformable**（变形体）和 **Wire**（平面线框型）作为基本特征。

⑦ 在 **Approximate size** 域内，键入 10.0。在 ABAQUS/CAE 中必须对整个模型采用同一量纲系统，任一局部不可有其特殊量纲，本例采用 SI（m）制单位系统。桁架几何形体参数设置如图 3.81 所示。

⑧ 点击 **Continue** 退出 **Create part** 对话框。ABAQUS/CAE 会自动进入

Sketch（绘图）模块。

如同 ABAQUS/CAE 中所有的工具一样，若让光标在 Sketch 工具区中的某一工具项上停留一会儿，就会出现一个小窗口，对该工具项作出简短的说明。在选定一个工具项时，该项图标就会更亮。

提示：退出 Sketch 模块的方法：点击鼠标中键；选择一个新的工具项；按 ESC 键退出。

⑨ 利用 Sketch 工具区右上方的 Create Isolated point 工具 +，以定义单个点的方式绘制顶端铰接点。

⟵ X Pick a point--or enter X,Y: _____ 以输入坐标的方式生成五个独立点：（−2.0，0.0），（−1.0，0.0），（0.0，0.0），（1.0，0.0）和（2.0，0.0）。这些点确定了桁架顶部铰接点的位置。当光标在画面上时，按鼠标中间键即退出 ⊞ 工具。工具突出显示表示正在被使用，退出后工具按钮将恢复平坦。

图 3.81　桁架几何形体参数设置

⑩ 桁架底端的坐标不便直接算出，可利用 **Construction geometry**（构造线）辅助建立底端铰接点，构造线是一种辅助线，不会作为实体的一部分参与显示和计算，只起到辅助建模的作用。

采用 ⟋ **Create construction：Line at an Angle** 工具，ABAQUS 中的角度采用逆时针构建原理（如图标含义所示），为上述五点生成角度构造线。

在提示区输入 60.0，表示辅助线与水平线之夹角为逆时针 60°，光标移到上述 5 个孤立点，单击鼠标左键即生成一条构造线。鼠标移到其余的点上，单击左键可反复生成角度构造线。单击提示区 X 结束创建。与水平线夹角为 60°的构造线如图 3.82 所示。

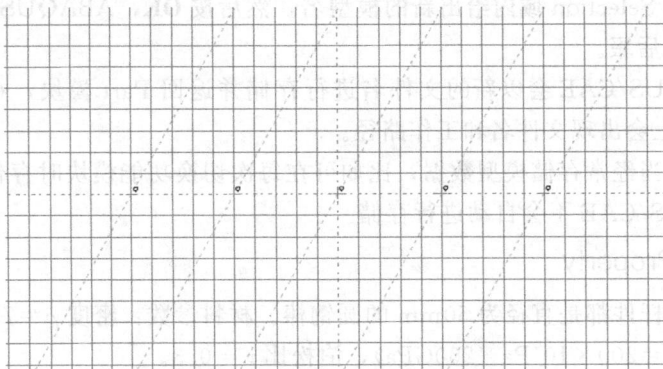

图 3.82　与水平线夹角为 60°的构造线

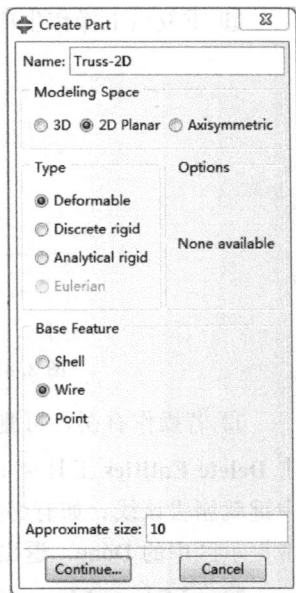

⑪ 重复以上操作生成与水平线夹角为 120°构造线，如图 3.83 所示。

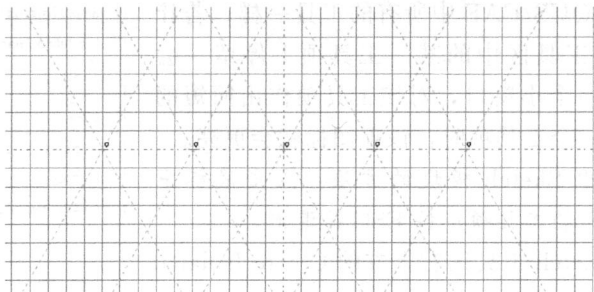

图 3.83　与水平线夹角为 60°和 120°的构造线

⑫ 若操作有误，可删除画错的线，删除步骤如下：在 Sketch 工具框里点击 **Delete Entities** 工具 ✎；拾取欲删除的线，被选中的线变为红色；点击鼠标中键就删去该线；如有必要，重复上述步骤可删去多根线；点击鼠标中键或点击提示区中的 **Done**，退出 Delete Entities 工具环境。

⑬ 〰 **Create Lines**：**Connected** 生成连接线来定义桁架。顺次连接已有的辅助点，在移动光标时，捕捉功能可帮助定位。

⑭ 点击提示区的 **Done**，退出 Sketch 模块，生成桁架几何形体如图 3.84 所示。

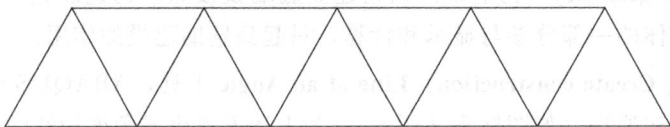

图 3.84　桁架几何形体

提示：若未见到提示区里的 Done，可连续点击鼠标中键，直到 Done 出现为止。

⑮ 存储当前模型

a.从主菜单条中选 **File→Save**，立即弹出 **Save Model Database as** 对话框。

b.在其 Selection 域内给出新的模型名，然后按 **OK**，ABAQUS/CAE 会自动加上 .cae 后缀。

ABAQUS/CAE 会以新的文件名进行存储并返回 Part 模块，在 Title bar（标题栏）上会出现文件名和工作路径。

用户应当经常存储模型数据，比如可在每次切换功能模块时存储一遍，因为 ABAQUS/CAE 不会自动进行存储。

（2）Property

所有的杆件都是直径为 50mm 的圆钢棒。材料参数：密度 $\rho = 7850 \text{kg/m}^3$，弹性模量 $E = 200 \times 10^9 \text{Pa}$（200GPa），泊松比 $\nu = 0.3$。

① 在 Module 表中切换到 Property 模块。

② 建立新材料属性的三种方法：

· 工具区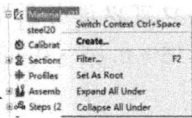。

· 模型树 。

· 菜单栏 **Material**→**Create**，则 Create Material 对话框弹出。

③ 材料命名为 Steel20，然后点击 **Continue**，材料编辑框弹出。

④ 从材料编辑菜单条中选 **General**→**Density**→**Mass Density**，立即有密度数据输入对话框出现，输入 7850。

⑤ 从材料编辑菜单中选 **Mechanical**→**Elasticity**→**Elastic**，立即有线弹性数据输入对话框出现。在相应的域内输入杨氏模量值 200.0E9 和泊松比值 0.3，可用［Tab］键来移动光标。

⑥ 点击 **OK**，退出材料编辑。图 3.85 显示了 Steel20 材料对话框的情况。

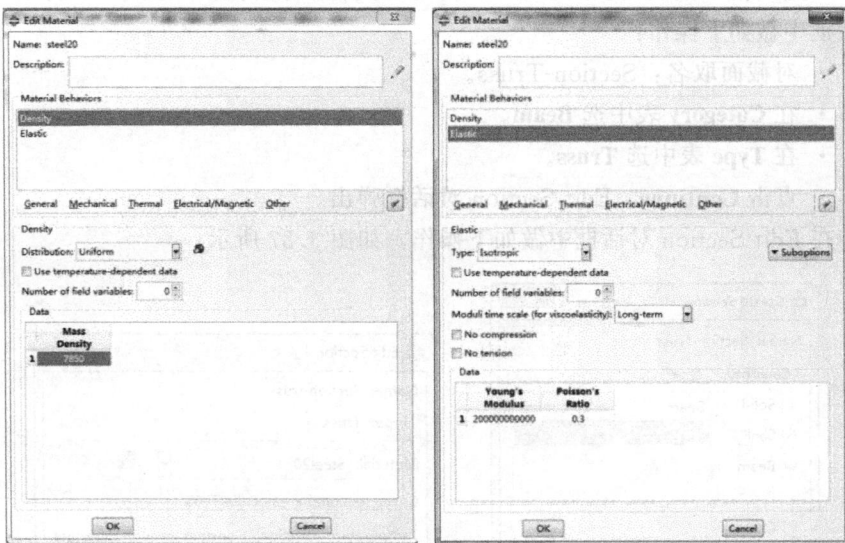

图 3.85　Steel20 材料对话框设置

⑦ 定义和赋予 Section（截面）特性

a.在 Property 模块里还要定义截面特性，并把它赋予部件，在当前视图下有两种方法：

· 直接选择部件所在的区域，然后对该区域赋予截面特性。

· 利用 Set 工具组生成一个含有该区域的相同截面组集，然后对其赋予截面特性。

b.定义桁架截面。桁架截面的定义较简单，它只需材料和横截面积信息。

由于杆件是外径为 0.050m、管壁厚度为 0.005m 的空心圆棒，其横截面积为
$7.065×10^{-4}\,\mathrm{m}^2$。

提示：ABAQUS/CAE 的信息区及命令行接口可以进行简单计算。例如，要计算杆件的横截面积，可在命令行里键入 $3.1416*0.05*0.05/4.0$，会显示出横截面积值。

c. 定义截面属性的办法。

· 工具区 ⬚。

· 菜单栏 **Section→Create**。

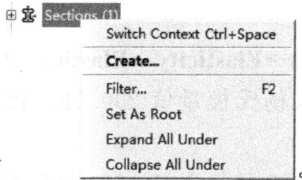

· 模型树

```
⊞ ⬚ Sections (1)
          Switch Context  Ctrl+Space
          Create...
          Filter...              F2
          Set As Root
          Expand All Under
          Collapse All Under
```
。

d. 定义桁架截面的步骤。**Create Section** 弹出对话框，如图 3.86 所示，在对话框中做如下操作：

· 对截面取名：Section-Truss。

· 在 **Category** 表中选 **Beam**。

· 在 **Type** 表中选 **Truss**。

· 点击 **Continue**，Edit Section 对话框弹出。

在 Edit Section 对话框中做如下操作，如图 3.87 所示。

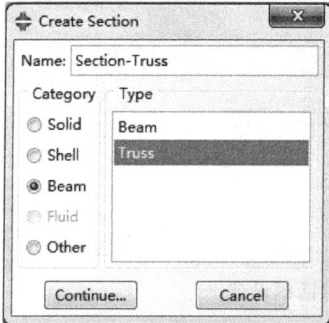

图 3.86　创建截面对话框　　　　图 3.87　编辑截面对话框

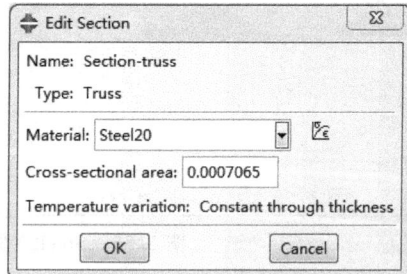

· 接受 Material：Steel20 材料选择项。若要选择其他材料，可点击下拉箭头在定义的材料表中选择其他材料。

· 在 **Cross-sectional area** 域里填写 $7.065E-4$。

· 点击 **OK**。

e. 截面特性赋予桁架零件。把以 Section-Truss 命名的截面特性赋予

Truss-2D 零件，步骤如下：

- 点击工具区，或在菜单栏中选择 **Assign→Section**。
- 框选或点选整个零件作为赋予截面特性的区域：在画面左上方取一点，按住鼠标左键不放；拖拉光标把整个部件置于一个方框内；松开鼠标，整个桁架结构变亮即全部选中；按鼠标中间键或点击提示区里的 **Done**，表示已经接受所选择的几何形体；这时会弹出 Assign Section 对话框，其中列有已存在的截面特性表；接受默认的截面特性名 Truss Section，点击 **OK**，这时，已对部件 Truss-2D 赋予了 truss 截面并会关闭 Assign Section 对话框。Edit Section Assignment 对话框如图 3.88 所示。

注意：被分配了几何截面属性的形体会从白灰色变为浅绿色，被重复分配几种截面属性的呈黄色。应保证一个几何形体只有一种截面属性，不要重复分配，否则会在后续的 Data Check（数据审核）中报错。

（3）定义装配件（Assembly）

每一个零件都面向它自己的坐标系，是互相独立的。用户需要在 Assembly 模块中定义整个装配件的几何形体。其方式是先生成零件的 Instance（副本），然后在整体坐标系里对副本相互定位。一个分析模型（Model）可能有许多部件（part），但装配件（Assembly）只有一个。定义装配件步骤如下：

① 点击 **Module** 表中的 **Assembly**，进入 Assembly 模块。

② 点击工具区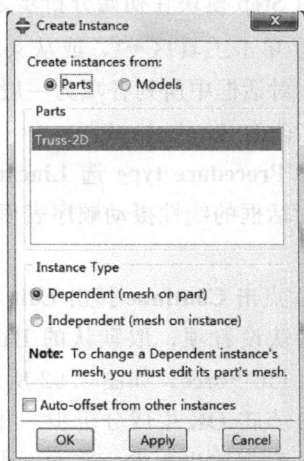，从菜单栏中选 **Instance→Create**，Create Instance 对话框弹出。

③ 在该对话框中选 Truss-2D，然后点击 **OK**，生成非独立的桁架副本，如图 3.89 所示。

图 3.88　Edit Section Assignment 对话框　　图 3.89　生成非独立的桁架副本

本例只需用一个部件就定义了装配件。图 3.90 标示出了整体坐标的原点。此时，桁架就在整体坐标系的 $X—Y$ 平面中。整体 X 轴为桁架的水平线，整体 Y 轴是垂线，整体 Z 轴与桁架平面垂直。

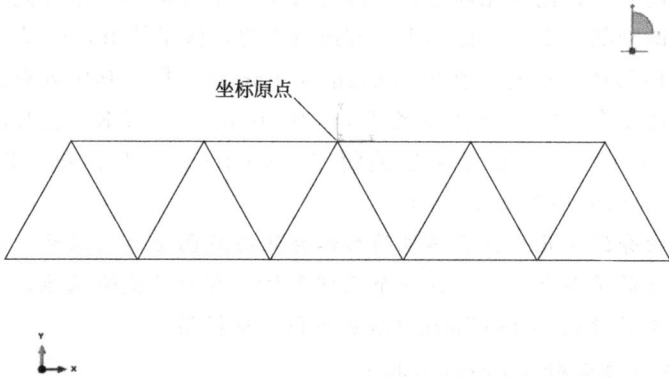

坐标原点

图 3.90　桁架装配件整体坐标情况

（4）Step 分析步的配置

在生成装配件后，单击环境栏 Module 切换到 Step 模块来配置分析进程，本例为静力分析，承受单一载荷，只需要单一的分析步进行集中力的加载。分析由两步组成：

· 初始步，施加边界条件即桁架结构的初始静定约束。

· 分析步，在桁架结构的受力点施加集中力。对于线性问题，本例采用线性摄动分析步。

用 Step 模块在初始分析步之后生成一个静态的线性摄动步，步骤如下：

① 单击工具区 ，或从菜单栏中选择 **Step→Create**，弹出 Create Step 对话框。对话框中所列各项为一般性操作顺序，默认的分析步名为 step-1，将分析步名改为 Apply load。

② **Procedure type** 选 **Linear perturbation**（线性摄动分析步），在 Create Step 对话框的线性摄动顺序表里选 **Static，Linear Perturbation**，设置如图 3.91 所示。

③ 点击 **Continue** 弹出 **Edit Step** 对话框，对话框中是静态线性摄动分析步的各默认设置项，取默认的 Basic 值和 Other 选项，在 Description 域里输入 Contration Force，如图 3.92 所示。

④ 点击 **OK** 生成分析步，并且退出 Edit Step 对话框。

⑤ 数据输出要求。在本例中，由于是静态过程需输出整个模型上的变量，设置 **Field Output Requests**。同时，我们感兴趣的输出量是桁架应力（输出变量

S)、应变（输出变量 E）、位移（输出变量 U）和约束处的反力（输出变量 RF）。

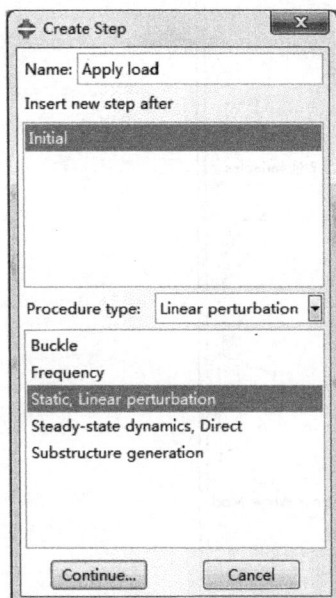

图 3.91　创建线性摄动分析步　　　　图 3.92　静态线性摄动分析步设置

点击工具区 右侧管理场变量输出要求，或从菜单栏选 **Output→Field Output Requests→Manager**，则 Field Output Requests Manager 对话框弹出。

点击 **Edit**，分析步的输出要求设置如图 3.93 所示。

点击 **OK** 确认输出需求，若不想修改默认的输出要求，点击 Cancel 键即可关闭字符输出编辑框。

⑥ 点击 **Dismiss** 键关闭 Field output Requests Manager 对话框。

（5）Load 施加边界条件和载荷

边界条件和载荷跟分析步是关联设置的。由于边界条件和载荷不是在整个分析步都起作用的，这意味着必须规定边界条件和载荷是对哪个分析步起作用。本例中，定义了一个分析步来加载，就应当用 Load 模块在线性摄动分析步中定义边界条件和载荷。

① 施加边界条件。在结构分析中，边界条件加在已知节点处，已知位移为零时就称为约束。本例中桁架结构的 A 端位移是完全约束的，B 端垂直方向约束，水平方向可自由移动。从分析步表中选 **Initial** 作为边界条件加载步。在 Initial 步中定义力学边界条件的大小必须是零。这是 ABAQUS/CAE 自动强制给定的。

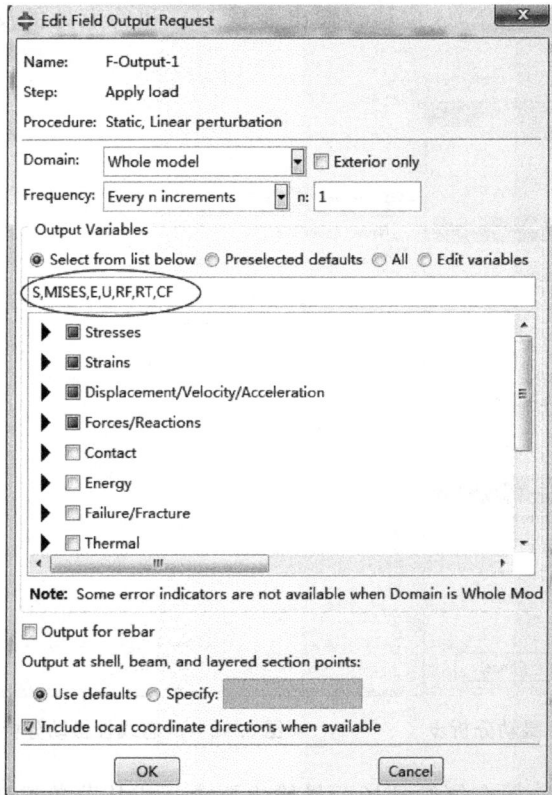

图 3.93　分析步的输出要求设置

施加边界条件的步骤如下：

步骤 1：在环境栏 Module 表中点击 **Load**，进入 Load 模块。

步骤 2：单击工具区 💾 定义边界条件，或在菜单栏中选 **BC→Create**，弹出 Create Boundary Condition 对话框。

步骤 3：给边界条件起名为 Fixed。接受 **Category** 表中的默认选项 **Mechanical**。在 **Types for Selected Step** 表中选 **Displacement/Rotation** 然后点击 **Continue**，创建 Mechanical 平动/转动边界条件对话框，如图 3.94 所示。

步骤 4：在图形上选桁架左下端作为 Fixed 边界条件约束点。按鼠标中间键或点击提示区中的 **Done**，表示完成了选择。**Edit Boundary Condition** 对话框弹出。在定义初始步的边界条件时，所有自由度的默认状态是尚未施加约束。

步骤 5：因为 A 端所有的平移自由度均要约束，所以要选中 U_1 和 U_2，如图 3.95 所示，即在 X、Y 方向没有位移，但可以绕 Z 轴转动。

点击 **OK** 即施加边界条件并退出对话框。此时，在左下端出现两个箭头表示自由度被约束。

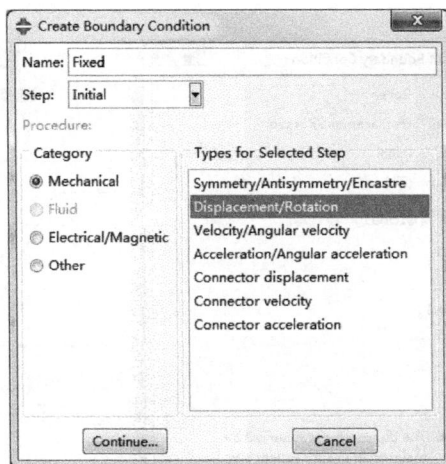

图 3.94　创建 Mechanical 平动/转动边界条件

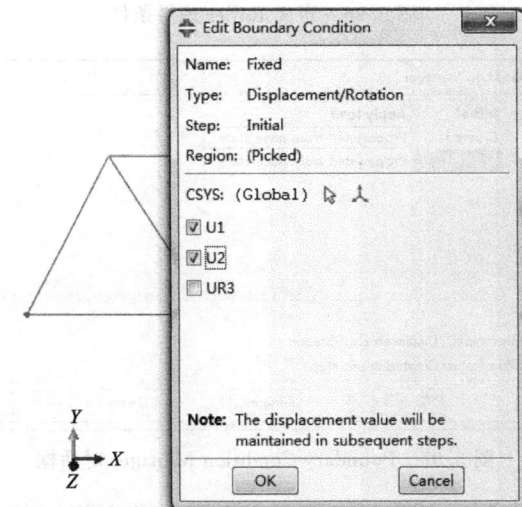

图 3.95　定义 Fixed 边界条件

步骤 6：重复上述步骤，在 B 端加 U_2 约束，该边界条件被命名为 Roller，设置如图 3.96 所示，即在 Y 方向没有位移，在 X 方向有位移，可以绕 Z 轴转动。

步骤 7：可以从菜单栏中选 **BC → Manager**，则 Boundary Condition Manager 对话框弹出，如图 3.97 所示，看到边界条件在分析步中的状态，初始步的边界条件状态是 Create，Apply load 步的状态是 Propagated。即对 A、B 端点的边界条件约束会在整个分析过程中起作用。

步骤 8：点击 **Dismiss** 键关闭 Boundary Condition Manager 对话框。

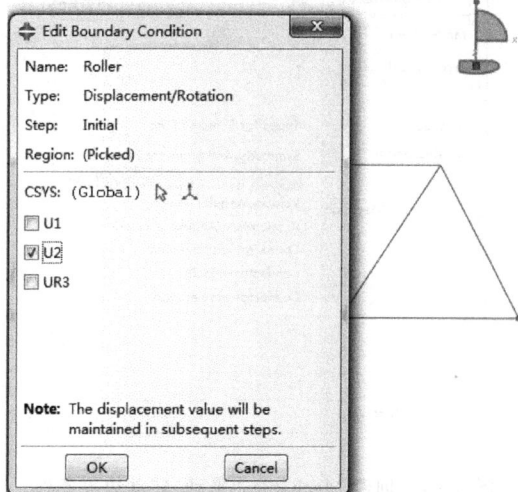

图 3.96　定义 Roller 边界条件

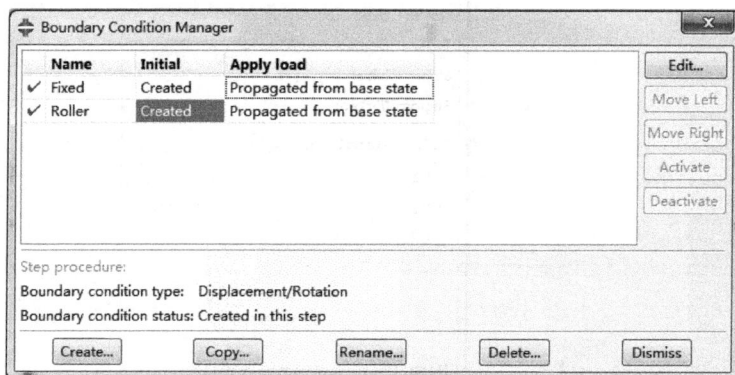

图 3.97　Boundary Condition Manager 对话框

② 施加载荷。在加完约束后就应当在结构的底部加载荷。在 ABAQUS 里，载荷通常是指从初始状态下使结构响应发生变化的各种因素，如：集中力、压力、非零边界条件、体力、温度（材料热膨胀特性被定义后）等。

在本例中，在线性扰动步于结构底部从左至右的第 2 个和 4 个铰接点加 30kN 和 10kN 的集中力，其方向均是 2 的负方向。当然实际上是不存在集中载荷或点载荷的，载荷应加在有限大小区域上，设定这个有限区域很小而理想化处理为集中力。

加集中力的步骤如下：

单击工具区 ⌙ 定义载荷，或从菜单栏选择 **Load→Create**，则 Create Load 窗口弹出。

步骤 1：施加集中载荷 10kN：

- 命名载荷为 Force10。
- 选 **Apply load** 作为载荷施加步。
- 接受 **Category** 表中的 **Mechanical** 默认项。
- 接受 **Type for Seleded Step** 表中的 **Concentrated force** 默认选项。
- 点击 **Continue**。

提示区信息提示用户选择加载处。同施加边界条件一样，既可在图形上直接选择，也可以从已有集的表上选择加载集。集中载荷 10kN 应加载在底端第 4 个铰接点上，集中力加载设置及加载位置如图 3.98 所示。

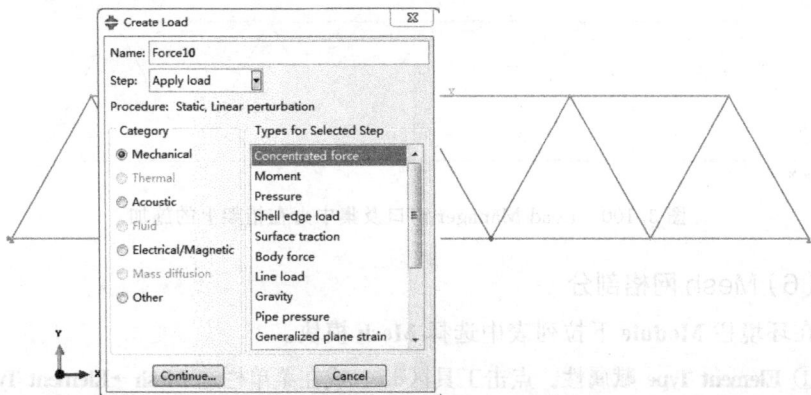

图 3.98　集中力加载设置及加载位置

- 按鼠标中间键或点击 **Done** 完成选择。**Edit Load** 对话框弹出。

- 在对话框中做以下操作：在 **CF2** 处输入－10000，表示集中力在 Y 轴的负方向；**CF1** 输入 0，设置如图 3.99 所示；点击 **OK** 即完成加载，退出对话框。

步骤 2：施加集中载荷 30kN。用上述同样的方法在底端第二个铰接点施加集中载荷 30kN，施加成功后 Load Manager 对话框及桁架如图 3.100 所示，在 Load Manager 窗口可观察到 Apply load 步的载荷状态是 Created（被激活）。

点击 **Dismiss** 关闭 Load Manager 窗口。

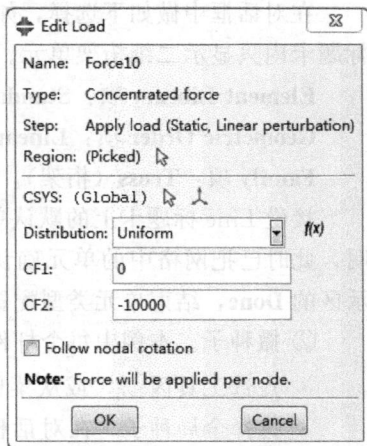

图 3.99　设置 10kN 集中力加载

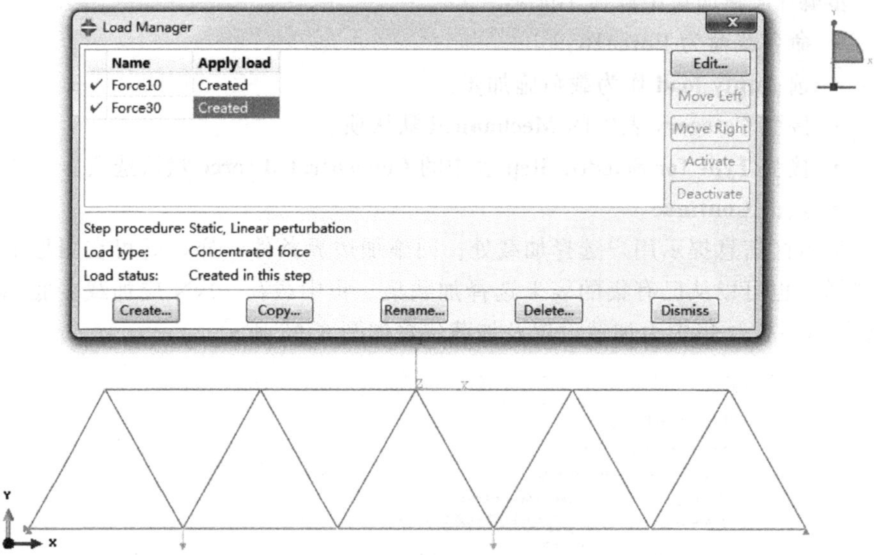

图 3.100　Load Manager 窗口及集中力在桁架上的施加

（6）Mesh 网格剖分

在环境栏 **Module** 下拉列表中选择 **Mesh** 模块。

① **Element Type** 赋属性。点击工具区▦，或在菜单栏选 **Mesh→Element Type**。

在图形区上选择全部框架，注意单元应赋在 Part 上，而不是 Instance 上。再在提示区中点击 **Done**。Element Type 对话框弹出。

在对话框中做如下选择，如图 3.101 所示，因为模型是二维桁架，在 Line 标题卡内只显示二维桁架单元。

Element Library 项：**Standard**（默认）。

Geometric Order 项：**Linear**（默认）。

Family 项：**Truss**（桁架）。

接受 Line 标题卡上的默认单元类型，对话框底部出现 T2D2 单元类型的说明，此时已把网格中的单元确认为 T2D2 元。点击 **OK**，关闭对话框。点击提示区的 **Done**，结束单元类型配置。

② 撒种子。本例中每个杆件只生成一个单元。

· 点选工具区▦，或从菜单栏选择 **Seed→Part**。

· 选择全局种子，在对话框指定单元大小为 1，然后回车或按鼠标中键。再按鼠标中键以接受划分数。全局种子设置如图 3.102 所示。

③ 划网格。点击工具区▦，或从菜单栏中选 **Mesh→Part**。点击提示区的 **Yes** 来确认进行零件的网格剖分。

材料成形过程数值模拟
基础与应用

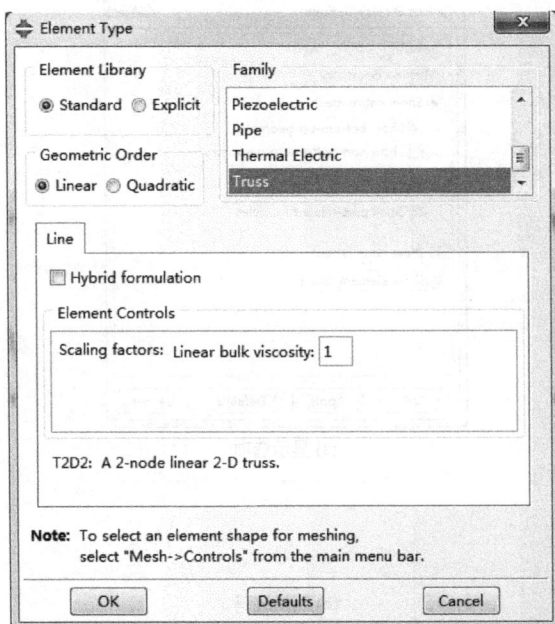

图 3.101 Element Type 设置对话框

图 3.102 全局种子设置

注意: 可通过菜单栏的 **View→Part Display Options** 操作看到节点与单元数,勾选 **Mesh** 标题卡上的 **Show Node labels** 与 **Show element labels** 即可,其设置及编码显示如图 3.103 所示。

(7) Job

在环境栏 **Module** 表中点击 **Job** 进入 Job 模块。

(a) 显示选项

(b) 网格编码

图 3.103　网格标签显示选项及节点与网格编码显示

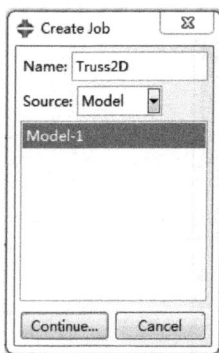

图 3.104　Create Job 对话框

① 点选工具区 ▣，或点击菜单栏的 **Job→Create**，弹出 Create 对话框，对话框中列有模型数据库中全部模型名，如图 3.104 所示。本例中选择 Model-1，作业起名为 Truss2D，然后点击 **Continue**，弹出 **Edit Job** 对话框。

点击 **OK** 接受其他的所有缺省作业设置项并关闭对话框，如图 3.105 所示。

② 在工具区点选 ▣▣ 右侧 Job 管理器，或在菜单栏中选 **Job→Manager**，弹出 Job Manager 对话框，如图 3.106 所示。

③ 模型的检查。生成模型后，准备进行分析。但可能有错误的数据或缺失数据的情况，无法建立完备的有限元方程，应进行 Data Check（数据检查）。

Data Check。进行数据检查分析，若输入文件发生问题或分析中断时，显示状态为 **Aborted**。同时在信息区里会报告所发生的问题。应根据信息区及命令行接口提示返回前处理步骤修改后，再进行数据检查，Data Check 必须无误才能提交作业。

Submit。用来提交作业进行模型分析计算。在提交作业后，Status 列上的信息变为作业状态信息。作业状态会显示下列信息：

材料成形过程数值模拟
基础与应用

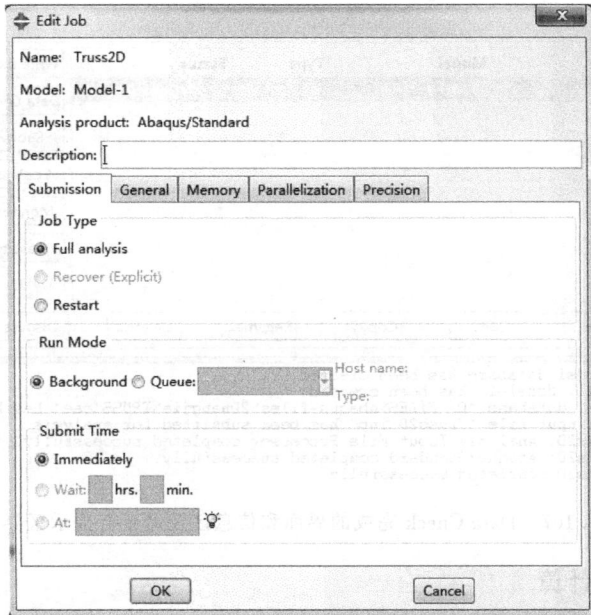

图 3.105　Edit Job 对话框

图 3.106　Job Manager 对话框

- 分析输入文件正在生成时，显示状态为 **None**。
- 正在提交作业时，显示状态为 **Submitted**。
- 正在分析模型时，显示状态为 **Running**。
- 分析完成并正在输出数据时，显示状态为 **Completed**。

Data Check 完成的界面和信息区及命令行提示区界面如图 3.107 所示。

在分析过程中，ABAQUS/Standard 发送信息到 ABAQUS/CAE，使用户可监控作业的过程，信息来自状态、数据和记录，作业监制对话框中有信息文件出现。

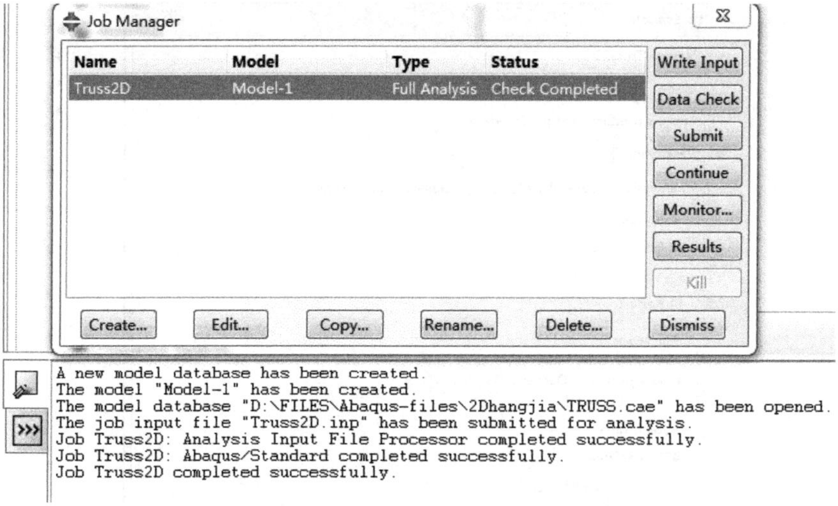

图 3.107 Data Check 完成的界面和信息区及命令行提示区界面

（8）分析计算

分析计算前需正确地建立模型。若数据检查分析未发现任何错误，便可进行后台计算分析。

若计算过程要花费很可观的时间，则以批处理排队方式运行是十分方便的，这时 Run Made 设为 Queue（队列的有效性取决于用户的计算机）。此例计算时间较短，采用默认设置即可。

后台计算过程中可点击 **Job Manager → Monitor**，观察计算进程，如图 3.108 所示。

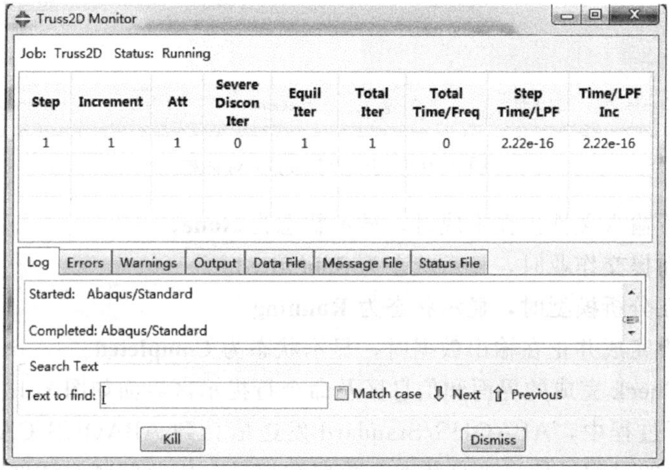

图 3.108 计算进程监控

材料成形过程数值模拟
基础与应用

（9）结果

计算完成后 **Job Manager** 如图 3.109 所示，**Status** 显示了状态。

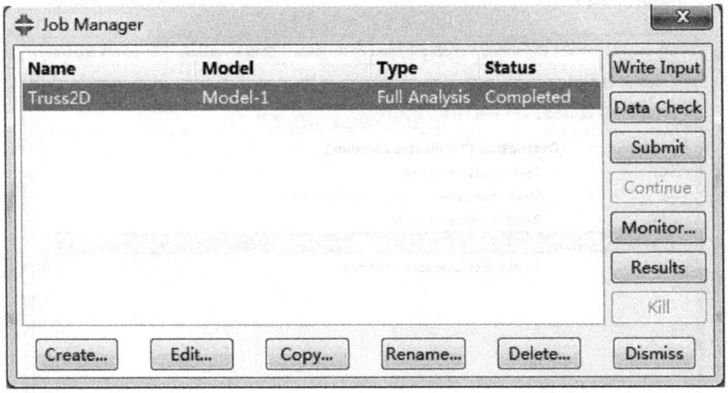

图 3.109　Job Manager 对话框显示计算已完成

（10）后处理

查看结果方法如下：

① 快图显示。可在 **Job Manager** 窗口的右边点击 **Results**，则 ABAQUS/CAE 会自动载入 **Visualization** 模块，并打开作业生成的输出数据库，立即显示模型的快图。

此外可以点击环境栏 **Module** 表上的 **Visualization** 模块，在菜单栏选择 **File→Open**，然后在出现的数据库文件表中选择 Truss2D. odb 文件，最后点击 **OK**。

注意：快图不显示计算结果，也不能按需要显示其他内容，例如不能显示单元和节点号，只能显示未变形的模型形状。

② 变形模型的等值线显示应力、位移、自反力、极值、极值点的位置。

· **Result→Primary Variable→S，Result→Primary Variable→U，Result→Primary Variable→RF** 分别显示应力、位移、自反力的结果，输出变量选择对话框如图 3.110 所示。

· 点击工具区中![icon]，或从菜单栏中选择 **Plot→Contours→On deformed shape**，即可显示变形模型的等值线图。

· **Viewport → Viewport Annotation Options → Legend → Show min/max values**，可显示结果的最大值和最小值。设置如图 3.111 所示。

· **Contour Plot Options→Limits→Max/Show location，Min/Show location**，可显示最大值和最小值的位置，如图 3.112 所示。

· 变形后按要求输出各场量的等值线图及极值，如图 3.113 所示。

图 3.110　输出变量选择对话框

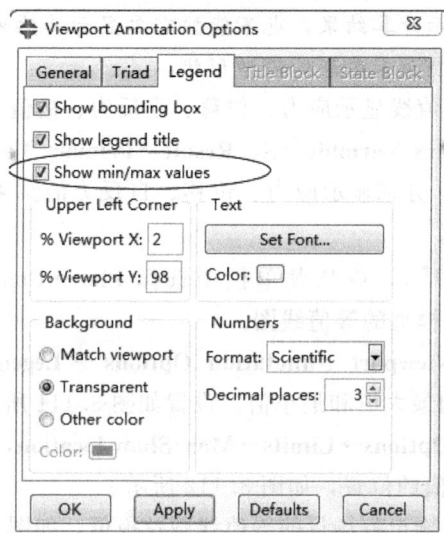

图 3.111　结果的最大值和最小值显示设置

材料成形过程数值模拟
基础与应用

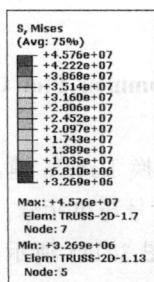

图 3.112 显示最大值和最小值的位置

由图 3.112 可知，当前应力结果的最大值为 4.57631×10^7 Pa，最大值为 3.26879×10^6 Pa，勾选此复选框能够直接在图形区显示应力值所在位置，非常方便用户识别。

例如应力、位移分布。

单击工具区快捷工具或者主菜单中 Options → Common Plot Options → Labels 命令。

勾选 Show node labels、Show element labels、Show node symbols、Show element symbols、Show node labels 和 Show element labels 复选框，其他保持不变。

单击 Apply，显示节点单元号等信息，然后退出该对话框，此时桁架的各节点号如图 3.113 所示。

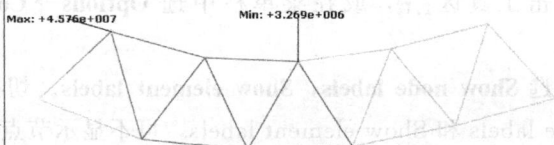

(a) 应力

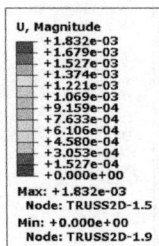

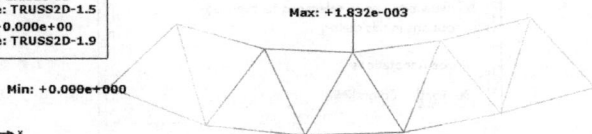

(b) 位移

图 3.113

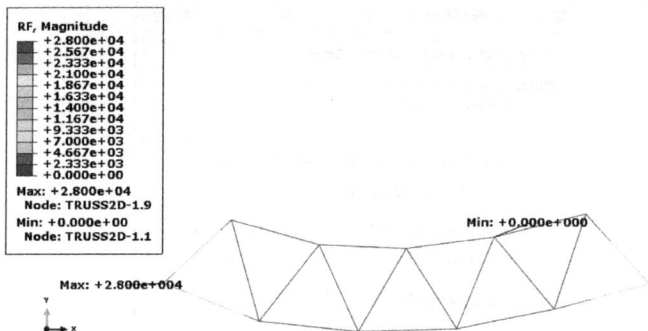

RF, Magnitude
+2.800e+04
+2.567e+04
+2.333e+04
+2.100e+04
+1.867e+04
+1.633e+04
+1.400e+04
+1.167e+04
+9.333e+03
+7.000e+03
+4.667e+03
+2.333e+03
+0.000e+00

Max: +2.800e+04
Node: TRUSS2D-1.9
Min: +0.000e+00
Node: TRUSS2D-1.1

Min: +0.000e+000

Max: +2.800e+004

(c) 自反力

图 3.113　变形后场量的等值线图及极值显示

由以上结果可知受力后桁架结构的 Mises 应力最大为 $4.576 \times 10^7 \mathrm{Pa}$，最大位移为 $1.832 \times 10^{-3} \mathrm{m}$，结构自反力最大 $2.8 \times 10^4 \mathrm{N}$。输出结果的单位与输入参数的量纲一致。

③ 节点号、单元号显示。

· 点击工具区 ，或在菜单栏中选 **Options→Common Plot Options→Labels** 键。

· 勾选 **Show node labels，Show element labels**。切换 Labels 键，可去掉 Show node labels 和 Show element labels，可不显示节点号与单元号。

· 点击 **Apply**，节点号和单元号显示，选项设置如图 3.114 所示，桁架节点号、单元号的显示结果如图 3.115 所示。

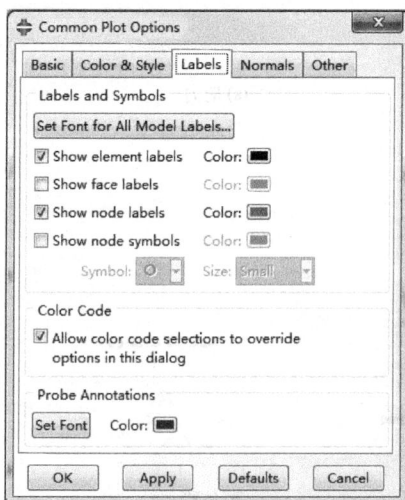

图 3.114　节点号和单元号显示设置

材料成形过程数值模拟
基础与应用

图 3.115　桁架节点号、单元号的显示结果

④ 变形前后形状重叠显示。点击工具区 可显示变形前后形状的重叠图，如图 3.116 所示。

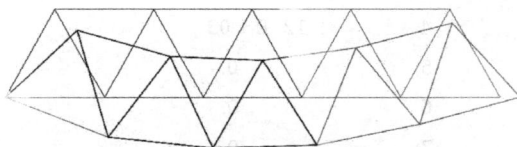

图 3.116　桁架结构受力变形前后重叠图

⑤ 显示详细的数值。点击菜单栏 **Report → Filed output → Step/frame → Position → Unique Nodal → RF**，输出选项如图 3.117 所示。

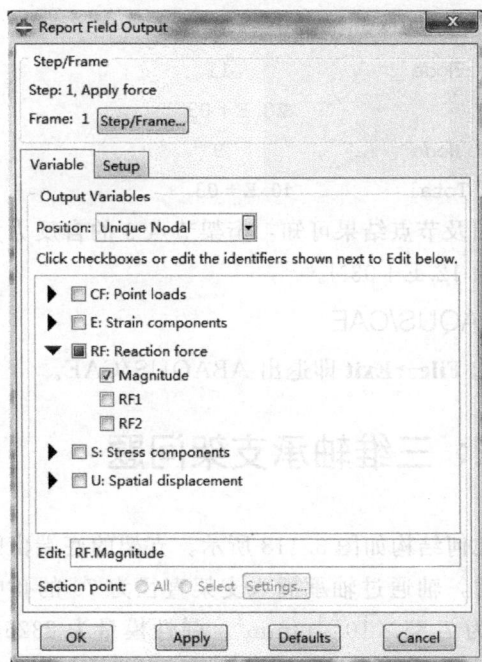

图 3.117　结果输出报告对话框

打开 **Work Directory**（设置的工作目录）→写字板打开 **abaqus. RPT** 文件。则在节点上的自反力结果如下所示：

```
Loc 1:Nodal values from source 1
    Output sorted by column "Node Label".
    Field Output reported at nodes for part:TRUSS2D-1
              Node        RF. Magnitude
              Label         @Loc 1
                1            0.
                2            0.
                3            0.
                4           12. E + 03
                5            0.
                6            0.
                7            0.
                8            0.
                9           28. E + 03
               10            0.
               11            0.
          Minimum           0.
          At Node           11
          Maximum          28. E + 03
          At Node           9
            Total          40. E + 03
```

对照节点编号图及节点结果可知：桁架节点 9 的自反力为 28. E+03N，桁架节点 4 的自反力为 12. E+03N。

（11）退出 ABAQUS/CAE

从主菜单条中选 **File→Exit** 即退出 ABAQUS/CAE。

扫码看视频

3.5.2 实例 2：三维轴承支架问题

三维轴承支架几何结构如图 3.118 所示。支架的底端由螺栓牢固地连接在其他结构上。使用时，轴通过轴承插入支架直径为 70 的孔中。轴承支架使用 Q235A 钢，其密度为 $7.85 \times 10^{-9} t/mm^3$，弹性模量为 232540MPa，泊松比为 0.3。要求确定 300kN 的载荷在 y 轴反方向作用于轴承支架时的受力及变形情况。

为简化问题做如下的假定：

① 此处在分析时认定轴承支架通过螺栓牢固连接的方式为固结，即不会出现支架受力移动、转动的情况。

② 忽略孔环向压力大小的变化，采用均布压力。

③ 在模型中不考虑复杂的轴承-支架相互作用，只是在孔的下半环作用一个均布压力来对支架施加载荷，受力部分如图 3.118 中阴影面所示。所施加的均匀压力的大小是 34MPa[300kN/(110mm×80mm)]。

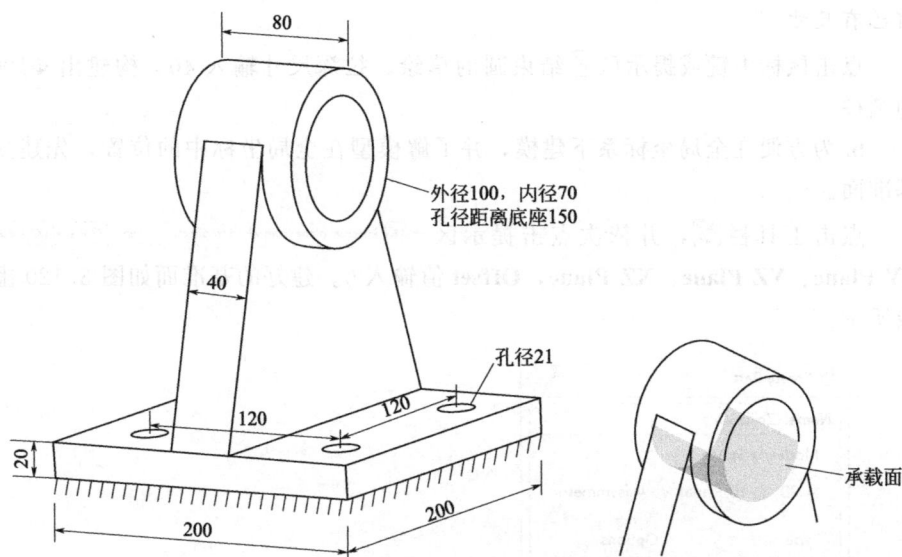

图 3.118　三维轴承支架几何结构及承载面

启动 **ABAQUS/CAE**，从出现的 **Start Session** 对话框中 **Create model Database**，开始一个新的分析。对于本例中的结构问题选择 **With Standard/ Explicit Model**。定义工作目录 **File→Set Work Direction**，选择已事先定义好的文件夹。

在进行分析前需要确定使用哪种量纲，根据轴承支架的尺寸，本例采用 mm、N、T、S、MPa、mJ、t/mm^3、mm/s^2 的 SI（mm）量纲体系，可与前例中 SI（m）单位量纲系统做对比。

（1）Part

步骤 1：从环境栏的 **Module** 表中选择 **Part** 模块。

步骤 2：在工具区点选 图标，或从菜单栏中选择 **Part→Create** 来创建一个新零件。部件命名为 Zhijia3D，并接受 **Create Part** 对话框中三维、变形实体和拉伸基本特征的默认设置，在 **Approximate size** 文本栏中键入 400，此值是零件轮廓尺寸的两倍，点击 **Continue** 退出 Create Part 对话框，设置如图 3.119 所示。

步骤 3：用图 3.118 中给定的尺寸绘制轴承支架图，具体操作如下：

a. 点击工具区 ⊙，利用两点法建圆。分别输入两点坐标为 1(0,0)，2(50,0)。

← X Pick a center point for the circle--or enter X,Y: 0,0 ， ← X Pick a perimeter point for the circle--or enter X,Y: 50,0 。

提示：为了使示意图更加清楚，这一节中的图都给出了尺寸标注。从工具区中选择 ✐ **Add Dimension**。选择工具区中 🖥 **Edit Dimension Value**，可编辑任何已有尺寸。

点击鼠标中键或提示区 X 结束圆的草绘。拉深尺寸输入 40，构建出 $\Phi100$ 的圆柱。

b. 为方便在全局坐标系下建模，并了解模型在全局坐标中的位置，先建立基准面。

点击工具栏 ⛭，并依次点击提示区 ← X Principal plane from which to offset: XY Plane YZ Plane XZ Plane **XY Plane**、**YZ Plane**、**XZ Plane**，**Offset** 值输入 0。建好的基准面如图 3.120 虚线所示。

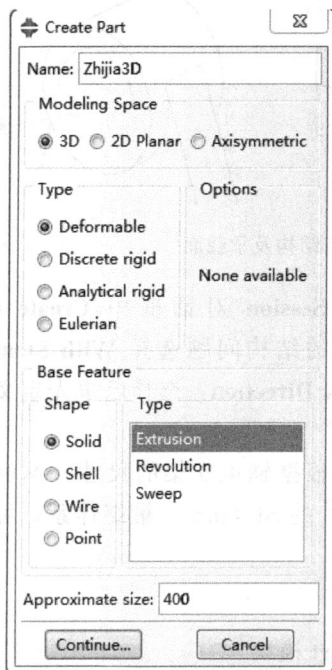

图 3.119　创建零件对话框设置　　　　图 3.120　建立基准面

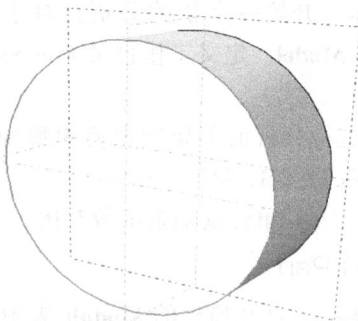

点击 ✐ **Create solid**：**Extrude** 工具来构建孔下面的支撑部分。选择刚才建立的 **XY Plane**，默认 ← X Select an edge or axis that will appear vertical and on the right 选项并点选图 3.120 中最外侧的 $\Phi100$ 圆轮廓，则获得在 **XY Plane** 建立模型的位置关系。

点击 ⚹，并输入两点坐标（−100，−150），（100，−150）。
绘制一条水平直线。

点击 ⊞ 和 ⊟ 创建过孔原点（0，0）的垂直构造线和水平
构造线。

点击 ⚹，在绘图区点选（−100，−150）点，然后将另
一点放置在 Φ100 圆切线附近，但这是一个大致的位置。为
纠正这一不确定的相切位置，点击 ⚿ 中的 **Tangent**，添加相
切约束，如图 3.121 所示。第一个相切特征为 Φ100 圆，第
二个相切特征选直线。

标注如图 3.122 所示的 100、150、200 各尺寸，这一步
是必要的，由于添加了相切约束后，其余尺寸可能会出现变
化，需将尺寸变为强约束。

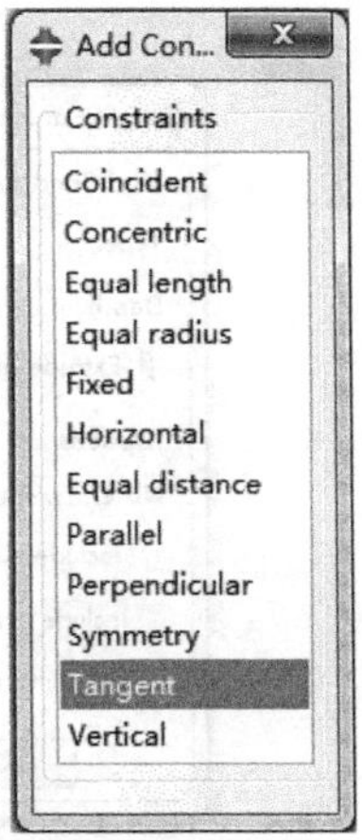

图 3.121　添加
相切约束

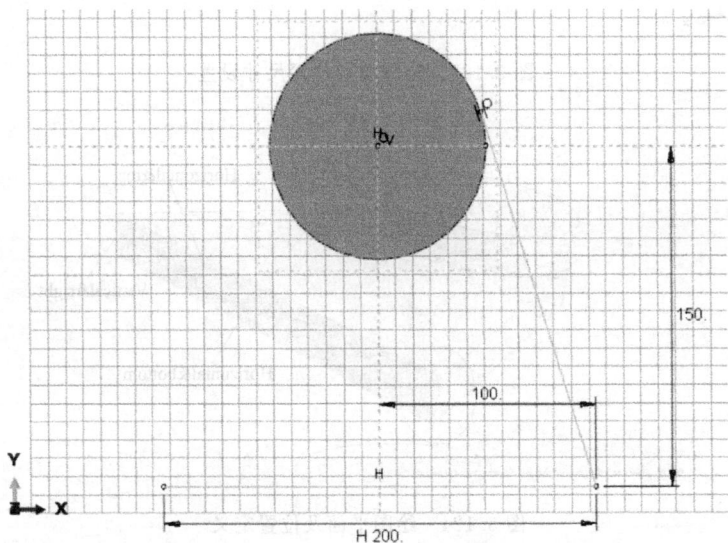

图 3.122　添加尺寸约束

点击 ⚏，并在提示区选择 Copy ⇐Ⓧ Select the type of mirror operation: Copy Move 来镜像已经
相切的直线。对称线为垂直构造线。

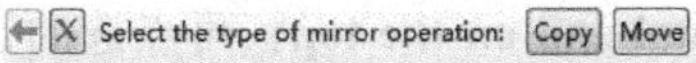

点击 ⚹，连接切点。构成一个封闭的区域。拉深深度为 20，设置如图
3.123 所示。

点击 ⚲. **Create solid：Extrude** 工具来构建轴承支架的端部。绘图平面选择
图 3.124 中阴影所示平面，在选择视图位置时，选择 "**Vertical and on the left**"
并点选图 3.124 中阴影矩形的最左边一条边。

图 3.123　拉深面及拉深尺寸设置

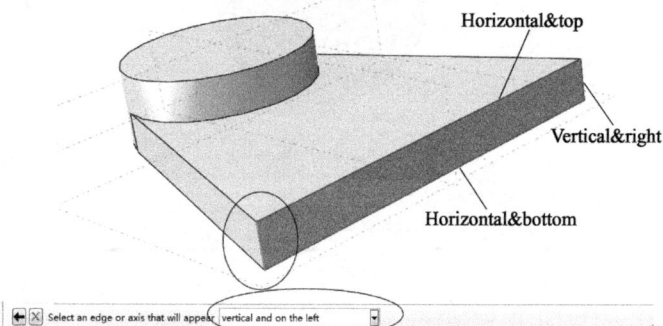

图 3.124　绘图平面及位置定义

Vertical and on the right：可点选的边或轴位于垂直且在右边的位置。

Horizontal and on the top：可点选的边或轴位于水平且在顶部的位置。

Horizontal and on the bottom：可点选的边或轴位于水平且在底部的位置。获得仰视图位置，定位如图 3.124 所示。可根据需要来自行选择绘图位置的定义。

绘制如图 3.125 所示的 200×100 矩形，拉深厚度为 20。

点击创建拉伸剪切特征构建孔。绘图平面选择如图 3.126 所示。

在绘制直径 21 的孔时，添加如图 3.127 所示尺寸约束。建立过中点的垂直构造线作为镜像中心线，镜像直径 21 的圆。剪切方式均选择 **Though All**。

材料成形过程数值模拟
基础与应用

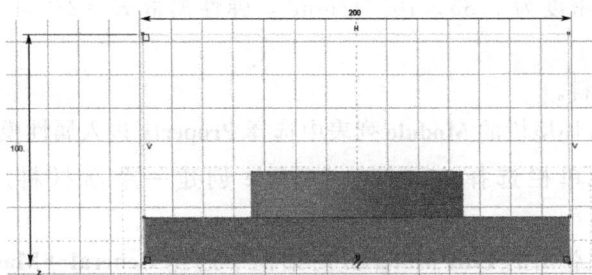

图 3.125 绘制矩形底座

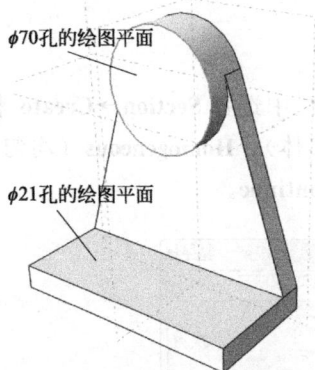

图 3.126 剪切孔的绘图平面

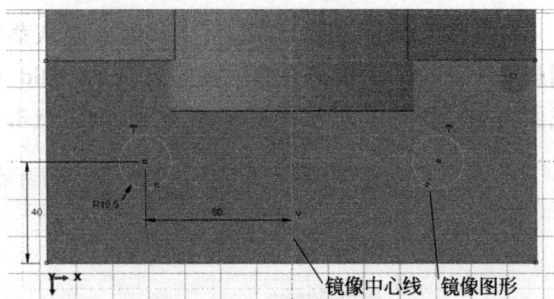

图 3.127 直径 21 孔的尺寸约束

点击 镜像特征，将做好的所有特征沿 XY Datum Plane 镜像，

Select a plane about which to reflect ☑ Keep original geometry ☐ Keep internal boundaries 并点选保持原几何特征。建好的

几何形体如图 3.128 所示。点击命名存盘。

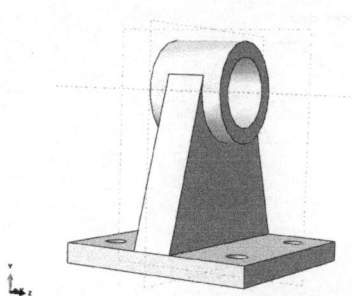

图 3.128 在 Abaqus/CAE 中构建的轴承支架几何形体

（2）Property

给零件定义材料，建立截面属性和并赋予零件。此轴承支架所用材料为

Q235A 钢，其密度为 7.85×10^{-9} t/mm^3，弹性模量 $E = 232540$MPa，泊松比 $v = 0.3$。

① 定义材料。

步骤 1：从环境栏的 **Module** 列表中选择 **Property** 进入属性模块。点击工具区📝，或从菜单栏选择 **Material** → **Create** 创建一个新材料。材料命名为 SteelQ235A。

步骤 2：在弹出的 **Edit Material** 对话框中选择 **General**→**Mass Density**，输入 7.85×10^{-9}（t/mm^3），**Mechanical** → **Elasticity** → **Elastic**，在 **Young's Modulus** 域输入 232540（MPa），在 **Poisson's Ratio** 域输入 0.3，点击 **OK**。材料属性定义对话框如图 3.129 所示。

② 定义截面属性。

步骤 1：点击工具区🏛定义新截面，或从菜单栏中选择 **Section**→**Create** 来创建一个新的截面定义。然后接收默认的 **Solid**（实体）、**Homogeneous**（均匀）截面类型；并把截面命名为 Section-Zhijia，点击 **Continue**。

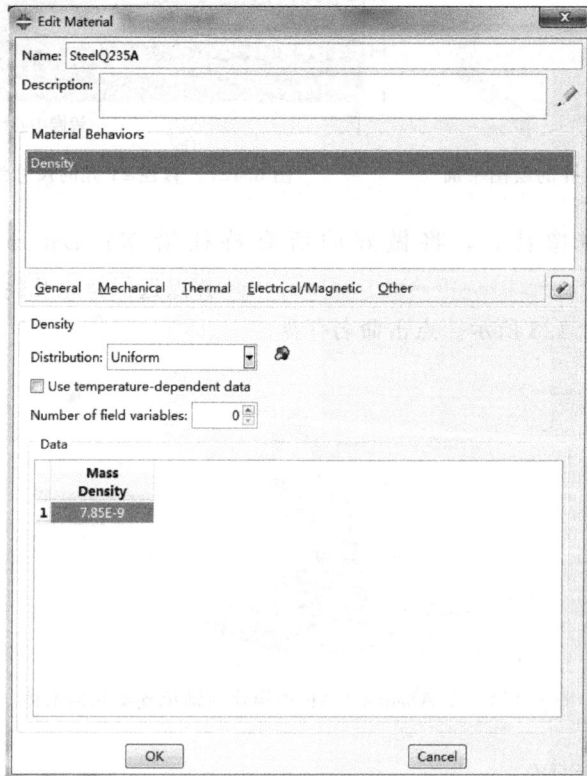

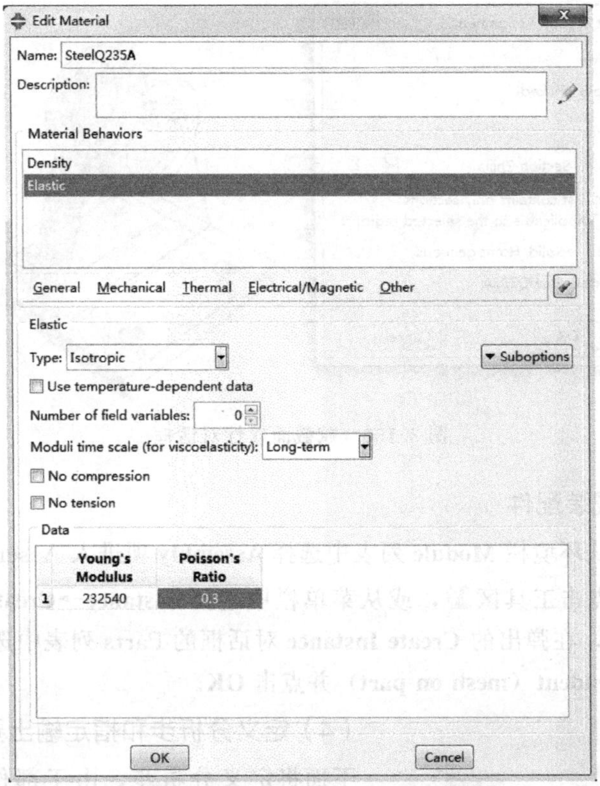

图 3.129　材料定义对话框

步骤 2：在弹出的 **Edit Section** 对话框中接受 Steel Q235A 材料，**Plane stress/strain thickness** 为 1.0，点击 **OK**。

注意：在 3D 实体中值为 1，没有实际意义，因为三维几何模型中已经有厚度。在 2D 模型中，平面应力问题是物体的实际厚度，平面应变问题，是沿物体作用力方向的实际长度。

③ 赋截面属性。

步骤 1：点击工具区 ██ 赋截面属性，或从菜单栏选择 **Assign→Section** 来赋截面属性。

步骤 2：选择整个部件为赋值的区域。当零件被加亮时，点击 **Done**，如图 3.130 所示。

步骤 3：在弹出的 **Assign Section** 对话框中，接受 Section-Zhijia 为截面定义，点击 **OK**。

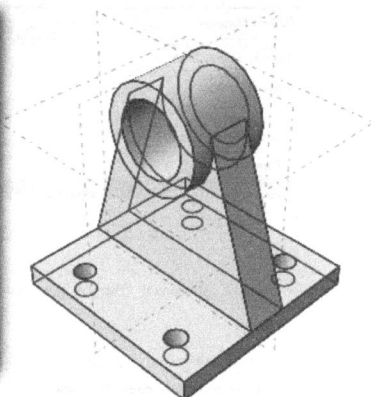

图 3.130 赋截面属性对话框

（3）生成装配件

步骤 1：从环境栏 **Module** 列表中选择 **Assembly** 项进入 Assembly 模块。

步骤 2：点击工具区 ▦，或从菜单栏中选择 **Instance→Create** 来创建零件中的一个副本，在弹出的 **Create Instance** 对话框的 Parts 列表中选择 Zhijia，副本类别为 **Dependent（mesh on part）**并点击 **OK**。

（4）定义分析步和指定输出要求

下面将定义分析步，由于部件间的相互作用、载荷和边界条件都与分析步相关联，所以必须先定义分析步。对于本例，将定义一个常规静力分析步。另外，要为分析指定输出要求。这些要求包括将结果输出到输出数据库文件（.odb）和数据文件（.dat）。

① 定义分析步。

步骤 1：从环境栏的 **Module** 表中选择 **Step** 进入分析步模块。

步骤 2：从工具区点击 ●￫▪，或从菜单栏中选择 **Step→Create** 创建一个分析步。在出现的 **Create Step** 对话框中命名此分析步为 Step-Pressure，并选择 **General** 过程类型，如图 3.131 所示。从提供的过程选项列表中选择 **Static，General**，点击 **Continue**。

步骤 3：在接受缺省设置后点击 **OK**。

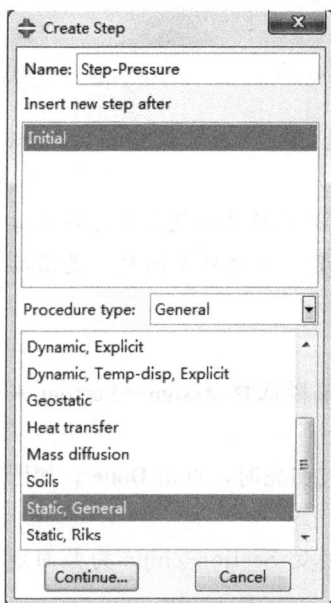

图 3.131 定义分析步

材料成形过程数值模拟基础与应用

由于要使用可视化模块进行结果的后处理，所以必须指定欲输出的结果数据到结果数据库文件中。对于每个过程类型，默认的历史输出和场输出请求被 ABAQUS/CAE 自动选择。编辑这些要求，使得仅有位移、应力和反力作为场变量数据被写入输出数据库文件。

② 定义输出。点击 右侧的场变量输出管理工具 ，或在菜单栏选择 **Output→Field Output Requests→Manager**。在 Field Output Requests Manager 中在标有 **Step-Pressure** 的列中选择标有 **Created** 的单元（若它没有被选）。在对话框底部显示出已为这个分析步骤预先设置的默认场输出结果请求的信息。

在对话框的右边，点击 **Edit** 可改变场输出的要求，此时会弹出 **Edit Field Output Request** 对话框。

点击靠近 **Stresses** 的箭头来显示有效的应力输出表，接收默认的应力分量和不变量选择。

在 **Forces/Reactions** 中，只要求输出反力结果（缺省），要分别关闭集中力和力矩的输出项。

关闭 **Strains** 和 **Contact** 项。

接收默认的 **Displacement/Velocity/Acceleration** 输出。

点击 **OK**，然后点击 **Dismiss** 来关闭 Field Output Requests Manager 对话框。

（5）Load

在模型中，轴承支架的底端需要在三个方向加以约束，该区域是与母体连接处。在图 3.118 所示承载面上施加压力载荷。

① 指定边界条件。

步骤 1：从环境栏的 **Module** 列表中选择 **Load** 项进入荷载模块。

步骤 2：点击 创建边界条件，或从菜单栏选择 **BC→Create** 来指定模型的边界条件，在弹出的 **Create Boundary Condition** 对话框中，命名边界条件为 Fix Bottom，并选择 **Initial** 作为它所施加的分析步，以保证结构在起始步保持静定。选择分析类别为 **Mechanical**，边界约束类型为 **Symmetry/Antisymmetry/Encastre**，并点击 **Continue**。边界条件设置如图 3.132 所示。

步骤 3：选择轴承支架底端，当视窗中所选区域加亮时，在提示区点击 **Done**，并在弹出的 **Edit Boundary Condition** 对话框中激活 **ENCASTRE**，点击 **OK** 来施加边界条件。

出现在底端表面上的箭头标明了所约束的自由度，固结边界条件包含了给定区域所有可动结构自由度。在完成部件网格剖分和生成作业后，这些约束将施加在箭头所在区域的所有节点上。

② 施加载荷。

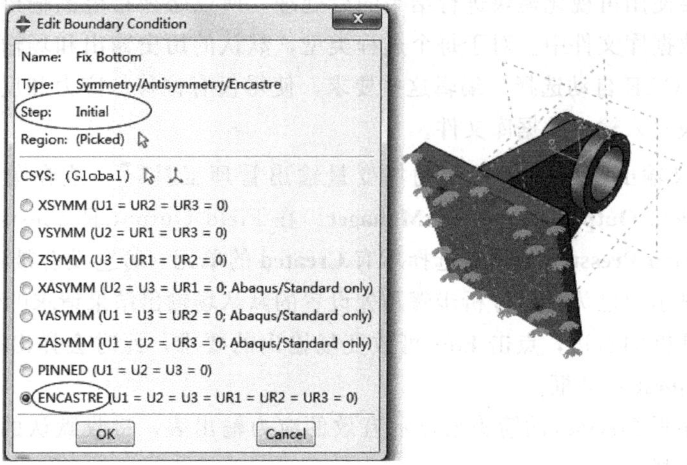

图 3.132　支架底端固结边界条件设置

轴承支架孔的下半部承受了 34MPa 的均布压力，为了正确施加载荷，部件必须被分区才能准确将载荷施加于下半面。

由于装配体为非独立实体，分区应在 Part 上完成。返回 Part 模块，使用分区工具，可把部件和组合件分割成若干区域。采用分区有多种原因，它通常是用来指定材料边界、标明载荷和约束的位置（如此例）以及细化网格的。使用面分区工具将孔分为上下两部分。用来剖分的面为前面定义的 XZ Datum Plane。

点击施加载荷，或选择菜单栏 **Load→Creat Load**。命名载荷为 Load-Pressure，并选择 Step-Pressure 作为它所施加的分析步。分析类别为 **Mechanical**，载荷类型为 **Pressure**，并点击 **Continue**。

选择孔下半部表面，面被选择之后，在提示区点击 **Done**，载荷设置及加载面的选择如图 3.133 所示。

在对话框中输入值为 34 的均布压力，点击 **OK** 施加载荷。箭头出现在孔的下半面上，标明已施加了荷载。

（6）Mesh

在建立一个具体问题的网格之前，需要考虑所采用的单元类型。本例几何形体中有较多的曲线、曲面和尖角，采用二次单元是合理的网格设计，若用线性减缩积分单元则可能是不合适的。由于尖角和过渡区的存在（如圆柱与支撑板相切的区域），剖分实体也无法完成结构化网格划分策略，因此本例采用四面体二次单元来划分网格，采用 10 节点四面体单元（C3D10）。

步骤 1：从环境栏的 **Module** 表中选择 **Mesh** 进入网格模块。

图 3.133　载荷设置及加载面的选择

步骤 2：点击 ⊞ 设置网格控制，或选择菜单栏 **Mech→Controls**。选择整个轴承支架，**Element Shape→Tet**，**Technique→Free**。网格控制对话框设置如图 3.134 所示。

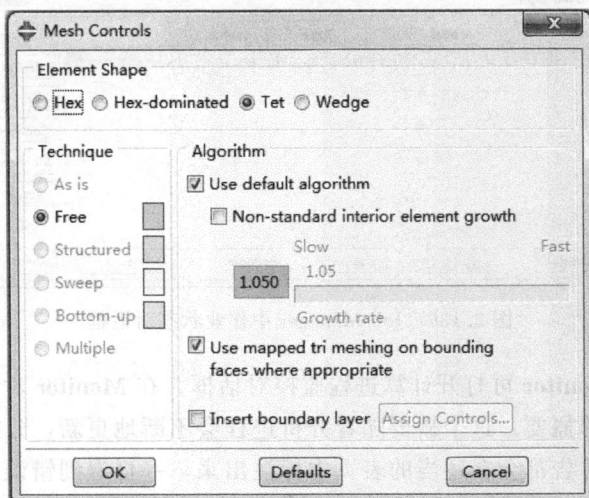

图 3.134　网格控制对话框设置

步骤 3：点击 ⊞ 选择单元类型，或选择菜单栏 **Mech→Element Type**。

Element Library→Standard，**Geometric Order→Quadratic**，**Tet**，单元编号为 C3D10。

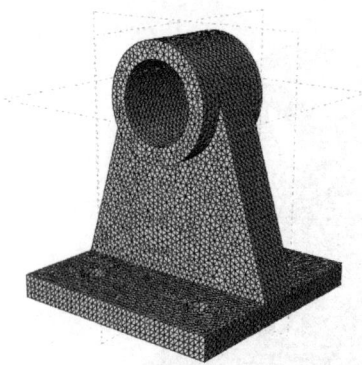

图 3.135　轴承支架网格划分

步骤 4：点击![icon]定义全局种子，或选择菜单栏 **Seed→Part**。Approximate global size 值为 5。其余选项为默认设置。

步骤 5：点击![icon]划分网格，或选择菜单栏 **Mesh→Part**。完成网格划分，如图 3.135 所示。

（7）Job

① 创建作业。从环境栏的 **Module** 列表中选择 **Job** 项进入作业模块。

点击![icon]创建一个新的作业，或在菜单栏选择 **Job→Create** 创建一个名为 Zhijia 的作业，然后点击 **Continue**。

接收缺省的作业设置，并点击 **OK**。

② 运行作业。点击右侧的![icon] **Job Manager**，在对话框中选择 Zhijia 作业→**Data Check**。

Status 栏显示 **Check completed** 以后，在 **Job Manager** 右侧的按钮里点击 **Submit**，如图 3.136 所示。

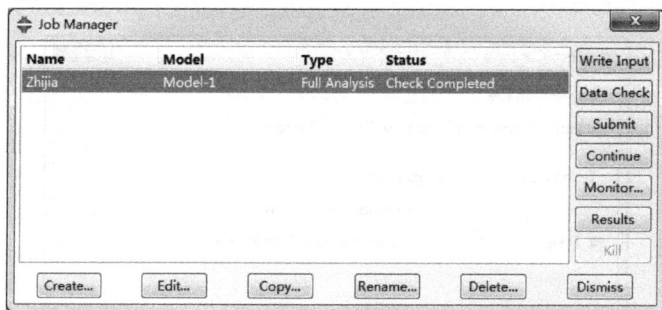

图 3.136　Job Manager 中作业状态对话框

③ 点击 **Monitor** 可打开计算进程监控对话框。在 **Monitor** 对话框的顶部有一个求解过程的概要。这个概要随着分析进程会不断地更新，分析过程中遇到的任何错误或警告都会在适当的表页中标注出来，一旦遇到错误，就要修改模型并再一次运行。一定要研究引起任一警告信息的原因，并采取适当的措施。

④ 当所有的作业执行完成后，点击 **Dismiss** 关闭 Monitor 对话框。

（8）Visualization

从环境栏的 **Module** 列表中选择 **Visualization** 项进入后处理视图模块。

Result→Primary Variable→E/S/RF/U 分别可显示应变、应力、自反力和

材料成形过程数值模拟
基础与应用

位移的结果。

点击工具区中 ，或从菜单栏中选择 **Plot→Contours→On deformed shape**，即可显示变形模型的等值线图。

Viewport→Viewport Annotation Options→Legend→Show min/max values，可显示结果的最大值和最小值。

Contour Plot Options→Limits→Max/Show location，Min/Show location，可显示最大值和最小值的位置。

① 普通视图设置选项。点击 ，或选择菜单栏 **Options→Common Plot Options→Basic→Feature edges**，则可显示不带网格的云图结果，如图 3.137 所示。等值线显示应变、应力、自反力和位移场变量的结果，如图 3.138 所示。

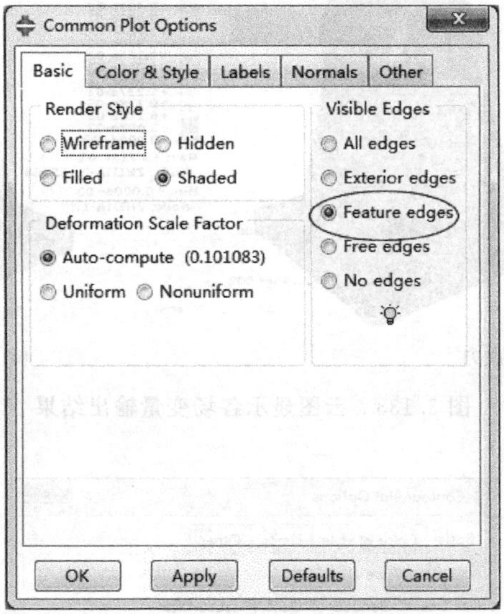

图 3.137 普通视图设置选项

由图 3.138 可知，轴承支架所受最大应力为 150.4MPa，最大应变为 6.068×10^{-4}，最大位移为 3.711×10^{-2} mm，其结果的量纲与 Part 模块中最初输入参数的量纲一致。

② 云图显示设置。点击 或在菜单栏点击 **Options→Contour Plot Options**。

等值图显示设置。在 **Basic** 中可设置等值线的显示类型，如图 3.139 所示，可以显示为 **line**（线性）、**Banded**（带式）、**Quilt**（单元）、**Isosurface**（等值面）。ABAQUS/CAE 自动计算等值线图的最小值和最大值，并默认把两值之间的区间均分为 12 个间隔进行显示，如图 3.139 中 **Contour Intervals→Discrete→12** 所示。用户可以控制所显示的最小值和最大值（例如需要在一个固定范围内检验变量）和间隔的数目。

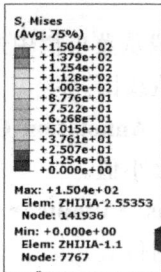

(a) 应变

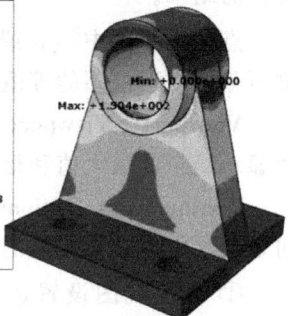

(b) Mises应力

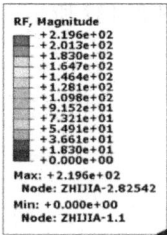

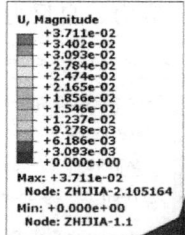

(c) 自反力

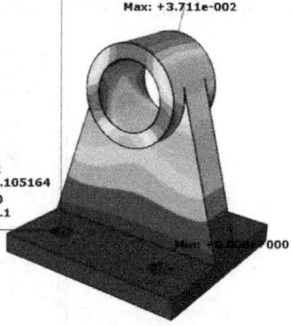

(d) 位移

图 3.138　云图显示各场变量输出结果

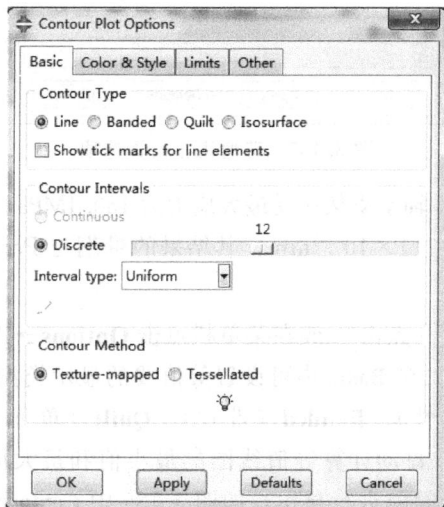

图 3.139　等值线显示类型

材料成形过程数值模拟
基础与应用

生成定制的等值线云图。在 **Limits** 中选择 **Max** 旁边的 **Specify**，输入最大值 0.02；选择 **Min** 旁边的 **Specify**，输入最小值 0.01，如图 3.140 所示；在 **Contour Plot Options** 对话框的 **Basic** 选项中，拖动 **Contour Intervals** 滑块，将间隔数改为 6；点击 **Apply**。生成定制的等值线云图如图 3.141 所示，该图表示位移在 0.01～0.02 间被分成 6 个等值带显示。

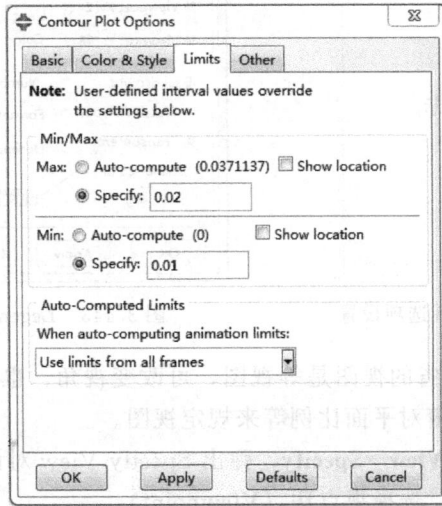

图 3.140　云图显示对话框

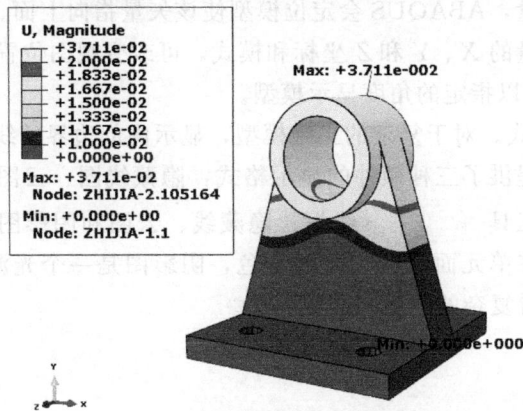

图 3.141　生成定制的等值线云图

③ 视图注释选项设置。点击菜单栏 **Viewport→Viewport Annotation Options→General→Visibility**，如图 3.142 所示，勾选需要在视图中显示的项目。

在 **Legend**（图例）设置对话框中可设置图例的各项内容，如图 3.143 所示。

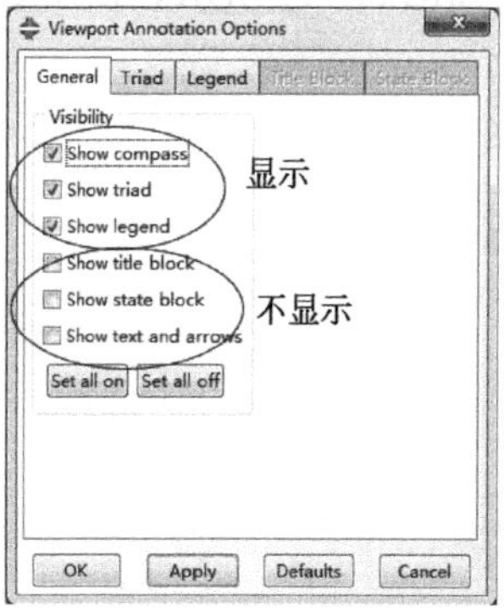

图 3.142　视图注释选项设置

图 3.143　Legend 设置选项

④ 改变视图。缺省的视图是等视图，可改变视角，也可通过输入旋转角、视点、放大因子或视窗对平面比例等来规定视图。

从主菜单中选择 **View→Specify**，弹出 Specify View 对话框。

从列出的方法中，选择视点法（Viewpoint）。

视点法要求输入三个数值，它们代表观察者的 X、Y 和 Z 坐标值，还要指定一个朝上的矢量，ABAQUS 会定位模型使该矢量指向上面。

输入视点矢量的 X、Y 和 Z 坐标和模式，可改变视图位置。

点击 **OK**。可以指定的角度显示模型。

⑤ 显示的格式。对于复杂的三维模型，显示内部边界的线框模型会造成视觉上的混乱，故提供了三种额外的显示格式：隐藏线图、云图和阴影图。从工具栏的显示格式工具 （线框、隐藏线、云图和阴影图）中，选择一种显示格式。云图在单元面涂上连续的颜色，阴影图是一个光源照射下的云图，这两类图对于观看复杂的三维图非常有用。

第4章

非线性问题

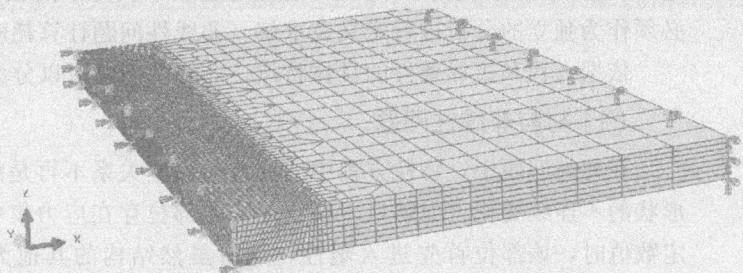

4.1 弹塑性材料的塑性
4.2 材料成形过程的接触
4.3 非线性问题的求解方法
4.4 非线性问题计算实例

非线弹性力学的基本特点是：它的平衡方程依赖于变形状态的线性方程；几何方程的应变和位移的关系是非线性的；物性方程的应力和应变的关系是非线性的，力边界上的外力和位移边界上的位移是非独立或非线性依赖于变形状态的。

线性分析问题与非线性分析问题的区别如图 4.1 所示。

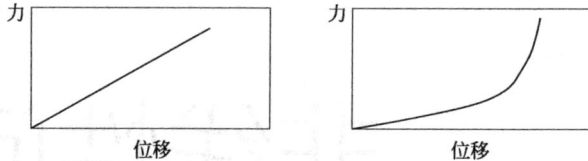

图 4.1　线性分析问题与非线性分析问题

线性分析：施加的载荷和系统位移响应间存在线性关系。例如：如果一线性弹簧在 10N 的载荷下伸长 1m，那么施加 20N 的载荷就会伸长 2m。这意味着在线性分析中，结构的柔度阵只需计算一次（将刚度阵集成并求逆即可得到）。

非线性分析：结构的刚度随其变形而改变的问题。如锻造或冲压、压溃分析及橡胶部件、轮胎和发动机垫圈分析等问题。由于非线性系统的响应不是所施加载荷的线性函数，因此不可能通过叠加来获得不同载荷的解。每种载荷都必须作为独立的分析进行定义及求解（非线性问题计算耗时）。

依据方程和边界条件的具体特点，非线性问题可以分为以下 3 类：

（1）材料非线性问题

在此类问题中，物性方程中的应力和应变关系不再是线性的。例如在结构形状的不连续变化（如缺口、裂纹等）的部位存在应力集中，当外载荷达到一定数值时，该部位首先进入塑性，这时虽然结构的其他大部分区域仍保持弹性，但在该部位线弹性的应力应变关系已不再适用。如长期处于高温条件下的结构会发生蠕变变形，即在载荷或应力保持不变的情况下，变形或应变仍随着时间的进展而继续增长，这也不是线弹性的物性方程所能描述的。无论塑性还是蠕变，都是不可恢复的非弹性变形，它们和应力的关系是非线性的。

（2）几何非线性问题

此类问题的特点是结构在载荷作用过程中产生大的位移和转动。例如板壳结构的大挠度、屈曲和过屈曲问题。此时材料可能仍保持为线弹性状态，但是结构的平衡方程必须建立于变形后的状态，以便考虑变形对平衡的影响。同时由于实际发生的大位移、大转动，使几何方程再也不能简化为线性形式，即应变表达式必须包含位移的二次项。

材料成形过程数值模拟
基础与应用

（3）边界非线性问题

此类问题最典型的例子是两个物体的接触问题。它们相互接触边界的位置和范围以及接触面上力的分布和大小事先是不能给定的，需要依赖整个问题的求解才能确定。另一个例子是力边界上外力的大小和方向非线性地依赖于变形的情况，例如作用于薄壁结构表面的分布压力，当结构发生变形时，它作用的面积和方向都将发生变化，因而在几何非线性问题中需要同时考虑载荷的变化。

在实际问题中，有时遇到一种非线性问题，有时会同时遇到三种非线性问题。例如，汽车的碰撞、材料锻压成形、连接成形等情形，结构或材料将发生巨大的变形，材料进入塑性流动状态，而且接触面及其相互的作用也将快速变化，同时伴随着热等非结构因素的相互作用。仅考虑材料非线性的问题，处理相对比较简单，不需要重新列出整个问题的表达式，只要将材料本构关系线性化，就可用线性问题的表达式对它进行分析求解。一般，通过试探和迭代过程求解一系列线性问题，如在最后阶段，将材料的状态参数调整到既满足材料的非线性本构关系，又同时满足平衡方程，就可得到答案。几何非线性问题较复杂，它涉及非线性的几何关系和依赖于变形的平衡方程等问题，因此，其表达格式和线性问题相比，有很大的改变。

4.1
弹塑性材料的塑性

弹塑性材料在小变形量下表现为近似线弹性特征（图 4.2），此时的弹性模量为常数。在高应力（应变）加载条件下，开始表现出非线性特征，如图 4.3 所示。

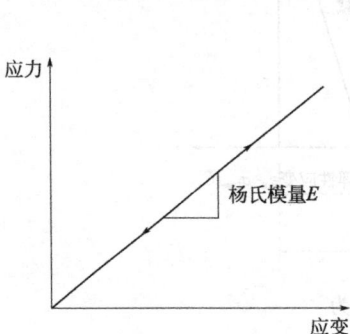

图 4.2　弹塑性材料（如钢材）在
小变形量情况下的应力-应变特征

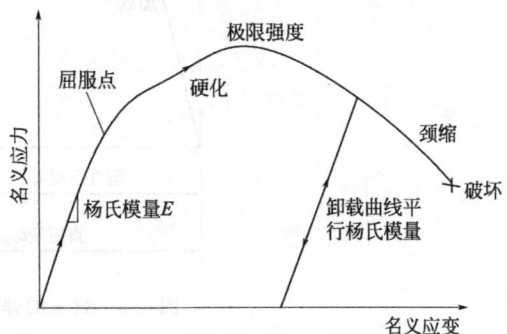

图 4.3　弹塑性材料在拉伸实验中
的名义应力-应变特征

金属在外力作用下由弹性状态进入塑性状态，基于连续介质力学在建立理论公式，模拟塑性力学行为时，通常采用以下基本假设：

① 连续性假设。变形体内均由连续介质组成，即整个变形体内不存在任何空隙。应力、应变、位移等物理量连续变化，可化为坐标的连续函数。

② 匀质性假设。变形体内各质点的组织、化学成分都是均匀而且相同的，即各质点的物理性能均相同，不随坐标的改变而变化。

③ 初应力为零。物体在受外力之前处于自然平衡状态，即物体变形时内部所产生的应力仅是由外力引起的。

④ 体积不变假设。物体在塑性变形前后的体积不变。

4.1.1 弹塑性材料的塑性性能

（1）塑性性能定义

材料的塑性性能可以用它的屈服点和后续屈服硬化来表示，从弹性过渡到塑性发生在材料应力-应变曲线上的一个点，即通常所说的弹性极限或屈服点。屈服点的应力叫做屈服应力，大部分金属的屈服应力为材料弹性模量的 $0.05\%\sim0.1\%$。

金属在达到屈服点之前的变形只产生弹性应变，在卸载后可以完全恢复。然而，一旦应力超过屈服应力就会产生永久塑性变形，与这种永久变形相关的应变为塑性应变，在后续屈服区里，弹性和塑性应变共同组成了金属的变形。材料的弹塑性行为如图 4.4 所示。

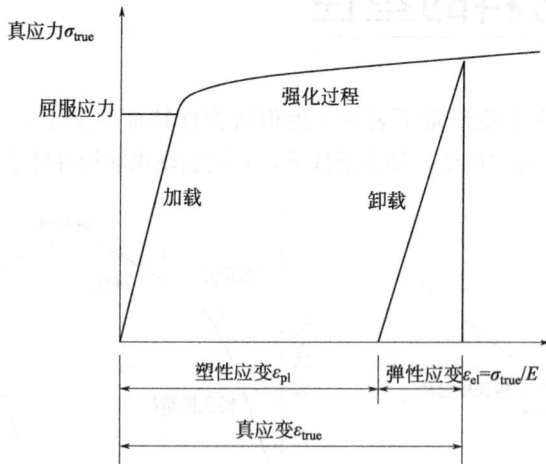

图 4.4 材料的弹塑性行为

通常，金属的刚度在材料屈服后会迅速下降，已屈服的弹塑性材料在卸载后将恢复它的初始刚度，通常，对于已经塑性变形的材料，当后来再加载时会提高其屈服应力，即加工硬化。

金属塑性的另一重要特点是非弹性变形与材料几乎不可压缩的特性相关，这一效应给用于模拟弹-塑性的单元类型带来很大的限制。

承受拉力的金属在塑性变形时，可能会在材料失效时经历局部的高度伸长与变细，称为颈缩。金属在发生颈缩时的名义应力远低于材料的极限强度。这种材料特性是由试件几何形状、实验本身特点以及应力应变测量方法引起的。相同材料的压缩实验就不会出现颈缩区域，试件在承受压力时不会变细。因此，描述金属塑性的数学模型应该考虑拉伸和压缩的不同特性，并与结构几何形状和外载特性无关。

（2）在 ABAQUS 中定义塑性

ABAQUS 默认的塑性材料特性应用金属材料的经典塑性理论，采用 Mises 屈服准则来定义各向同性屈服。在 ABAQUS 中定义塑性必须使用应力和应变。ABAQUS 需要这些值并相应地输入文件中解释这些数据。

考虑塑性变形的不可压缩性，具有体积不变性，即：

$$l_0 A_0 = lA \tag{4.1}$$

式中，l 为试件长度；A 为试件横截面积；l_0 为试件原始长度；A_0 为试件原始横截面积。

① 名义应力应变与真应力应变的关系

$$\varepsilon_{nom} = \frac{\Delta l}{l_0}, \sigma_{nom} = \frac{F}{A} \tag{4.2}$$

$$\varepsilon_{true} = \int_{l_0}^{l} \frac{\Delta l}{l_0} = \ln\left(\frac{l}{l_0}\right) = \ln(1 + \varepsilon_{nom}) \tag{4.3}$$

$$\sigma_{true} = \frac{F}{A} = \frac{F}{A_0 \dfrac{l_0}{l}} = \sigma_{nom}(1 + \varepsilon_{nom}) \tag{4.4}$$

式中，ε_{nom} 为名义应变；σ_{nom} 为名义应力；Δl 为长度变化量；F 为载荷；ε_{true} 为真应变；σ_{true} 真应力。

② 真应变与塑性应变的关系

真应变 ε_{ture} 由塑性应变 ε_{pl} 和弹性应变 ε_{el} 两部分构成。解决塑性成形问题时需要使用塑性应变 ε_{pl}。

$$\varepsilon_{pl} = |\varepsilon_{ture}| - |\varepsilon_{el}| = |\varepsilon_{ture}| - \frac{|\sigma_{true}|}{E} \tag{4.5}$$

上述各量在 ABAQUS 分析结果中所对应的变量为：

式中，σ_{true}——Mises 应力；

ε_{true}——对数应变 LE。

注意：对于几何非线性问题（NLGEOM＝yes），ABAQUS 在 ODB 文件中默认输出对数应变 LE，即真应变 ε_{true}，对于几何线性问题（NLGEOM＝no），ABAQUS 在 ODB 文件中默认输出总应变 E。

ε_{el}——弹性应变 EE。

ε_{pl}——塑性应变分量 PE。

ε_{nom}——名义应变 NE。

ABAQUS 中通过依次点击 Property→Create Material→Mechanical→Plasticity→Plastic，来定义大部分金属的塑性变形行为。

注意：ABAQUS 输出量中 $PEEQ$ 为等效塑性应变，$PEMAG$ 为塑性应变。当加载过程中主应力方向和比值不变即为比例加载时，大多数材料的 $PEMAG$ 和 $PEEQ$ 相等。这两个量的区别在于，$PEMAG$ 描述的是变形过程中某一时刻的塑性应变，与加载历史无关，而 $PEEQ$ 是整个变形过程中塑性应变的累积结果。PEEQ 大于 0 表明材料发生了屈服。

4.1.2　屈服准则

材料屈服是物理现象，受力物体内质点处于单向应力状态时，只要单向应力达到材料的屈服点，则该质点开始由弹性状态进入塑性状态，即处于屈服。材料在单向均匀拉伸时，当拉伸应力达到该材料的拉伸屈服点 σ_s 时，则拉伸试样开始产生塑性变形。

在多向应力状态下，不能用一个应力分量来判断受力物理内质点是否进入塑性状态，而必须同时考虑所有的应力分量。在一定的变形条件（变形温度、变形速度等）下，只有当各应力分量之间符合一定关系时，质点才开始进入塑性状态，这种关系称为屈服准则，也即塑性条件，是描述受力物体中不同应力状态下的质点进入塑性状态并使塑性变形继续进行所必须遵守的力学条件。按照屈服点的不同特性，将塑性材料分为如下类别，如图 4.5 所示。

① 理想弹性材料。物体发生弹性变形时，应力和应变完全呈线性关系，如图 4.5（a）（b）（d），并可假定它从弹性变形过渡到塑性变形是突然的。

② 理想塑性材料。材料发生塑性变形时不产生硬化的材料，这种材料在进入塑性状态之后，应力不再增加，也即在中性载荷时即可连续产生塑性变形，如图 4.5（b）（c）。

③ 弹塑性材料。在研究材料塑性变形时，需要考虑塑性变形之前的弹性变形的材料。理想弹塑性材料，即在塑性变形时，需考虑塑性变形之前的弹性变形，而不考虑硬化的材料，如图 4.5（b），表示材料在进入塑性状态后，应力不再增加可连续产生塑性变形。弹塑性硬化材料，在塑性变形时，既要考虑塑

材料成形过程数值模拟
基础与应用

性变形之前的弹性变形，又要考虑加工硬化的材料，如图4.5（d）。这类材料在进入塑性状态后，如应力保持不变，则不能进行持续变形，只有在应力不断增加的加载条件下才能连续产生塑性变形。

④ 刚塑性材料。在研究塑性变形时不考虑塑性变形之前的弹性变形的材料。分为两种情况：理想刚塑性材料，在研究塑性变形时，既不考虑弹性变形，又不考虑变形过程中的加工硬化，如图4.5（c）；刚塑性硬化材料，在研究塑性变形时，不考虑弹性变形，但需考虑变形过程中的加工硬化，如图4.5（e）。

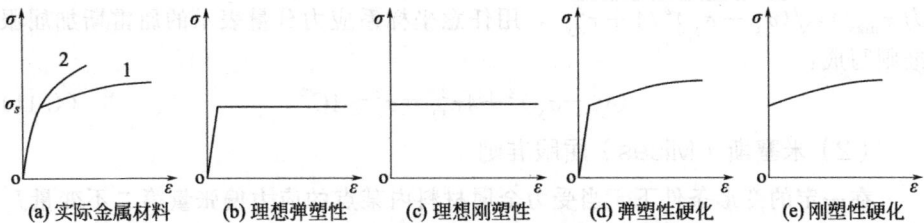

图4.5　真实应力-应变曲线及其简化形式
1—有物理屈服点；2—无物理屈服点

实际金属材料在拉伸曲线的比例极限以下是理想弹性的，金属材料在慢速热变形时接近理想塑性，冷变形时则一般都要产生加工硬化。部分材料在拉伸曲线上有明显的物理屈服点，这时曲线上的屈服平台部分接近于理想塑性，过了平台之后，材料才开始硬化。

（1）屈雷斯加（H. Tresca）屈服准则：最大切应力不变条件

该准则认为材料的屈服与最大切应力有关，当受力材料最大切应力达到一定值时发生屈服。而最大切应力只取决于材料在变形条件下的性质，与应力状态无关。屈雷斯加屈服准则表达如下：

$$\tau_{\max} = \left| \frac{\sigma_{\max} - \sigma_{\min}}{2} \right| = C \tag{4.6}$$

式中，$\sigma_{\max}$、$\sigma_{\min}$ 分别为最大和最小的主应力；C 是与变形条件下材料性质有关而与应力状态无关的常数，它可通过单向均匀拉伸试验获得。在某一变形温度和变形速度条件下，材料单向均匀拉伸时，当拉伸应力 σ_1 达到材料屈服点 σ_s 时，开始进入塑性状态，此时

$$\sigma_{\max} = \sigma_1 = \sigma_s, \sigma_{\min} = 0 \tag{4.7}$$

将式（4.7）代入式（4.6），解得

$$C = \frac{\sigma_s}{2} \tag{4.8}$$

则
$$\tau_{\max} = \frac{\sigma_s}{2} = C \tag{4.9}$$

当规定主应力大小顺序为 $\sigma_1 \geqslant \sigma_2 \geqslant \sigma_3$ 时，则屈雷斯加屈服准则表达式为：

$$\begin{cases} \sigma_1 - \sigma_2 = 2C = \sigma_s \\ \sigma_2 - \sigma_3 = 2C = \sigma_s \\ \sigma_3 - \sigma_1 = 2C = -\sigma_s \end{cases} \tag{4.10}$$

上式中只要满足一个，该点即进入塑性状态。

当主应力状态未知时对于平面变形以及主应力为异号的平面应力问题，因为 $\tau_{\max} = \sqrt{(\sigma_x - \sigma_y)^2/4 + \tau_{xy}^2}$ ，用任意坐标系应力分量表示的屈雷斯加屈服准则写成：

$$(\sigma_x - \sigma_y)^2 + 4\tau_{xy}^2 = \sigma_s^2 = 4C^2 \tag{4.11}$$

（2）米塞斯（Mises）屈服准则

在一定的变形条件下，当受力金属材料内某点的应力偏张量第二不变量 J_2' 达到某一定值时，就开始进入塑性状态：

$$J_2' = \frac{1}{6}[(\sigma_1 - \sigma_2)^2 + (\sigma_2 - \sigma_3)^2 + (\sigma_3 - \sigma_1)^2] = L \tag{4.12}$$

常数 L 与应力状态无关，可由单向应力状态求得。当材料单轴均匀拉伸时，有：

$$\sigma_1 = \sigma_s, \sigma_2 = \sigma_3 = 0 \tag{4.13}$$

将式（4.13）代入式（4.12），解得：

$$L = \frac{1}{3}\sigma_s^2 \tag{4.14}$$

在纯剪切应力状态时，即：

$$\tau_{xy} = \sigma_1 = -\sigma_3 = T \tag{4.15}$$

将式（4.15）代入式（4.12），解得 $L = T^2$，$T = \sigma_s/\sqrt{3}$ ，则：

$$(\sigma_1 - \sigma_2)^2 + (\sigma_2 - \sigma_3)^2 + (\sigma_3 - \sigma_1)^2 = 2\sigma_s^2 = 6T^2 \tag{4.16}$$

在一定的变形条件下，当受力物体内一点的等效应力达到临界值时，该点开始进入塑性状态。

米塞斯屈服准则和屈雷斯加屈服准则实际上是相当接近的，在有两个主应力相等的应力状态下两者一致。对绝大多数金属材料，米塞斯屈服准则更接近于试验数据。现对两个屈服准则综合比较如下：

① 一般韧性材料（如铜、镍、铝、中碳钢、铝合金、铜合金等）与米塞斯屈服准则符合较好；有些材料（如退火软钢）与屈雷斯加准则符合较好。符合哪一个准则要看具体材料性质。

② 当主应力大小顺序预知时，屈雷斯加屈服函数为线性的。若使用修正系数来考虑中间应力的影响，则米塞斯屈服准则可写成：

$$\sigma_1 - \sigma_3 = \eta\sigma_s \tag{4.17}$$

式中，$\eta = \dfrac{2}{\sqrt{3 + \mu_\sigma^2}}$ 为中间主应力影响系数。

式（4.17）为简化的能量条件。与屈雷斯加屈服准则 $\sigma_1 - \sigma_3 = \sigma_s$ 在形式上仅差应力修正系数 η。当应力状态确定时，η 为一常数，这时根据应力状态所得 μ_σ 值加以修正即可。由 π 平面上的屈服轨迹可知，在单向受拉或受压及轴对称应力状态（$\sigma_2 = \sigma_3$）时，$\eta = 1$，两个屈服准则重合；在纯切状态和平面应变状态时，$\eta = 1.155$，两者差别最大。故系数 η 在 $1 \sim 1.155$ 范围内，受力物体内各点的应力状态不同，η 的数值在 $1 \sim 1.155$ 之间选取。因此，两个屈服准则可以写出统一的数学表达式：

$$\sigma_{\max} - \sigma_{\min} = \eta\sigma_s \tag{4.18}$$

当 $\eta = 1$ 时，即为屈雷斯加屈服准则；当 $\eta \neq 1$ 时，即为米塞斯屈服准则。

两个屈服准则的相同点在于：

① 屈服准则的表达式都和坐标的选择无关，等式左边都是不变量的函数；

② 三个主应力可以任意置换而不影响屈服，同时，认为拉应力和压应力的作用是一样的；

③ 各表达式都和应力球张量无关。

两个屈服准则的不同点是：

① 屈雷斯加屈服准则没有考虑中间应力的影响，三个主应力大小顺序不知时，使用不便；

② 米塞斯屈服准则考虑了中间应力的影响，使用方便。

屈雷斯加屈服准则和米塞斯屈服准则只适用于各向同性理想塑性材料。

4.1.3 硬化准则

硬化准则是材料在变形中的加工硬化规律，它规定了材料进入塑性变形后的后继屈服面的形状、大小、位置随塑性变形的发展而变化的规律。

（1）Isotropic 各向同性硬化

对于应变硬化材料，可以认为其初始屈服仍然服从前述准则。当材料产生应变硬化后，屈服准则将发生变化，在变形过程中的某一瞬间，都有一后续的瞬间屈服表面和屈服轨迹。各向同性硬化的假设即为"等向强化"模型，这是最常见的一种硬化假设，其要点是：

① 材料应变硬化后仍然保持各向同性。

② 应变硬化后屈服轨迹（屈服面）的中心位置和形状保持不变，只是大小随变形的进行而同心地均匀扩大，如图 4.6 所示。屈服轨迹的形状和中心位置由应力状态函数决定，而材料的性质决定了轨迹的大小。

（2）Kinematic 随动硬化

随动硬化模型后继屈服轨迹的形状与大小都不变，只有位置不断变化，如图 4.7 所示。

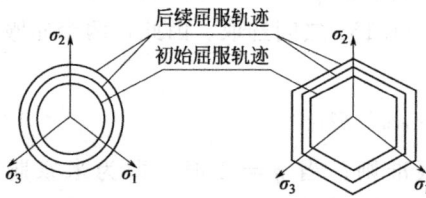

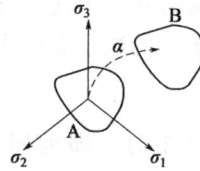

图 4.6　各向同性硬化材料的屈服轨迹　　图 4.7　随动硬化材料的屈服轨迹

（3）Johnson-cook 模型

由 Johnson 和 cook 提出的适用于描述金属材料在大变形、高应变率和高温条件下的材料强化模型，常用于动力学有限元分析中。

其表达式为：

$$\sigma = \left[A + B\varepsilon_p^n \right] \left[1 + C\ln\frac{\dot{\varepsilon}}{\dot{\varepsilon}_0} \right] \left[1 - \left(\frac{T - T_0}{T_m - T_0} \right)^m \right] \tag{4.19}$$

式中，σ 为 Mises 等效应力；ε_p 为等效塑性应变；$\dot{\varepsilon}$ 为应变率；$\dot{\varepsilon}_0$ 为参考应变率；T 为材料温度；T_0 为室温；T_m 为材料熔点；A 为材料在准静态下的初始屈服强度；B 为加工硬化模量；n 为应变硬化指数；C 为应变率敏感指数；m 为温度软化系数。当不考虑应变率和温度的影响时，方程简化为：

$$\sigma = A + B\varepsilon_p^n \tag{4.20}$$

（4）Combined 混合硬化

单一的各向同性硬化模型或者随动硬化模型都是材料真实硬化行为的极端情况。真实的金属材料硬化行为通常是各向同性硬化与随动硬化行为的组合。实际情况是大多数金属材料的塑性变形过程中屈服面既有大小变化也有位置变化，即为混合硬化。混合硬化材料的屈服轨迹如图 4.8 所示。

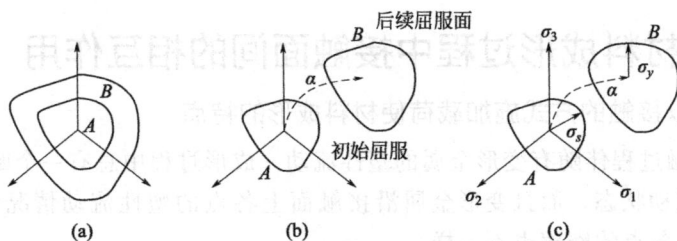

图 4.8 混合硬化材料的屈服轨迹

4.1.4 成形过程的损伤与断裂

金属材料中，存在原生缺陷，如疏松、缩孔残余、偏析、第二相和夹杂物质点、杂质等。这些缺陷，特别是夹杂物或杂质质点一般都处于晶界处，带有这些缺陷的材料，在塑性成形中，当施加的外载荷达到一定程度时，在应力应变场中，有夹杂物或第二相质点等缺陷的晶界处，由于塑性变形的位错塞积或缺陷本身的分裂而形成微观孔洞，这是微观损伤。通常用孔洞体积比来表示损伤量。当孔洞随外载荷的增大而长大、聚集，最后形成裂纹或与已有裂纹连接，从而导致成形件破坏，这是宏观断裂。

4.2
材料成形过程的接触

两个或多个部件接触时，物体间存在沿接触面法向的相互作用力。如果接触面间存在摩擦，沿接触面的切线方向也会产生剪力以抵抗物体间切向运动（滑动）。接触模拟通常的目标是确定接触面积及计算所产生的接触压力。

在有限元中，接触条件是一类特殊的不连续约束，它允许力从模型的一部分传递到另一部分。因为只有当两个表面接触时才用到接触条件，所以这种约束是不连续的。当两个接触的面分开时，就不再存在约束作用。因此，分析方法必须能够判断什么时候两个表面是接触的，并且采用相应的接触约束。分析方法也必须能判断什么时候两个表面分开并解除接触约束。

在 ABAQUS 接触分析过程中，必须在模型的各个部件上创建可能接触的面。一对彼此可能接触的面，称为接触对，必须被标识。最后各接触面服从的本构模型必须定义。定义这些接触面间相互作用的摩擦行为。

4.2.1 材料成形过程中接触面间的相互作用

（1）以接触的方式施加载荷使材料成形的特点

① 接触过程伴随有变形金属的塑性流动。成形过程中总有一个摩擦物表面处于塑性流动状态，而且变形金属沿接触面上各点的塑性流动情况各不相同，在接触面上各点的摩擦也不一样。

② 接触面上压强高。

③ 实际接触面积大。由于采用接触加载的方式致使接触面上凸起部分被压平，因而实际接触面积接近名义接触面积，使摩擦力增大。

④ 不断有新的摩擦面产生。材料成形过程中，原来非接触面在变形过程中会成为新的接触表面。例如，镦粗时，由于不断形成新的接触表面，工具与变形金属的接触表面随着变形程度的增加而增加。

⑤ 常在高温下产生摩擦。

（2）材料成形过程中摩擦的分类

根据坯料与工具的接触表面之间的润滑状态，把摩擦分为三种类型，即干摩擦、边界摩擦、流体摩擦。由三种摩擦派生出混合摩擦。

① 干摩擦。当变形金属与工具之间的接触表面上不存在任何外来的介质，直接接触时所产生的摩擦称为干摩擦。以上定义是绝对理想的干摩擦，在实际生产中接触表面总会产生氧化膜或吸附一些气体、灰尘等介质，因此通常所说的干摩擦指不加任何润滑剂的摩擦。

② 边界摩擦。当坯料与工具之间的接触表面上加润滑剂时，随着接触压力的增加，坯料表面凸起部分被压平，润滑剂被挤入凹坑中，被封存在凹坑形成极薄润滑膜。接触表面处于被单分子膜隔开的状态，称为边界润滑，其摩擦属性称为边界摩擦。

③ 流体摩擦。当变形金属与工具表面之间的润滑剂较厚，两表面完全被润滑剂隔开，此时的润滑状态称为流体润滑，这种状态下的摩擦称为流体摩擦。流体摩擦与干摩擦和边界摩擦有本质区别，其摩擦特性与所加润滑剂的性质有关，而与接触表面的状态无关。

（3）接触表面摩擦力的数学表达式

① 库仑摩擦条件。不考虑接触面上的黏合现象，认为摩擦符合库仑定律，即摩擦力与接触面上的正压力成正比，其数学表达式为

$$T = \mu P \text{ 或 } \tau = \mu\sigma \tag{4.21}$$

式中，T 为摩擦力；μ 为外摩擦系数；τ 为摩擦切应力；σ 为接触面上的正压应力。外摩擦系数 μ 的值根据实验来确定。

库仑摩擦模型适用于正压力不太大、变形量较小的冷成形工序。

② 常摩擦力条件。接触面上的摩擦切应力 τ 与被加工金属的剪切屈服强度 K 成正比，即

$$\tau = mK \tag{4.22}$$

式中，m 为摩擦因子，取值范围为 $0 \leqslant m \leqslant 1$，若 $m = 1$，即 $\tau = \tau_{\max} = K$，称为最大摩擦力条件。

在热塑性成形时，常采用最大摩擦力条件。在用有限元法分析塑性成形过程时，一般采用常摩擦力条件，采用这一条件，事先不需知道接触面上的正压应力分布情况，比较方便。

4.2.2　ABAQUS 中定义接触

接触面之间的相互作用包含两个部分：一部分是接触面的法向作用，另一部分是接触面的切向作用。切向部分包括接触面间的相对运动（滑动）和可能的摩擦剪应力。

（1）接触面法向性质

两个面之间分开的距离称为间隙。当两个面之间的间隙变为 0，接触约束就起作用了。在接触问题的公式中，对接触面之间相互传递接触压力的大小未作任何限制。当接触压力变为 0 或负值时，接触面分离，约束就被撤出。这个行为称为"硬"接触。

（2）摩擦

当表面接触时，就像传递法向力一样，接触面间要传递切向力。所以分析时需要考虑阻止面之间相对滑动趋势的摩擦力。库仑摩擦是常用的描述接触面相互作用的摩擦模型。这个模型用摩擦系数 μ 来描述两个表面间的摩擦行为。乘积 $\mu\Psi$ 给出了接触面之间摩擦剪应力的极限值，这里 Ψ 是两接触面之间的接触压力。直到接触面之间的剪应力达到摩擦剪应力的极限 $\mu\Psi$ 时，接触面间才发生相对滑动。大多数表面的 μ 通常小于单位 1。图 4.9 中的实线描述了库仑摩擦模型的行为：当它们黏结在一起，即剪应力小于 $\mu\Psi$ 时，表面间的相对运动（滑移）量为 0。

在分析过程中，在黏结和滑移两种状态间的不连续性，可能导致收敛问题。只有在摩擦力对模型的响应有显著的影响时才应该在分析中考虑摩擦。如果在有摩擦的接触分析中出现收敛问题，

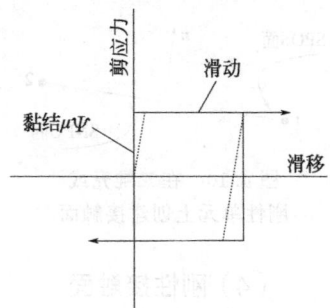

图 4.9　摩擦特性

首先必须尝试改进的方法之一就是重新进行没有摩擦的分析。

模拟真实的摩擦行为是非常困难的，因此在默认情况下，ABAQUS 使用一个允许"弹性滑动"的罚函数摩擦公式，见图 4.9 中的虚线。"弹性滑动"是指表面黏结在一起时所发生的小量相对运动。ABAQUS 会自动选择罚刚度（虚线的斜率），从而这个允许的"弹性滑动"值只有单元特征长度非常小的部分那么大。罚函数摩擦公式适用于大多数问题，其中包括大部分金属成形问题。在那些必须包括理想黏结-滑动摩擦行为问题中，可以使用"Lagrange"摩擦公式。使用"Lagrange"摩擦公式需要花费更多的计算机资源，其原因是在使用"Lagrange"摩擦公式时 ABAQUS 需对每个摩擦接触的表面节点额外增加变量。另外，解的收敛会很慢，通常也需要更多的迭代。

通常刚开始滑动与滑动中的摩擦系数是不同的。前者称为静摩擦系数，后者称为动摩擦系数。在 ABAQUS/Standard 中用指数衰减规律来模拟静和动摩擦系数的变化。

在模型中考虑了摩擦，就会在求解的方程组中增添不对称项。如果 μ 值小于 0.2，不对称项的值及其影响非常小，一般而言，采用正规的、对称求解器求解的效果还是很好（接触面的曲率很大除外）。在摩擦系数较大时，会自动调用非对称求解器求解，因为它将改进收敛速度。非对称求解器所需的计算机内存和硬盘空间是对称求解器的两倍。

在 ABAQUS 中定义两个结构之间接触的第一步是创建面。接着成对地创建可能相互接触面之间的相互作用。每一个相互作用调用一个接触属性。接触间的压力-间隙关系及摩擦性质都是接触属性的一部分。

（3）定义接触面

接触面是通过可能成为接触面的单元面来生成的。

① 在实体单元上的接触面。对于二维和三维实体单元，可以指定部件的区域形成接触面或由 ABAQUS 自动确定部件的自由面。对于前者可选择部件副本的面形成接触面，对于后者在定义接触面时只需简单地选择整个部件副本，ABAQUS 将略去实体内单元，只保留与表面有关的单元。

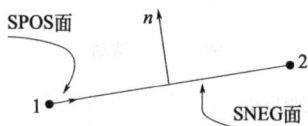

图 4.10　在二维壳或刚性单元上创建接触面

② 在壳、膜和刚性单元上的接触面。对于壳、膜和刚性单元，必须指明单元的哪个面来形成接触面。单元正法向方向的面称为 SPOS，而单元负法向方向的面则称为 SNEG，如图 4.10 所示。

（4）刚性接触面

刚性接触面是刚性体的表面。刚性接触面可以定义为一个解析面或者基于刚性体的单元表面定义。

解析刚性接触面有三种基本形式。在二维模型中给出的解析刚性接触面是一个二维的分段刚性面。接触面的横截面轮廓线可在二维平面上用直线、圆弧和曲线定义。三维的刚性接触面的横截面可用相同的方式在用户指定的平面上定义。

解析刚性接触面的优点在于只用少量的几个点便可定义，并且计算效率高。但在三维情况下，创建的形状受到限制。

离散形式的刚性面是基于构成刚性体单元的，这样它可以创建比解析刚性面更为复杂的刚性接触面。离散的刚性面创建方法与可变形体的面创建方法相同。

（5）小滑动（Small sliding）与有限滑动（Finite sliding）

在分析时 ABAQUS 对小滑动量和有限滑动量做了区分。接触面间小滑移量问题的计算量较小。

① 小滑动。当一点与一表面接触时，只要这点滑动量不超过一个典型单元尺度的很小部分，就可以近似地认为是"小滑动"。在分析开始时刻，ABAQUS 就确定了各个从面节点与主面是否接触、与主面的哪个区域接触，并在整个分析过程中保持这些关系不变，因此计算成本较低。

② 有限滑动。如果两个接触面之间的相对滑动或转动量较大，就应该选择有限滑动，它允许接触面之间出现任意大小的相对滑动和转动。在分析过程中，ABAQUS 将会不断地判断各个从面节点与主面的哪一部分发生了接触，因此计算成本较高。

（6）接触相互作用

在 ABAQUS 模拟分析中，通过给接触相互作用赋予面的名字来定义两个面之间可能的接触。在定义接触相互作用时，必须指定相对滑动量是小量还是有限量。默认设置是较为普遍的有限滑动公式。如果两个表面相对滑动的量比单元面特征尺度小得多时，使用小滑动公式使计算的效率更高。

每个接触相互作用必须调用接触属性，这与每个单元必须调用单元属性的方式相同。接触属性可包括诸如摩擦这样的本构关系。

（7）从面和主面

ABAQUS 使用单纯的主-从接触算法：从面上的节点不能侵入主面的任何部分，具体见图 4.11。但该算法对主面没有做限制，主面可以在从面的节点之间侵入从面，如图 4.11 所示。

因为存在严格的主-从关系，所以必须小心地选择主从接触面以获得最佳的接触分析结果。一些简单的规则如下：

① 从面应该是网格划分得更精细的面。

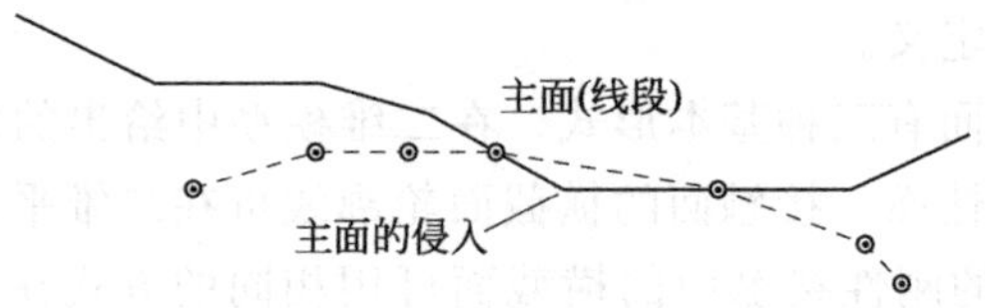

图 4.11　主面可以侵入从面

② 如果主、从面的网格密度相近，从面应定义在较软的材料部件上。

（8）单元选择

为接触分析选择单元时，最好是在那些将会形成从面的模型部分用一阶单元。

对于作用的压力，一阶单元的各等效节点力总是与其正负号和量值一致。因此，由节点力所表示的给定力的分布与接触状态之间没有歧义性。

如果几何形状复杂并需要用自动剖分形成网格时，在 ABAQUS 中应该用修正的二阶四面体单元（C3D10M），C3D10M 单元设计为专门用于复杂接触的分析。标准的二阶四面体（C3D10）的角节点接触力为零，这样将导致接触压力的预测值很差，因此 C3D10 单元不应该在接触问题中使用。而修正的四面体单元（C3D10M）可以计算出精确的接触压力。

4.2.3　接触算法

理解 ABAQUS 的接触算法有助于理解和诊断输出文件中的信息和成功地进行接触分析。图 4.12 所示为 ABAQUS/Standard 中用的接触逻辑流程图。该算法是建立在 Newton-Raphson 技术的基础之上。

ABAQUS 在每个增量步开始之前检查所有接触相互作用状态，以判断从属节点是脱开还是接触。在图 4.12 中 p 表示从属节点上的接触压力，h 表示从属节点对主面的侵入距离。如果一个节点是接触的，ABAQUS 确定它是在滑动还是黏结。ABAQUS 对每个接触节点加以约束，而对那些接触状态从接触到脱开变化的节点撤除约束。然后 ABAQUS 再次进行迭代并用计算修正值来改变模型。

在检验力或力矩的平衡前，ABAQUS 先检查从属节点上接触状态的变化。若节点在迭代后间隙变为负或零，则它的状态由脱开变为接触。若节点在迭代后接触压力变为负的，则它的状态则由接触变为脱开。如果检测到当前迭代步的接触状态有变化，ABAQUS 将它标识为严重不连续迭代（severe discontinuity iteration），且不进行平衡检验。

在第一次迭代结束后，ABAQUS 通过改变接触约束来反映接触状态的改变，然后进行第二次迭代。ABAQUS 重复这个过程，直到接触状态不再变化才结束迭代。

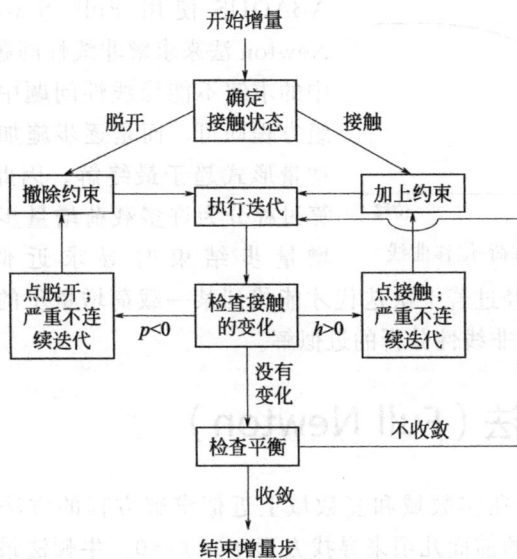

图 4.12　接触分析逻辑流程图

接着的迭代为第一次平衡迭代，并且 ABAQUS 进行正常的平衡收敛检查。如果收敛检查失败，ABAQUS 将进行另一次迭代。每当一个严重不连续迭代发生时，ABAQUS 将内部平衡迭代计数器重新置零。这个平衡迭代的计数用于确定是否因收敛慢而放弃这个增量步。ABAQUS 重复整个过程直至获得收敛的结果。

在信息和状态文件中，每完成一个增量步就会总结显示有多少次严重不连续迭代和多少次平衡迭代。增量步的总迭代数是这两者之和。

通过区分这两类迭代，可以看到 ABAQUS 非常适合处理接触计算和完成平衡迭代。如果严重不连续迭代数很多，而只有很少的平衡迭代，那么 ABAQUS 对确定合适的接触状态就会出现困难。在默认情况下，ABAQUS 会放弃那些超过 12 个严重不连续迭代的增量步，而改用更小的增量步。如果没有严重不连续迭代，接触状态从一个增量步到另一个增量步之间没有改变。

4.3
非线性问题的求解方法

结构的非线性载荷-位移曲线如图 4.13 所示。分析的目标是确定其响应。

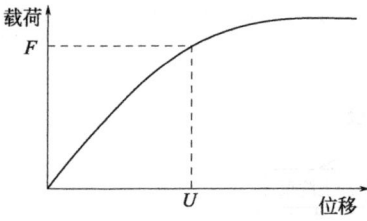

图 4.13　非线性载荷-位移曲线

ABAQUS 使 用 Full Newton 法 和 Quasi-Newton 法来求解非线性问题。在非线性分析中的求解不能像线性问题中那样，只求解一组方程即可，而是逐步施加给定的载荷，以增量形式趋于最终解。因此 ABAQUS 将计算过程分为许多载荷增量步，并在每个载荷增量步结束时寻求近似的平衡构形。ABAQUS 通常要经过若干次迭代才能找到某一载荷增量步的可接受解。所有增量响应的和就是非线性分析的近似解。

4.3.1　牛顿法（Full Newton）

牛顿法是一种在实数域和复数域上近似求解方程的方法。方法使用函数 $f(x)$ 的泰勒级数的前面几项来寻找方程 $f(x)=0$。牛顿法最大的特点就在于它的收敛速度很快。

首先，选择一个接近函数 $f(x)$ 零点的 x_0，计算相应的 $f(x_0)$ 和切线斜率 $f'(x_0)$（f' 为函数 f 的导数）。然后我们计算穿过点 $[x_0,f(x_0)]$ 并且斜率为 $f'(x_0)$ 的直线和 x 轴的交点的 x 坐标，也就是求如下方程的解：

$$xf'(x_0)+f(x_0)-x_0f'(x_0)=0 \tag{4.23}$$

将新求得的点的 x 坐标命名为 x_1，通常 x_1 会比 x_0 更接近方程 $f(x)=0$ 的解。现在可以利用 x_1 开始下一轮迭代。迭代公式可化简如下：

$$x_{n+1}=x_n-\frac{f(x_n)}{f'(x_n)} \tag{4.24}$$

已经证明，如果 f' 是连续的，并且待求的零点 x 是孤立的，那么在零点 x 周围存在一个区域，只要初始值 x_0 位于这个邻近区域内，那么牛顿法必定收敛。并且，如果 $f'(x)$ 不为 0，那么牛顿法将具有平方收敛的性能。粗略地说，这意味着每迭代一次，牛顿法结果的有效数字将增加一倍。

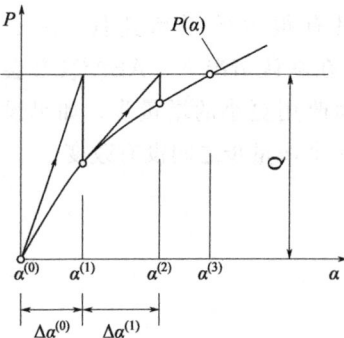

图 4.14　牛顿法的搜索路径

由于牛顿法是基于当前位置的切线来确定下一次的位置，所以牛顿法又被很形象地称为是"切线法"。牛顿法的搜索路径如图 4.14 所示。一般情况下具有良好的收敛性。

　材料成形过程数值模拟基础与应用

4.3.2 拟牛顿法（Quasi Newton）

拟牛顿法是求解非线性优化问题最有效的方法之一。拟牛顿法的本质思想是改善牛顿法每次需要求解复杂的 Hessian 矩阵的逆矩阵的缺陷，它使用正定矩阵来近似 Hessian 矩阵的逆，从而简化了运算的复杂度。拟牛顿法和最速下降法一样只要求每一步迭代时知道目标函数的梯度。通过测量梯度的变化，构造一个目标函数的模型使之足以产生超线性收敛性。这类方法大大优于最速下降法，尤其对于困难的问题。另外，因为拟牛顿法不需要二阶导数的信息，所以有时比牛顿法更为有效。

拟牛顿法的基本思想如下。首先构造目标函数在当前迭代 x_k 的二次模型：

$$m_k(p) = f(x_k) + \nabla f(x_k)^\mathrm{T} p + p^\mathrm{T} B_k p / 2$$
$$p_k = -B_k^{-1} \nabla f(x_k) \tag{4.25}$$

这里 B_k 是一个对称正定矩阵，取这个二次模型的最优解作为搜索方向，并且得到新的迭代点：

$$x_{k+1} = x_k + a_k p_k \tag{4.26}$$

其中要求步长 a_k 满足 Wolfe 条件。这样的迭代与牛顿法类似，区别就在于用近似的 Hessian 矩阵 B_k 代替真实的 Hessian 矩阵。所以拟牛顿法最关键的地方就是每一步迭代中矩阵 B_k 的更新。现在假设得到一个新的迭代 x_{k+1}，并得到一个新的二次模型：

$$m_{k+1}(p) = f(x_{k+1}) + \nabla f(x_{k+1})^\mathrm{T} p + p^\mathrm{T} B_{k+1} p / 2 \tag{4.27}$$

尽可能地利用上一步的信息来选取 B_k。具体地，要求

$$\nabla f(x_{k+1}) - \nabla f(x_k) = a_k B_{k+1} p_k \tag{4.28}$$

从而得到

$$B_{k+1}(x_{k+1} - x_k) = \nabla f(x_{k+1}) - \nabla f(x_k) \tag{4.29}$$

这个公式被称为割线方程。

4.3.3 分析步、增量步和迭代步

清楚地理解分析步、增量步和迭代步的区别是很重要的。

（1）分析步

模拟计算的加载过程包含单个或多个步骤，所以要定义分析步。它一般包含分析过程选择、载荷选择和输出要求选择。而且每个分析步都可以采用不同的载荷、边界条件、分析过程和输出要求。例如：

步骤 1：将板材夹于刚性夹具上。

步骤 2：加载使板材变形。

步骤 3：确定变形板材的自然频率。

（2）增量步

增量步是分析步的一部分。在非线性分析中，一个分析步中施加的总载荷被分解为许多小的增量，这样就可以按照非线性求解步骤来进行计算。当提出初始增量的大小后，ABAQUS 会自动选择后继的增量大小。每个增量步结束时，结构处于（近似）平衡状态，结果可以写入输出数据库文件、重启动文件、数据文件或结果文件中。选择某一增量步的计算结果写入输出数据库文件的数据称为帧（Frames）。

（3）迭代步

迭代步是在一增量步中找到平衡解的一种尝试。如果模型在迭代结束时不是处于平衡状态，ABAQUS 将进行另一轮迭代。随着每一次迭代，ABAQUS 得到的解将更接近平衡状态。有时 ABAQUS 需要进行许多次迭代才能得到一平衡解。当平衡解得到以后一个增量步才完成，即结果只能在一个增量步的末尾才能获得。

4.3.4 自动增量控制

ABAQUS 自动调整载荷增量步的大小，因此它能便捷而有效地求解非线性问题。用户只需在每个分析步计算中给出第一个增量的大小，ABAQUS 会自动调整后续增量的大小。若用户未提供初始增量大小，ABAQUS 会试图将该分析步的全部载荷都作为第一增量步载荷来施加，这样在高度非线性的问题中 ABAQUS 不得不反复减小增量大小，从而导致 CPU 时间的浪费。一般来说，提供一个合理的初始增量大小将是有利的。只有在很平缓的非线性问题中才可能将一分析步中的所有载荷施加于一个增量步中。

在一个载荷增量里得到收敛解所需的迭代步数会随系统的非线性程度而变化。默认情况下，如果在 16 次迭代中仍不收敛或出现发散，ABAQUS 会放弃当前增量步，并将增量大小置为先前值的 25%，重新开始计算，即利用比较小的载荷增量来尝试找到收敛的解。若此增量仍不收敛，ABAQUS 将再次减小增量大小。ABAQUS 允许一增量步中最多有五次增量减小，否则就会中止分析。

如果增量步的解在少于五次迭代时就收敛，这表明找到解答相对很容易。因此如果连续两个增量步只需少于五次的迭代就可以得到收敛解，ABAQUS 自动将增量大小提高 50%。

4.3.5 ABAQUS 显式算法与隐式算法

有限元求解的显式（Explicit）和隐式（Implicit）算法是根据对时间积分方法的不同而分类的两种有限元方程求解算法。

显式算法用于动态问题的分析，对于大型问题或复杂的接触情况，采用中心差分法解决动力学问题被称为显式算法，显式求解是对时间进行差分，不存在迭代和收敛问题，最小时间步取决于最小单元尺寸（在建模划分网格时要注意网格不要太细小）。过多和过小的时间步导致求解时间非常漫长，但总能给出一个计算结果，这是显式算法的优势。

隐式算法采用 Newmark 数字积分方法来解决问题。隐式求解和时间无关，其具体做法为：隐式求解需要求解非线性方程组，通过迭代方法求得近似解（线性问题就直接求解线性代数方程组）。任一时刻的位移、速度、加速度都相互关联，这就使得运动方程的求解变成一系列相互关联的非线性方程的求解，这个过程必须通过迭代和求解联立方程组才能实现。隐式求解法可能遇到的两个问题：一是迭代过程的不收敛；二是联立方程组可能出现病态矩阵导致无解或无穷解。

两种算法在离散方法和单元类型选择、材料本构关系确定、应力/应变计算、硬化方式处理等方面是相似的，区别是求解方程的方法和时间步长的确定采用不同方式，接触条件处理和回弹计算也有所不同。

① 因为显式算法显式地向前推进模型的状态，所以不需要隐式算法所必需的迭代过程和收敛准则，每个增量的计算成本很低，所需要的计算机资源大大降低。

② 考虑到显式算法的时间增量步长很小，因而可以很容易地捕捉复杂的接触状态变化过程以及其他一些极度不连续的非线性事件。因此，采用显式算法可以很容易地模拟复杂接触条件和其他一些极度不连续的情况，并且能够一个节点、一个节点地求解而不必迭代。为了平衡在接触时的外力和内力，可以调整节点加速度。而采用隐式算法，为了跟踪接触状态的变化，需进行大量的迭代，导致计算量猛增，并且有可能不收敛。

③ 显式算法中小的时间增量步长能够精确地捕捉高速动力学过程，因此显式算法特别适用于模拟高速动力学问题，如爆炸、冲击等瞬态过程。而隐式算法则无条件稳定，能提供一个动态载荷平衡的并行稀疏求解器，是弱非线性和线性动力学分析的重要工具。

④ 显式与隐式的区别。

求解时间：显式＞隐式。

内存空间：显式＜隐式。

收敛性：显式＞隐式。

显式与隐式分析并没有明确的使用范围。有的问题可以使用显式，也可以使用隐式，都可以得到合理的解。通常来说，显式特别适用于求解需要分成许多的时间增量来达到高精度的高度动力学问题，诸如冲击、碰撞、爆破以及复杂的非线性问题，使用显式计算的优势较为明显。

综上所述，显式算法广泛应用于高速动力学问题、复杂接触问题、复杂的后屈曲问题、高度非线性的准静态问题以及材料的退化和失效等问题。隐式算法是弱非线性和线性动力学分析的重要工具，比显式算法更适合进行回弹和残余应力分析。对于金属塑性成形过程，通常都属于包含复杂接触边界条件的高度非连续非线性的准静态问题，因此显式算法特别适合于求解该类问题。

4.3.6　塑性性能的输入

① 逐点输入。采用逐点递增输入真实应力-塑性应变的方式，如图 4.15 所示。如知道的是名义应力和名义应变需要用式（4.3）或式（4.4）转换一下再

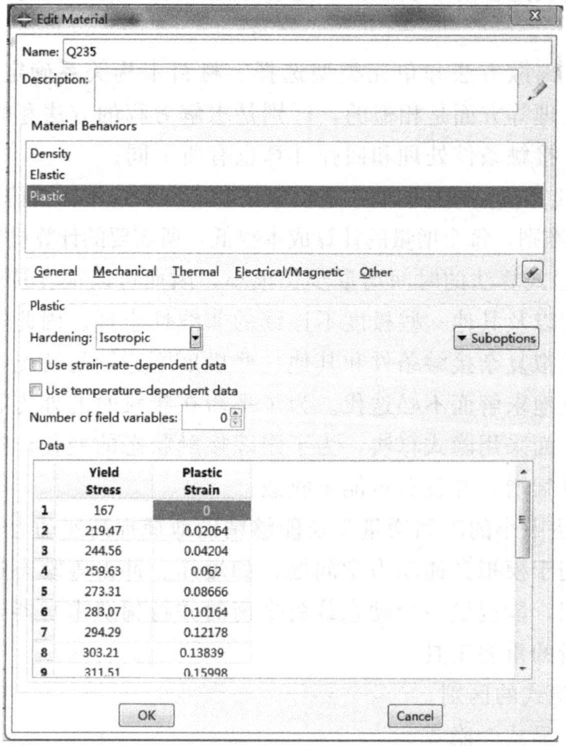

图 4.15　逐点递增输入真实应力-塑性应变

材料成形过程数值模拟
基础与应用

输入。由于可以直接从实验值中提取表示塑性性能的值，所以这种方法较为常用。数据点之间值由线性插值获得。

注意：第一行的 Plastic Strain 必须填 0。

② 输入本构方程参数，构成完整曲线。

4.4
非线性问题计算实例

4.4.1　实例 1：自由镦粗

在进行自由镦粗实验时，圆柱体试样高40mm，直径 25mm，压缩变形后高度变为20mm，如图 4.16 所示。将压头看作刚体，试样材质为 Q235，材料密度 $\rho = 7.85 \times 10^{-9}$ t/mm^3，弹性模量 $E = 232540$MPa，泊松比 $\nu = 0.31$。塑性变形过程应力-应变参数如表 4.1 所示，模拟计算该试样镦粗过程，得出MISES 最大应力值，并指出该最大应力值所在的区域。

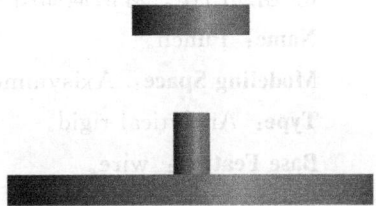

图 4.16　镦粗实验模型

表 4.1　Q235 应力-应变参数

应力/MPa	塑性应变	应力/MPa	塑性应变	应力/MPa	塑性应变
167	0	311.51	0.15998	367.36	0.3183
219.47	0.02064	320.21	0.17766	373.05	0.3379
244.56	0.04204	328.78	0.20152	378.31	0.3576
259.63	0.062	337.31	0.22132	383.85	0.3816
273.31	0.08666	343.295	0.23952	387.6	0.4007
283.07	0.10164	348.45	0.25766	389.75	0.4181
294.29	0.12178	355.42	0.2799	390.88	0.4455
303.21	0.13839	362.73	0.303		

根据结构和载荷的特点，进行轴对称建模，将三维问题简化成二维问题。采用 SI（mm）量纲。

（1）Part

① 创建零件（**Create Part**）。创建零件对话框如图 4.17 所示。

Name：Specimen。

Modeling Space：Axismmetric（轴对称）。

Type：Deformable。

Base Feature：Shell。

Approximate size：80。

点击左侧工具区 □ 绘制顶点坐标为（0,40）和（12.5,0）的矩形，如图 4.18 所示。利用 ABAQUS 已有的过原点的竖直构造线，过（0,0）点做垂线为轴对称部件的旋转轴。

② 创建凸模。对话框如图 4.19 所示。

Name：Punch。

Modeling Space：Axisymmetric。

Type：Analytical rigid。

Base Feature：wire。

Approximate size：90。

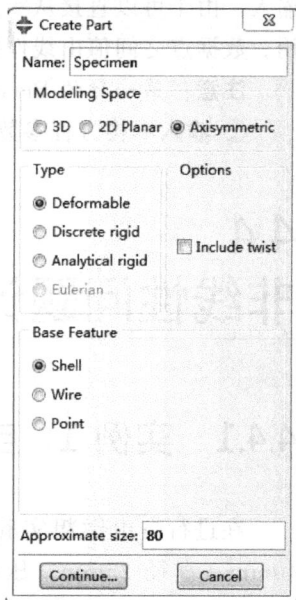

图 4.17　创建零件对话框

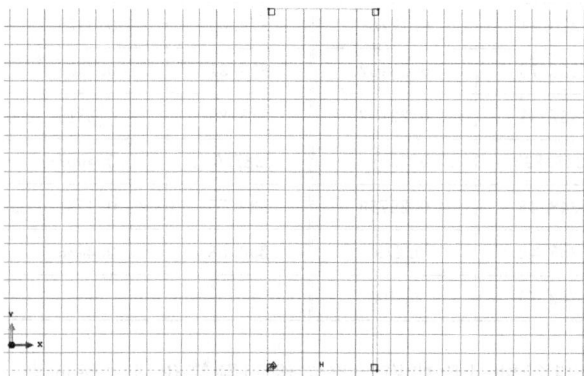

图 4.18　镦粗件的草绘图

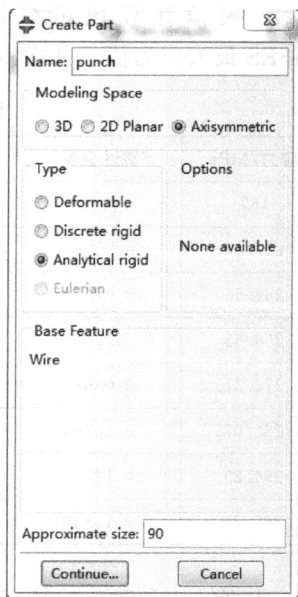

图 4.19　零件 Punch 创建对话框

注意：离散刚体（Discrete rigid）与解析刚体（Analytical rigid）的区别。

• 离散刚体可以模拟任何形状的物体。零件形状复杂时用离散刚体。类似于可变形体，可用于接触分析。离散刚体必须划分网格（R）。对于离散刚体，要在发生接触的部位划分足够细的网格，以保证不出现大的尖角，而解析刚体则不需要。

• 解析刚体仅用于建立壳或曲线，不能模拟任何形状的物体，当模拟简单的刚体使用时，为接触分析提供刚性表面。接触时考虑使用解析刚体，可有效避免由于刚体网格划分太粗造成的摩擦力不准。解析刚体不需要划分网格。解析刚体在不考虑温度的情况下使用，计算速度快；在考虑温度对材料或者其他方面影响的情况下使用计算效率较离散刚体低。

• 但它们都是刚体，只在 RP 上积分，外形只是用来判断接触用的。

点击左侧工具区 绘制一条直线，顶点为（0，45）和（40，45），代表压头的底面。为保证压头与试样接触，压头画得足够大。创建好的二维 Punch 如图 4.20 所示。

指定刚体部件的参考点，在菜单栏中选择 Tools-Reference Point，点击凸模的中点。参考点在视图区显示一个黄色的叉，旁边标以 RP-Punch。参考点的重命名在模型树 RP 处右击即可，如图 4.21 所示。

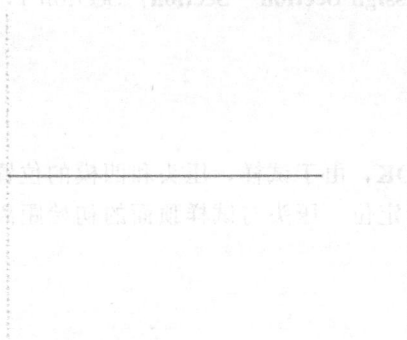

RP-Punch

图 4.20 创建好的二维 Punch   图 4.21 参考点及其重命名

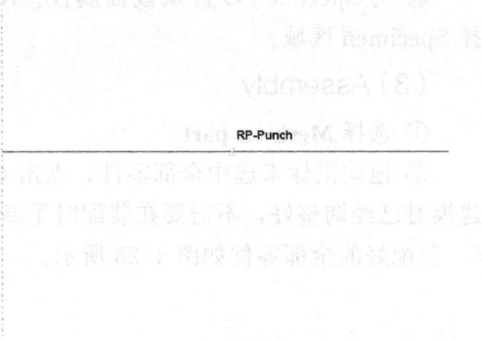

③ 创建凹模。

Name：Die。

Modeling Space：Axisymmetric。

Type：Analytical rigid。

Base Feature：wire。

Approximate size：90。

点击左侧工具区 绘制一条直线，顶点为（0，0）和（45，0），代表凹模的底面。为保证压头与试样接触，凹模应画得足够大。

指定刚体部件的参考点，在主菜单中选择 **Tools→Reference Point**，点击压头的中点。参考点在视图区显示一个黄色的叉，旁边标以 RP-die。

（2）Property

使用 mm-N-s-MPa-MJ 量纲，注意单位的换算和结果的单位。

① 创建材料 Q235。

Name：Q235。

Density：7.85E－9。

Elastic：E＝232540，泊松比＝0.31。

Plastic：逐点输入表 4.1 中的值。

② 创建截面属性。虽然模型是简化的二维模型，但截面仍然具有三维特征，因此 Category 仍然选 Solid。截面设置如图 4.22 所示。

Name：Section-1。

Category：Solid。

Type：Homogeneous。

Material：Q235。

Plane stress/strain thickness：1。

③ 为 Specimen 零件赋截面属性。**Assign Section→Section**：Section-1，选择 Specimen 区域。

（3）Assembly

① 选择 **Mesh on part**。

② 拖动鼠标来选中全部零件，点击 **OK**，由于试样，压头和凹模的位置在建模时已经调整好，不需要在装配时重新定位。压头与试样顶面的初始距离为5。装配好的全部零件如图 4.23 所示。

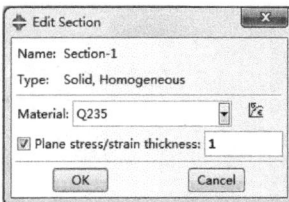

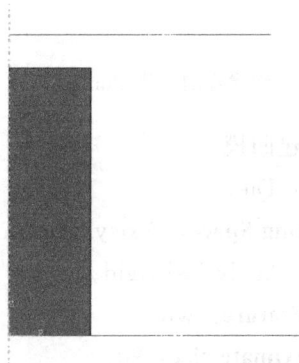

图 4.22　截面设置　　　　图 4.23　装配好的全部零件

（4）Step

当模拟过程包含多个步骤时，即模拟过程采用不同的载荷、边界条件、分析过程和输出要求，我们设置多个分析步，是对加载过程的人为分段。分析步设置如图 4.24 所示。

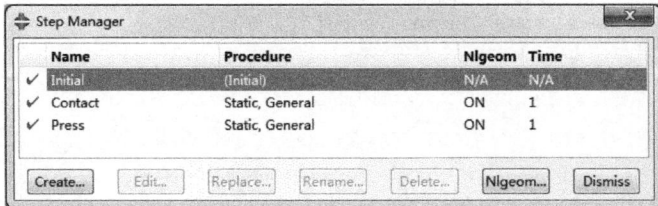

图 4.24　分析步设置

① 起始步（系统默认），作用：施加边界条件。

② 第一步（接触分析步），作用：建立压头与试样的接触。

Procedure type：General ，Static General。

Name：Contact。

Nlgeom：On。

其余选项默认。

③ 第二步（施加位移载荷步），作用：压头下压镦粗试样。

Procedure type：General ，Static General。

Name：Press。

Nlgeom：On。

Incrementation：initial（初始增量步）＝0.06667；Maximum（最大增量步）＝0.06667。表示此分析步分为 15 个时间增量步，每个增量步长为 1/15＝0.06667。分析步的增量步定义如图 4.25 所示。

（5）Interaction

① 定义各接触面。为方便接触面的选择和让面具备明显的接触意义，首先定义面（Surface）：**Tools→surface→Create**。

Name：Surf-Specimen-top，选择试样顶线。

Name：Surf-Specimen-bottom，选择试样端线。

Name：Surf-Punch，选择压头线。

Name：Surf-Die，选择凹模线。

Name：Surf-Specimen，选择试样侧面线。

各 Surface 位置及注释如图 4.26 所示。

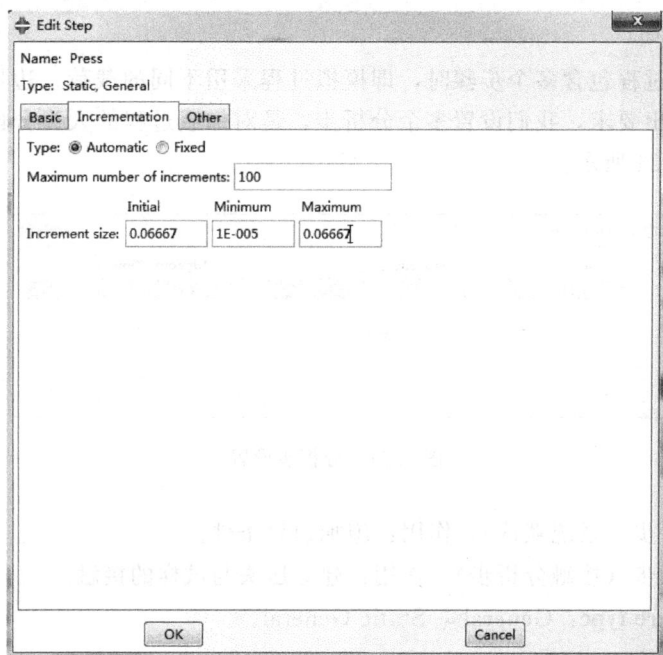

图 4.25　分析步的增量步定义

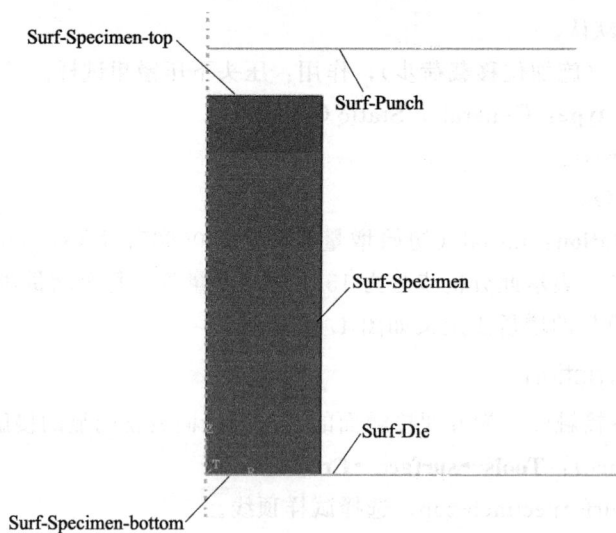

图 4.26　Surface 位置及注释

　　由于 Punch 和 Die 是解析刚体，要求确定接触的面，窗口底部提示区显示
［图标］ Choose a side for the edges: Magenta Yellow 。根据视图中的紫色和黄色选择接触面。本例中选
择图 4.27 和图 4.28 中所指位置为接触面，意即这是与工件接触的部分。

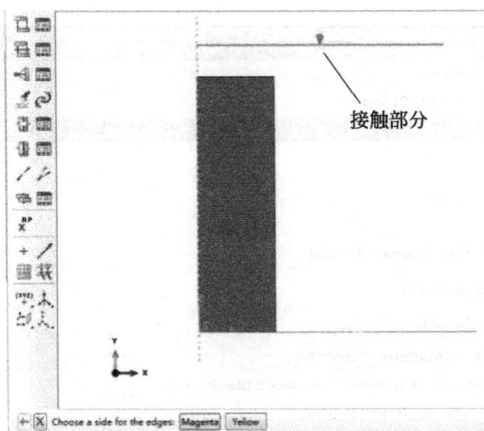

图 4.27 Punch 接触面的定义

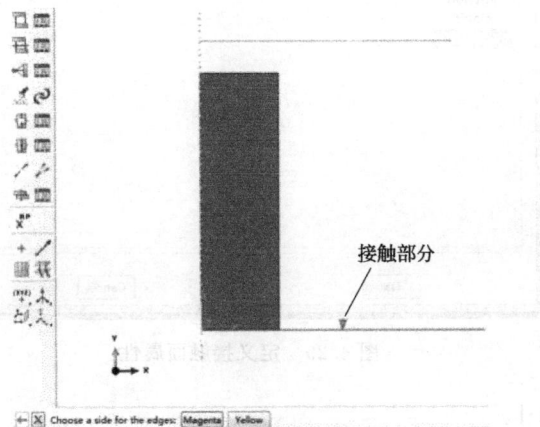

图 4.28 Die 接触面的定义

② 定义接触属性。点击 ▦ **Create Interaction Property** → **Name**：IntProp-1，**Type**：Contact → Continue。

接触属性采用罚函数摩擦公式，定义摩擦系数为 0.31。**Mechanical** → **Tangential Behavior** → **Friction formulation**：Penalty → **Friction Coeff**：0.31。设置如图 4.29 所示。

③ 定义工具与试样的接触。由于接触分别在 Punch 与 Specimen-top 和 Die 与 Specimen-bottom 发生，因此应分别设置接触对。同时试样镦粗后，外表面有部分会与工具接触，为防止穿透，应设置接触，设置接触在 Contact 步开始。

步骤 1：定义 Punch 与 Specimen-top 的接触。点击创建 ▦ **Create interaction**。

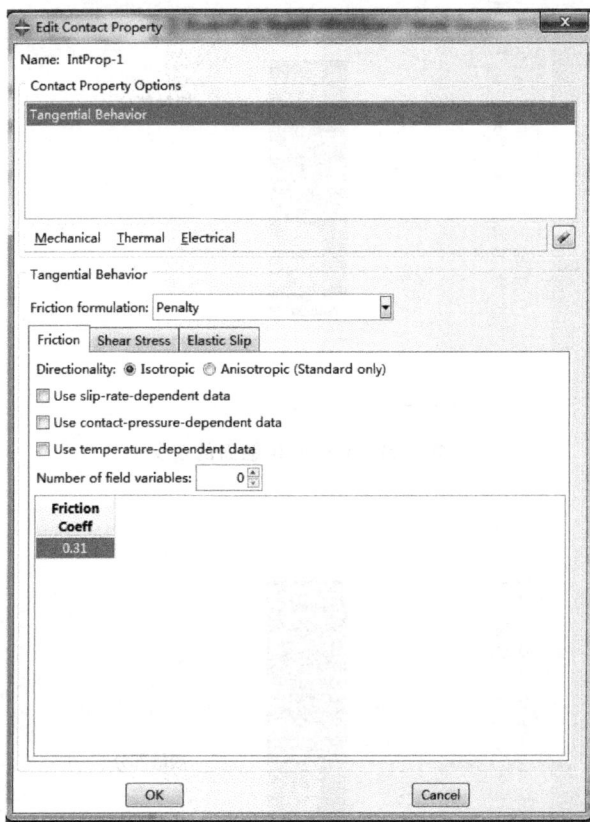

图 4.29 定义接触面属性

Name：Int-1。

Step：Contact。

Types for selected step：Surface-to-Surface contact。

Select the master surface（主面）：将前面定义好的 Surfaces：Surf-Punch 定为主面。

Choose the slave type（从面）：点选 **Surface**，选择前面定义的 Surf-Specimen-top 定为从面。

注意：定义主面从面的原则：刚体上的硬面定为主面，变形体上的软面定为从面。

Surf-Punch 与 Surf-Specimen-top 的接触对定义如图 4.30 所示。

定义好后主面用红色表示，从面用紫色表示，并可以互换 ⇤⇥。

其余选项不变，保持各项默认参数不变（**Sliding formulation**：**Finite sliding**）。

材料成形过程数值模拟
基础与应用

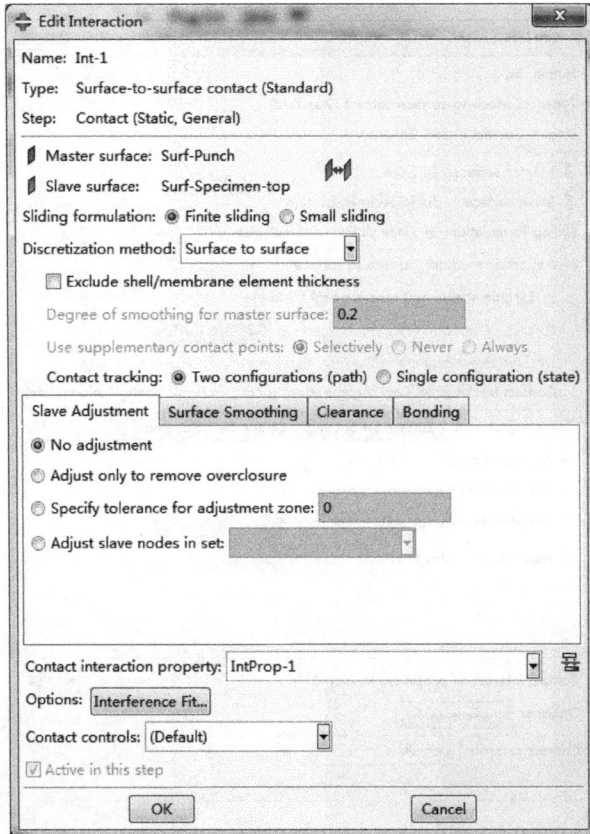

图 4.30 Surf-Punch 与 Surf-Specimen-top 的接触对定义

步骤 2：定义 Die 与 Specimen-bottom 的接触。

Create interaction。

Name：Int-2。

Step：Contact。

Types for selected step：Surface-to-Surface contact。

Select the master surface（主面）：将前面定义好的 Surfaces：Surf-Die 定为主面。

Choose the slave type（从面）：点选 **Surface**，选择前面定义的 Surf-Specimen-bottom 定为从面。

Surf-Die 与 Surf-Specimen-bottom 的接触对定义如图 4.31 所示。

步骤 3：按同样的方法定义试样的外表面与工具的接触。定义的接触对如图 4.32 所示。

Int-3：Surf-Punch 与 Surf-Specimen 接触。

Int-4：Surf-Die 与 Surf-Specimen 接触。

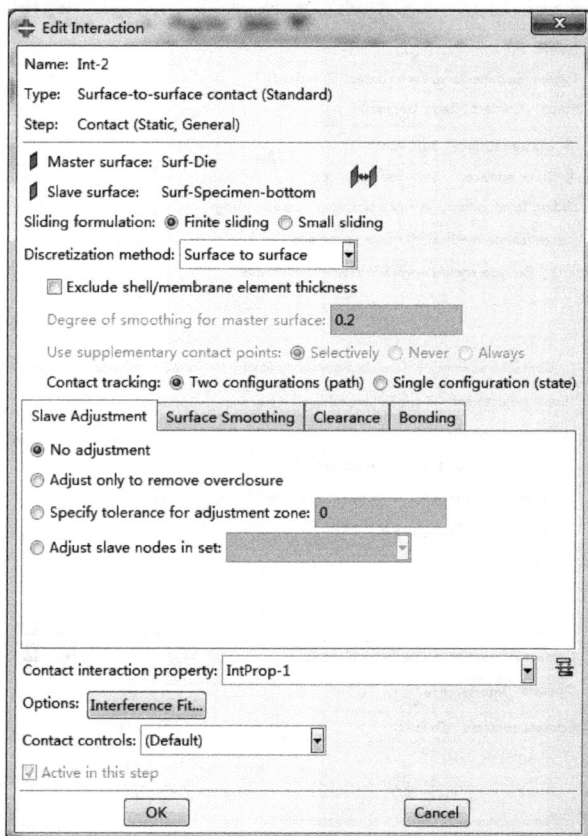

图 4.31 Surf-Die 与 Surf-Specimen-bottom 的接触对定义

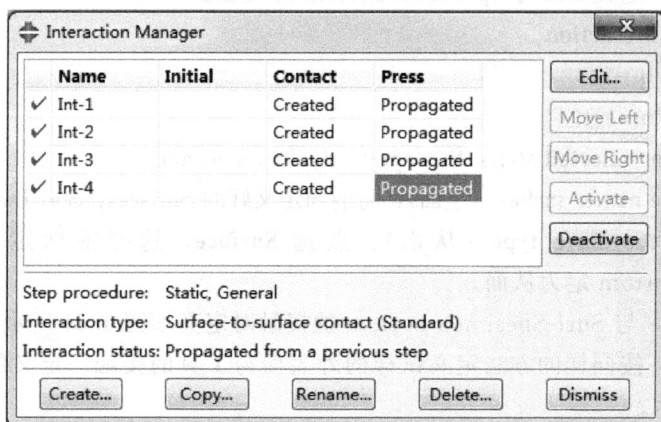

图 4.32 定义的四个接触对

（6）LOAD

进入 Load 模块，按照分析步定义加载。

① Initial 步。在起始步定义静止的初始状态。

步骤 1：定义对称约束。

为方便选择加载位置，首先先建立集合，定义集合 Set-Fix-X，选择作为对称轴的边，如图 4.33 所示。

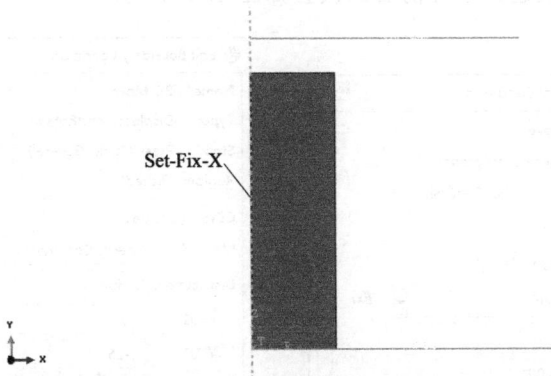

图 4.33 定义集合 Set-Fix-X

在 Load 模块中，**Tools→Set→Create→Name**：Set-Fix-X。

约束试样对称轴位移 **Create Boundary Condition→Create→Name**：BC-Fix-X，**Step**：Initial，**Category**：Mechanical→**Types for Selected Step**：**Symmetry/Antisymmetry/Encastre**→选择 **Set-Fix-X→XSYMM**。

步骤 2：定义约束凹模的全部位移。

依次选择 **Create Boundary Condition→Create → Name**：BC-Fix-Die，**Step**：Initial，**Category**：Mechanical→**Types for Selected Step**：**Symmetry/Antisymmetry/Encastre→**选择参考点 **RP-Die→Encastre**，如图 4.34所示。

② Contact 分析步。在 Contact 分析步定义边界条件约束。

Create Boundary Condition→Create→Name：BC-Move，**Step**：Contact，**Category**：Mechanical → **Types for Selected Step**：**Displacement/Rotation**，选择参考点 RP-

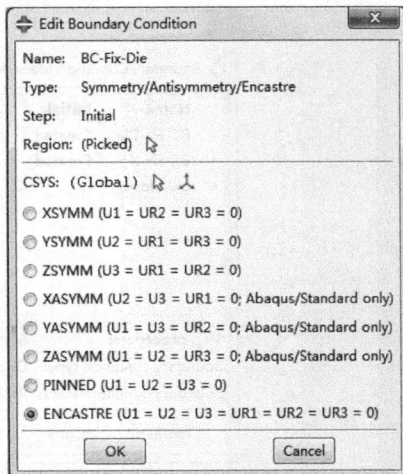

图 4.34 边界条件设置

Punch→U1＝0，U2＝－5.001，UR3＝0。设置如图 4.35 所示，沿 y 轴方向的凸模下压量设置为－5.001，理论下压量应为 5，这里多设置的 0.001 是为确保凸模与试样完全接触。"－"号表示沿坐标轴负方向位移。

③ Press 分析步。在 Press 分析步更改边界条件约束。

Boundary Condition Manager→选择 BC-Move 行 Press 列，**Edit**→U2＝－25，如图 4.36 所示。这里的位移 25 是全局位移，包括在 Contact 分析步的位移 5.001。更改边界条件前后的设置如图 4.37 所示。

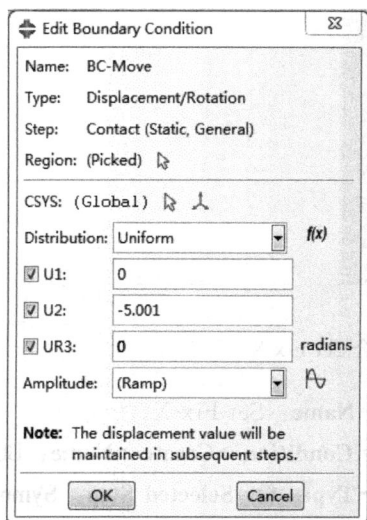

图 4.35　建立 BC-Move 边界条件

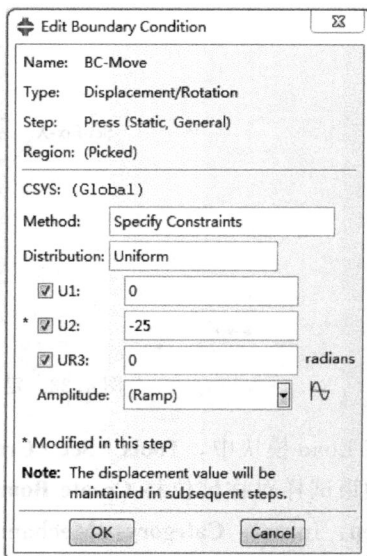

图 4.36　U2 的更改设置

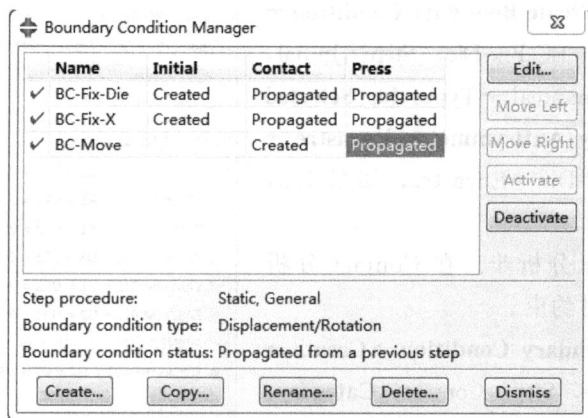

图 4.37　更改边界条件前后的设置

（7）MESH

① 撒种子 **Seed Part**。全局种子设置如图 4.38 所示。

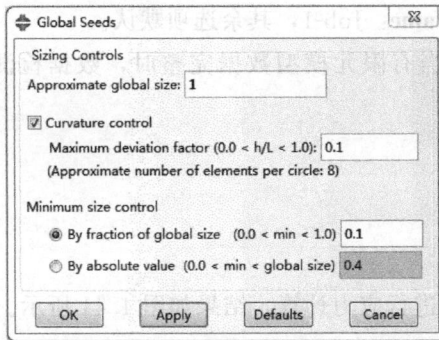

图 4.38　全局种子设置

② 单元控制属性。**Assign Mesh Controls → Element Shape**：Quad → **Technique**：Structured → **OK**。Specimen 区域变成绿色，可进行结构化网格划分。

③ 选网格类型。**Assign Element Type**，由于镦粗后试样出现鼓肚现象，为更好适应曲面特征，采用减缩积分的二次单元 CAX8R，单元设置如图 4.39 所示。

④ 划分网格（**Mesh Part**）。网格划分如图 4.40 所示。

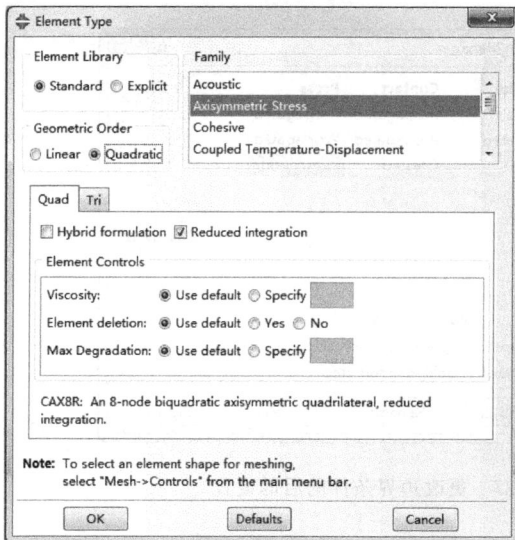

图 4.39　单元类型设置　　　　　　　图 4.40　网格划分

（8）Job

① **Create Job→Name**：Job-1，其余选项默认。

② **Data Check**。当有限元模型数据完整时，数据检测成功，状态显示为
Check Completed。

③ **Submit**。

（9）计算

（10）后处理

① 按以上条件，进行应力计算，结果如图 4.41 所示。

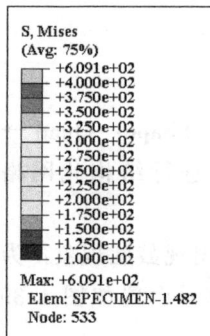

Max: +6.091e+002
图 4.41　模拟结果

② 去掉试样外表面与模具接触的结果。在 interaction 模块删除 Int-3 和 Int-4，会出现穿透现象，其结果如图 4.42 所示。

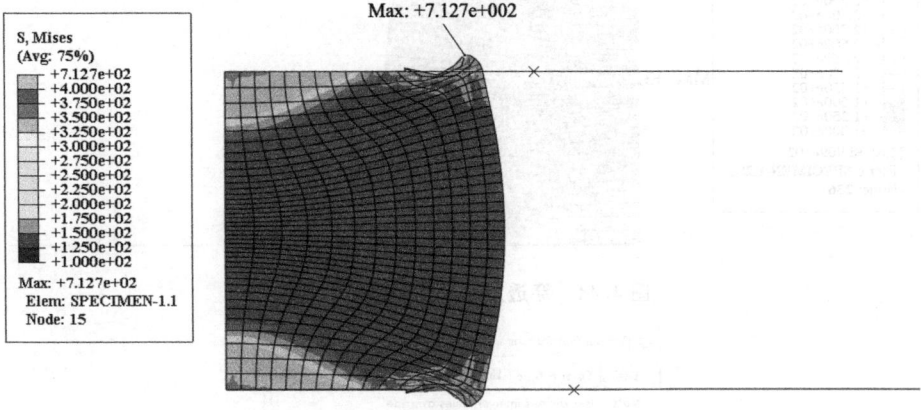

图 4.42　穿透模具的模拟结果

③ 接触条件完整但选择线性单元的结果。选择 CAX4R 线性单元进行计算，模拟结果如图 4.43 所示。

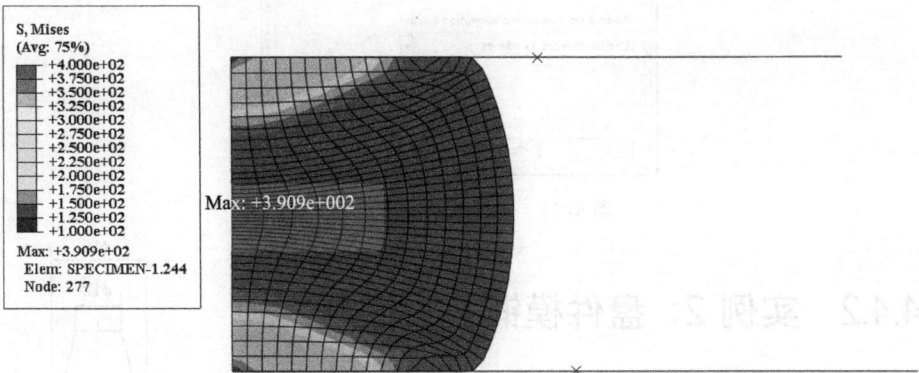

图 4.43　选择线性单元的模拟结果

④ 去掉试样外表面与模具接触并选择线性单元的结果。在 interaction 模块删除 Int-3 和 Int-4，选择 CAX4R 线性单元，模拟结果如图 4.44 所示。

为便于比较，将结果显示最大值设定为 400MPa，最小值设定为 100MPa，**Contour Plot Options** 设置如图 4.45 所示，结果溢出的部分显示为灰色。从结果中可以看出，如不设置试样外表面与工具的接触将出现渗透的情况，设置二次单元能够更好地模拟曲面特征及尖角处的应力值。

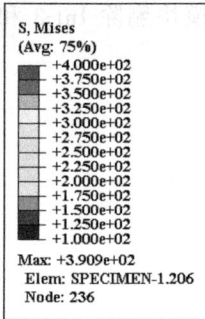

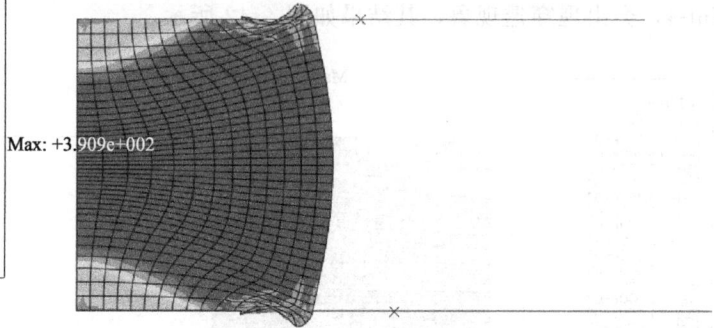

图 4.44　穿透及曲面模拟不佳的结果

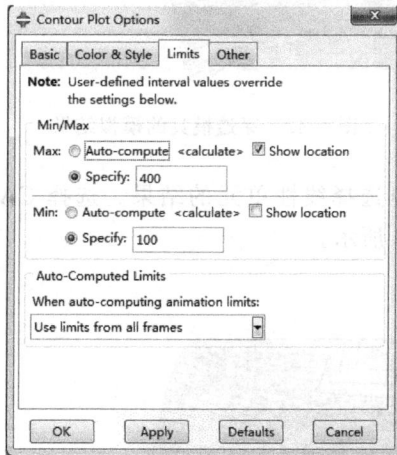

图 4.45　结果显示最大值设定

4.4.2　实例 2: 盘件模锻

扫码看视频

利用开式模锻成形柱状零件，柱件尺寸如图 4.46 所示。

柱状零件由坯料尺寸为 $\phi12\times30.5\text{mm}$ 的铅棒模锻成形。为利于材料流动，开式模锻的终锻型腔周边有飞边槽，材料沿锻件分模面周围形成横向飞边。试样材质为铅，材料密度 $\rho=11.3\times10^{-9}\text{t/mm}^3$，弹性模量 $E=4457\text{MPa}$，泊松比 $\nu=0.42$。铅的应力-应变参数如表 4.2 所示。

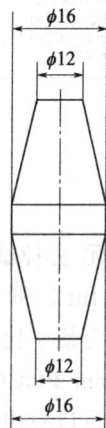

图 4.46　柱状零件及主要尺寸

表 4.2　铅的应力-应变参数

应力/MPa	塑性应变	应力/MPa	塑性应变	应力/MPa	塑性应变
48.3004	0.00	51.91	0.04	52.7314	0.09
50.9451	0.01	52.1852	0.06	52.8671	0.11
51.3597	0.02	52.4601	0.07	53.003	0.12
51.6349	0.03	52.596	0.08		

锻造属于体积成形，塑性变形量较大，尤其在材料挤入飞边槽过程中，材料的流动剧烈。采用 ALE 网格自适应方法来模拟这一变形过程。ALE 网格自适应方法被称为任意拉格朗日-欧拉方法，结合了单纯的拉格朗日方法与欧拉方法的分析特征，主要是用来使网格在整个分析过程中不出现因受力的变化而产生巨大的扭曲与变形。其原理是不改变原有网格的拓扑结构，即不改变单元和节点的数目和连接关系，而是在分析步的求解过程中适当调整网格位置，根据设定的频率对网格进行重划分以改善网格的质量，很大程度上避免了严重畸变，这种方法对大变形分析有利。

（1）Part

采用 3D Analytical rigid（解析刚体）的形式建立上下模模腔模型，变形坯料以 3D 可变变形体的形式建模型，采用 SI（mm）量纲。

① 创建 Punch。

Create Part。

Name：Punch。

Modeling Space：3D。

Type：Analytical rigid。

Base feature：Revolved shell。

Approximate size：100。

点击左侧工具区 **Create lines**：**Connected**。绘制点坐标为（0,38），（6,38），（8,23），（9.41,23）的直线。做过（45,22.5），（29,22.5），（29,25.5）点的直线。做过（29,25.5）的水平线与过点（9.41,23）、夹角为 45°的斜线相交，在交点处做 R2 的倒圆角。45°的斜线利用过点和夹角的构造线来做。过（0,0）点做垂线为轴对称部件的旋转轴。

随后在（8,23）点做 R0.5 的倒圆角。在（9.41 ,23）点做 R1 的倒圆角。部分尺寸如图 4.47 所示。

指定刚体部件的参考点，在主菜单中选择 **Tools-Reference Point**，点击凸模的顶面中点。参考点在视图区显示一个黄色的叉，旁边标以 RP-Punch。创建好的 Punch 及参考点如图 4.48 所示。

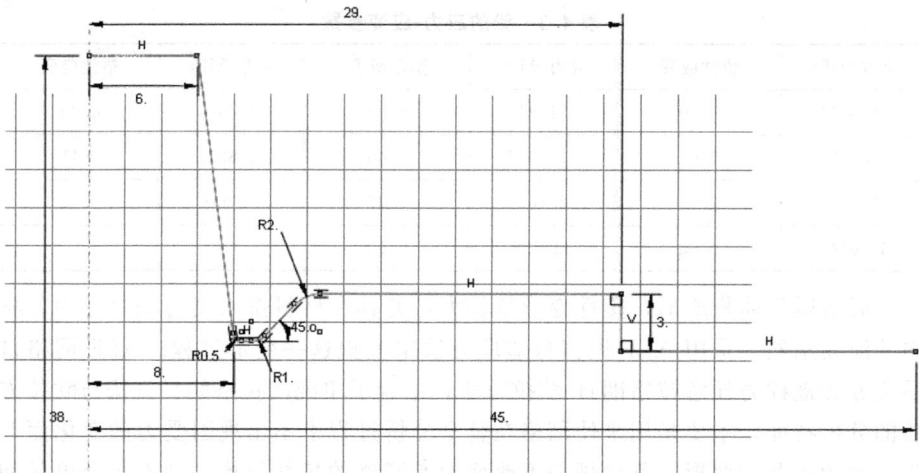

图 4.47　Punch 草绘部分尺寸

图 4.48　零件 Punch 及参考点

② 创建 Die。

Create Part。

Name：Die。

Modeling Space：3D。

Type：Analytical rigid。

Base feature：Revolved shell。

Approximate size：100。

点击左侧工具区 **Create lines：Connected**。绘制点坐标为 (0，−15)，(6，−15)，(8，0)，(50，0) 的直线。随后在 (8，0) 点做 R1 的倒圆角。过 (0，0) 点做竖直构造线为轴对称部件的旋转轴。部分尺寸如图 4.49 所示。

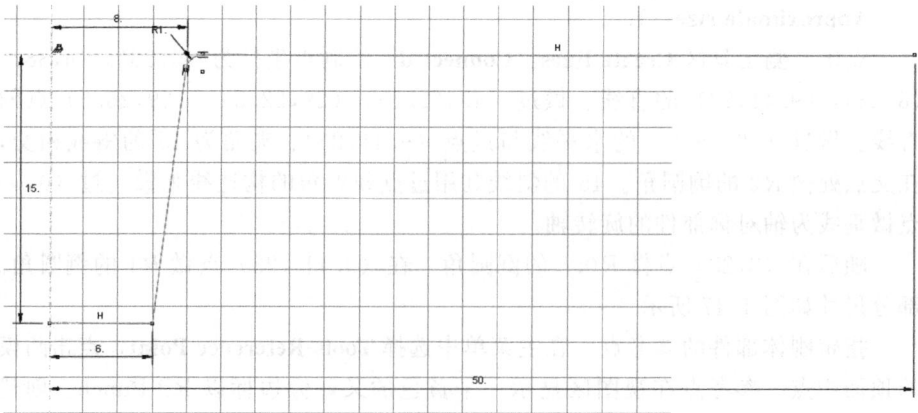

图 4.49　Die 零件部分草绘尺寸

指定刚体部件的参考点，在主菜单中选择 **Tools→Reference Point**，点击凸模的顶面中点。参考点在视图区显示一个黄色的叉，旁边标以 RP-Die。创建好的 Die 及参考点如图 4.50 所示。

③ 创建铅块。

Create Part。

Name：Specimen。

Modeling Space：3D。

Type：Deformable。

Shape：Solid。

Base feature type：Revolution。

Approximate size：100。

点击左侧工具区 **Create lines：Rectangle**。绘制点坐标为（6，−15），（0，38），的矩形。过（0，0）点做垂线为轴对称部件的旋转轴。

分割区域。为了更好划分理想的网格类型和创建边界约束，需要对铅料模型分割区域，这种分割并不代表把整个材料物理上分割开来，而仅仅是区域的划分。

a. 通过 **Create Dump Plane：Offset From Principal Plane** 命令创建两个基准平面。

b. 选择 **XYPlane**，偏置数值为 0，同理建立 **YZPlane**，偏置数值同样为 0。

c. 分割工具 **Partition Cell：Use Datum Plane** 把铅料分成四个完全相同的部分。分割前后的试样如图 4.51 所示。

图 4.50　零件 Die 及参考点

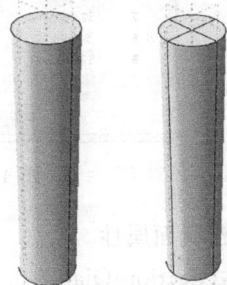

(a) 分割前　(b) 分割后

图 4.51　试样区域划分

设置集合。为了选择方便，可以把分割后的铅试样做一个集合 Set-Specimen，便于选择试样整体赋予截面属性。

（2）Property 创建材料属性

① 创建材料 Qian。

Name：Qian。

Density：1.13E−008。

Elastic：E=4457，泊松比=0.42。

Plastic：逐点输入表 4.2 中的值。

Qian 的材料属性创建如图 4.52 所示。

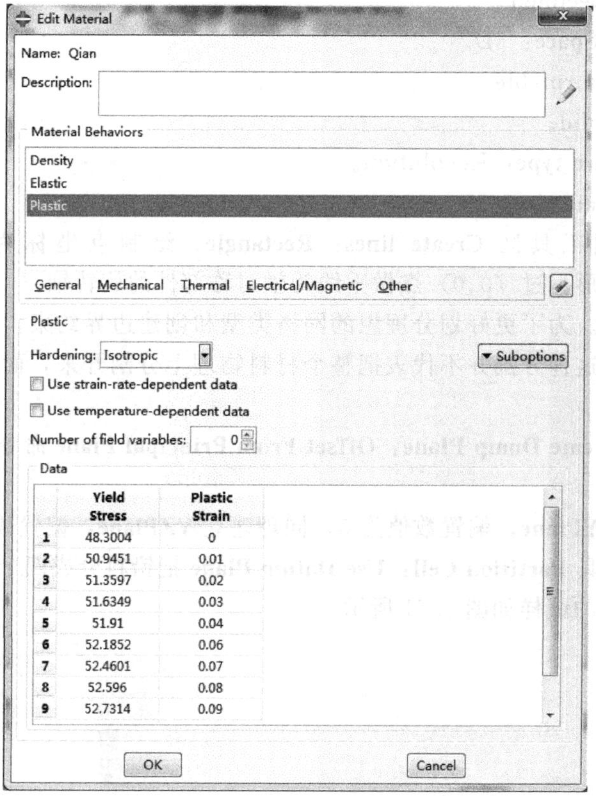

	Yield Stress	Plastic Strain
1	48.3004	0
2	50.9451	0.01
3	51.3597	0.02
4	51.6349	0.03
5	51.91	0.04
6	52.1852	0.06
7	52.4601	0.07
8	52.596	0.08
9	52.7314	0.09

图 4.52　Qian 的材料属性创建

② 创建截面属性。

Name：Section-Qian。

Category：Solid。

Type：Homogeneous。

Material：Qian。

Plane stress/strain thickness：1。

③ 为 Specimen 零件赋截面属性。**Assign Section→Section**：Section-qian，框选 Specimen 区域。

注意：如果有一个部分被重复赋予截面属性，这一部分会自动标注成黄色，影响后续计算过程。

（3）Assembly

① 选择 **Mesh on part**。

② 拖动鼠标来选中全部零件，点击 **OK**。由于凸模、试样和凹模的位置在建模时已经调整好，不需要在装配时重新定位。建模时输入坐标点可固定零件位置，方便装配。

（4）Step

① 起始步（系统默认），作用：施加边界条件。

② 第二步（施加接触及位移载荷步），作用：凸模下压镦粗试样。Step-Press 分析步的增量步定义如图 4.53 所示。

Procedure type：Dynamic ，Explicit。

Name：Step-Press。

Nlgeom：On。

Incrementation：Automatic。

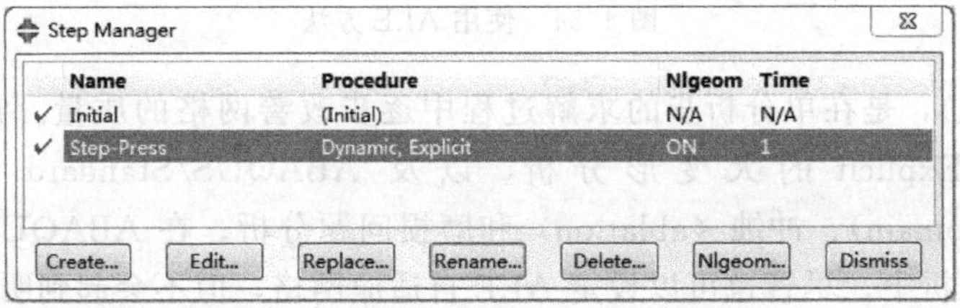

图 4.53　Step-Press 分析步的增量步定义

Dynamic，Explict（显式动力学分析）对于大模型的瞬时动力学分析和高度不连续事件的分析特别有效。Dynamic，Explict 仅适用于 ABAQUS/Explict 分析模块。显式算法不需要迭代，因此需要的内存也比隐式算法要少，显示算法往往采用减缩积分方法，具有较好的稳定性。显式动力学分析采用动力学方程的一些差分格式，如广泛使用的中心差分法、线性加速度法等，不用直接求解切线刚度，不需要进行平衡迭代，计算速度快，时间步长只要取得足够小，一般不存在收敛性问题。

在分析步模块下菜单栏点击 **Other→ALE Adaptive Mesh Domain→Edit→Step-Press**，在 Step- Press 分析步下选择使用 ALE 模型方法区域，如图 4.54 所示。

选择集合 Set-Specimen 为坯料赋予 ALE 网格属性。

ALE（任意的拉格朗日-欧拉自适应网格，Arbitrary Lagrangian Eulerian adaptive meshing）不改变原有网格的拓扑结构（单元和节点的数目和连接关

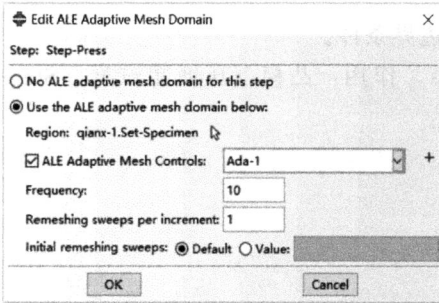

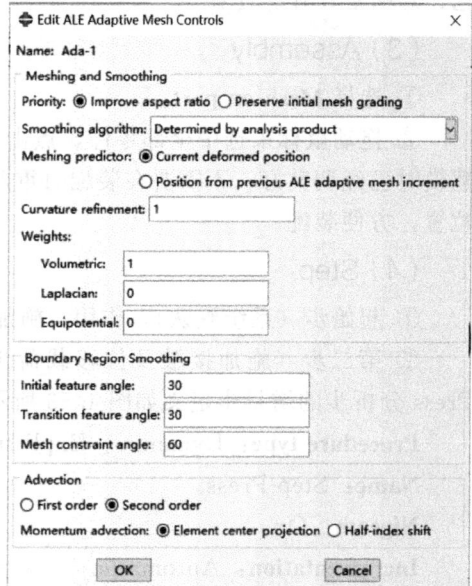

图 4.54 使用 ALE 方法

系不会变化），是在单分析步的求解过程中逐步改善网格的质量。它主要用于 ABAQUS/Explicit 的 大 变 形 分 析，以 及 ABAQUS/Standard 中 的 声 畴 (acoustic domain)、冲蚀（ablation）和磨损问题分析。在 ABAQUS/Standard 的大变形分析中，尽管也可以设定 ALE 自适应网格，但不会起到明显的作用。

（5）创建接触关系

图 4.55 Surface 位置及注释

① 定义各接触面。为方便接触面的选择，并让面具备明显的接触意义，首先定义面（Surface）。

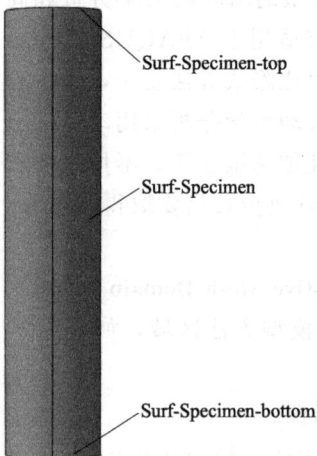

Tools→Surface→Create。

Name：Surf-Specimen-top，选择试样顶面。

Name：Surf-Specimen-bottom，选择试样端面。

Name：Surf-Specimen，选择试样表面。

Name：Surf-Die，选择凹模。

Name：Surf-Punch，选择凸模。

在 Specimen 零件中定义 Surface 位置及注释如图 4.55 所示。

② 定义接触属性。点击 **Create Interaction Property** → **Name**：IntProp-1，**Type**：Contact → **Continue**。

Mechanical→Tangential Behavior→Friction formulation：**Frictionless**。

③ 定义工具与试样的接触。由于接触分别在 Punch 与 Specimen-top 和 Die 与 Specimen-bottom 发生，因此应分别设置接触对。同时试样镦粗后，外表面有部分会与工具接触，为防止穿透应设置接触。设置接触在 Contact 步开始。

步骤 1：Int-1 定义 Punch 与 Specimen-top 的接触。点击创建 🔲 **Create interaction**。

Name：Int-1。

Step：Initial。

Types for selected step：Surface-to-Surface contact (Explicit)。

Select the master surface（主面）：将前面定义好的 **Surfaces**：Surf-Punch 定为主面。

Choose the slave type（从面）：点选 **Surface**，选择前面定义的 Surf-Specimen-top 定为从面。

其余选项不变，保持各项默认参数不变（**Sliding formulation**：**Finite sliding**）。接触对定义如图 4.56 所示。

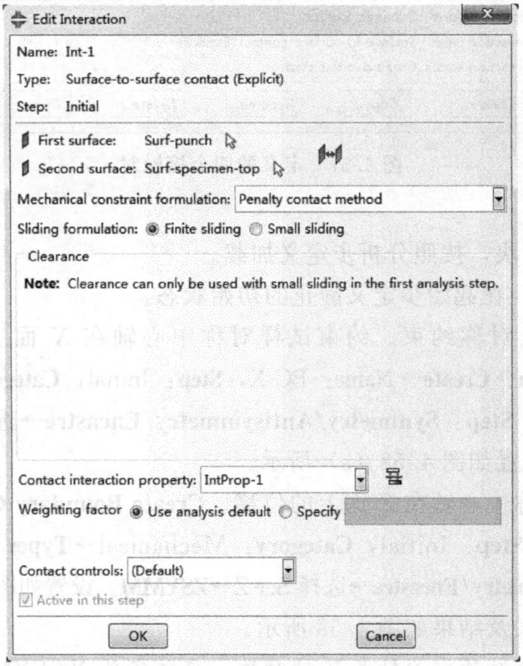

图 4.56　接触对定义

步骤 2：Int-2 定义 Die 与 Specimen-bottom 的接触。

Create interaction。

Name：Int-2。

Step：Initial。

Types for selected step：Surface-to-Surface contact（Explicit）。

Select the master surface（主面）：将前面定义好的 Surfaces：Surf-Die 定为主面。

Choose the slave type（从面）：点选 **Surface**，选择前面定义的 Surf-Specimen-bottom 定为从面。

步骤 3：按同样的方法定义试样的外表面与工具的接触，如图 4.57 所示。

int-3：Surf-Punch 与 Surf-Specimen 接触。

int-4：Surf-Die 与 Surf-Specimen 接触。

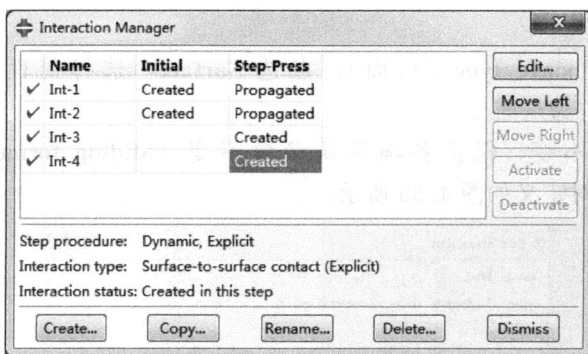

图 4.57　定义的四个接触对

（6）Load

进入 Load 模块，按照分析步定义加载。

① Initial 步。在起始步定义静止的初始状态。

步骤 1：定义对称约束。约束试样对称中心轴在 X 面上的位移。**Create Boundary Condition→Create→Name**：BC-X，**Step**：Initial，**Category**：Mechanical→**Types for Selected Step**：**Symmetry/Antisymmetry/Encastre**→选择试样对称中心线→**XSYMM**。设置如图 4.58（a）所示。

约束试样对称中心轴在 Z 面上的位移。**Create Boundary Condition→Create→Name**：BC-Z，**Step**：Initial，**Category**：Mechanical→**Types for Selected Step**：**Symmetry/Antisymmetry/Encastre**→选择 Set-Z→**ZSYMM**。设置如图 4.58（b）所示。

对称约束定义及结果如图 4.58 所示。

注意：实际上对称中心轴是 Y 轴对称，应该定义 YASYMM，但由于该约束仅适用于 Abaqus/Standard 分析模块，因此定义 XSYMM 和 ZSYMM 来共同约束 Y 轴对称。

步骤 2：定义约束凹模的全部位移。约束凹模全部位移。**Create Boundary**

材料成形过程数值模拟
基础与应用

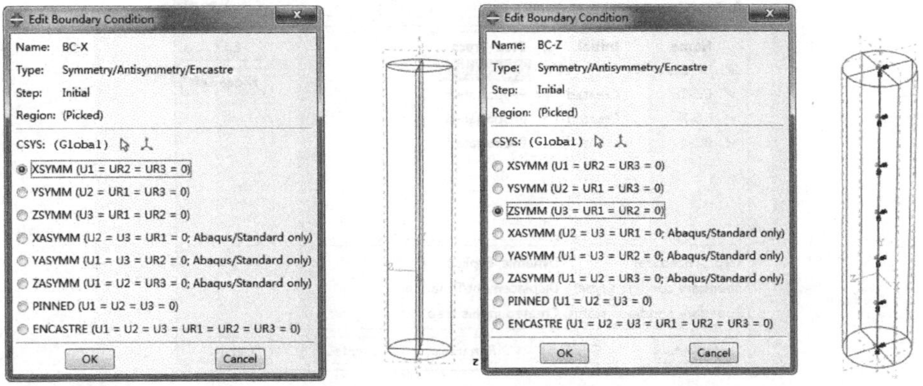

(a)   (b)

图 4.58　对称中心轴的约束

Condition → **Create** → **Name**：BC-En，**Step**：Initial，**Category**：Mechanical → **Types for Selected Step**：**Symmetry/Antisymmetry/Encastre**→选择参考点 RP-Die →**Encastre**。

② Press 分析步。在 Press 分析步施加位移载荷。

Create Boundary Condition → **Create** → **Name**：BC-Dis，**Step**：Press，**Category**：Mechanical→**Types for Selected Step**：**Displacement/Rotation**，选择参考点 RP-Punch→U2＝－22.5，其余为 0。由于未单独设置建立接触的分析步，且位移量较大，采用 Amplitude（幅值曲线）在整个分析时间逐步施加位移载荷，有助于结果的收敛。位移载荷设置如图 4.59 和图 4.60 所示。

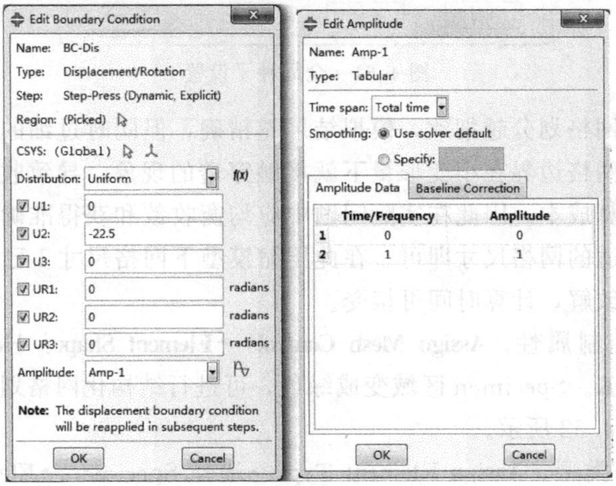

图 4.59　Press 分析步载荷设置

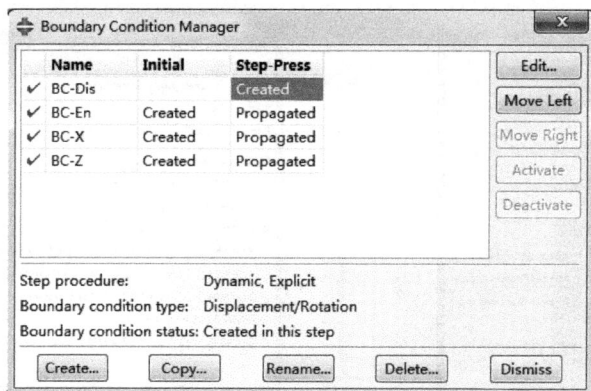

图 4.60 边界属性和下压设定

（7）Mesh

① 撒种子 **Seed Part**。全局种子设置如图 4.61 所示。

图 4.61 全局种子设置

一般来说网格划分越细致，模拟结果越精确，但同时过细的网格也容易出现网格畸变，网格边界在小变形量下就接触穿透的现象，导致收敛出错，极大增加计算机计算成本。因此在实际问题中应均衡收敛和获得准确结果中的最佳匹配，选择合适的网格尺寸即可。在此压缩模型下网格尺寸 1 已经能够完成压下量，获得收敛解，计算时间可接受。

② 单元控制属性。**Assign Mesh Controls**→**Element Shape**：Hex→**Technique**：Structured→**OK**。Specimen 区域变成绿色，可进行结构化网格划分。单元控制属性设置如图 4.62 所示。

③ 选网格类型。**Assign Element Type**→选择 Specimen→**Element Library**：Explicit → **Geometric Order**：Linear → **Family**：3D Stress → **Hex**：Reduced integration。

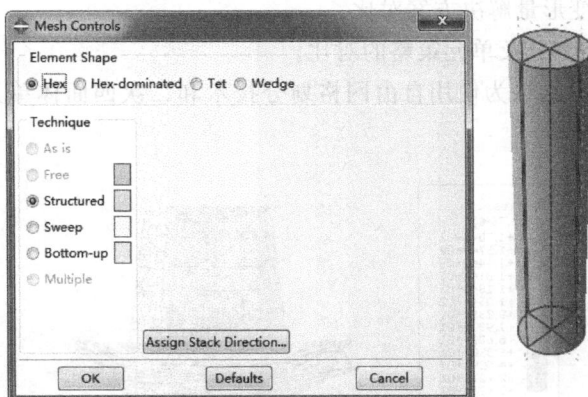

图 4.62 单元控制属性设置

由于只能适用线性单元，采用减缩积分的线性单元 C3D8R。

④ 划分网格 **Mesh Part**。

（8）Job

① **Create Job** 创建作业。

② **Data check** 对以上输入数据进行数据检查，确保能够顺利进行模拟计算。

③ **Submit** 提交分析，电脑进行后处理计算。

④ **Monitor** 对计算过程监视，主要查看警告和错误。

（9）Visualization

① 模拟结果。在可视化模块，我们可以将整个模型的分析数据，尤其模拟计算过程生成的历史变量和场变量调出，为后处理分析提供资料。模拟完成后的云图如图 4.63 所示。

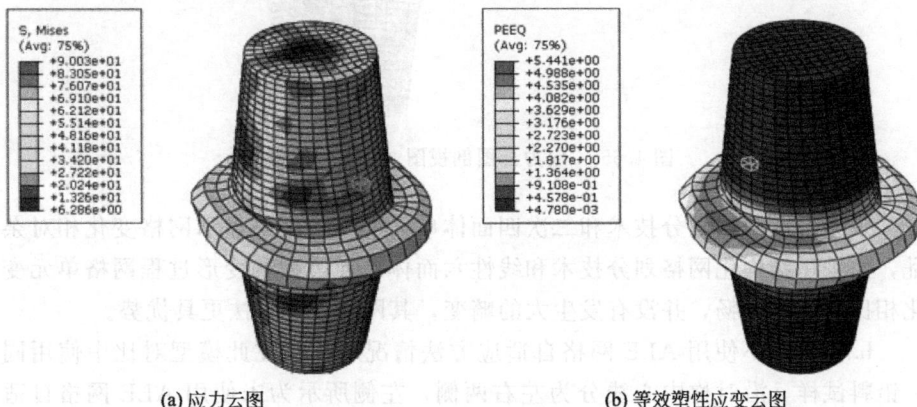

(a) 应力云图   (b) 等效塑性应变云图

图 4.63 模拟结果

② 大塑性变形量解决方案对比。

a. 不同网格划分及单元策略的对比。

图 4.64 所示结果为使用自由网格划分技术和二次四面体单元 C3D10M 的模拟结果。

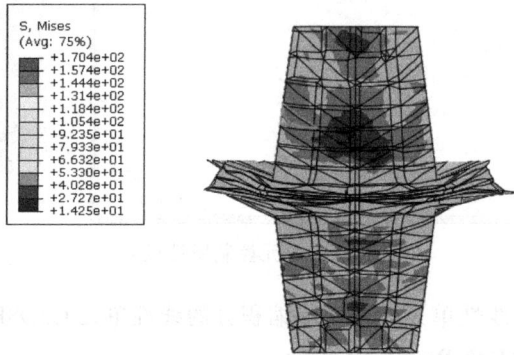

图 4.64 应力云图剖视图（自由网格）

图 4.65 所示为使用结构化网格划分技术和线性六面体单元 C3D8R 的模拟结果。

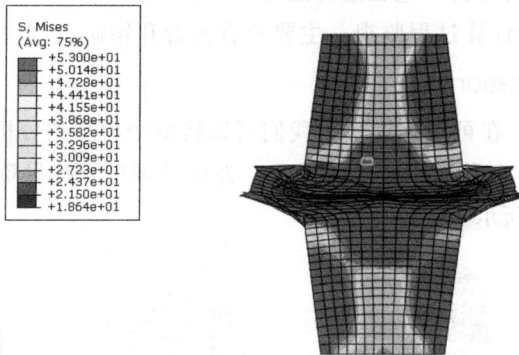

图 4.65 应力云图剖视图（结构化网格）

采用自由网格划分技术和二次四面体单元的模拟结果显示网格变化相对杂乱，而采用结构化网格划分技术和线性六面体单元类型的变形过程网格单元变化相比之下更顺畅，并没有发生大的畸变，其网格划分方法更具优势。

b. 使用和不使用 ALE 网格自适应方法情况对比。在此模型对比中使用同一铅料试样，沿对称中心线分为左右两侧，左侧所示为未使用 ALE 网格自适应方法，而右侧为使用了 ALE 网格自适应方法，模拟结果如图 4.66 所示。

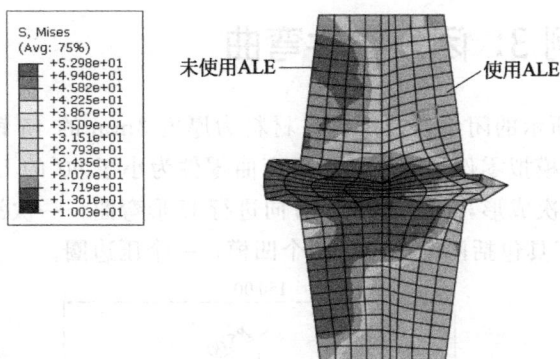

图 4.66　ALE 对比图

从模拟结果观察金属的流动情况，未使用 ALE 网格自适应方法的一侧在靠近飞边槽的部分变形产生了积压，材料流动不畅，且在飞边槽附近材料未随模腔飞边槽的桥部形状产生光顺变形，而是由原来的正方体截面网格变为了压缩叠加的长方体截面，这一部分的网格全部叠加在一起阻碍了材料向飞边槽的流动。而另一半材料飞边槽附近的材料显然没有发生积压，材料形状跟随桥部形状变窄而进入飞边槽。另外从整体的米塞斯（Mises）应力云图上看，左侧由于材料流动不畅导致应力较大，右侧应力小。

从网格密度来看，对比观察在飞边槽附近使用了 ALE 网格自适应方法的一侧网格密度小于未使用的一侧。在模拟过程中材料自动进行了网格重划分，这种方法极大改变了下压过程的网格单元形状，避免了网格畸变的发生。使用 ALE 方法可避免材料的溢出，如图 4.67 所示。

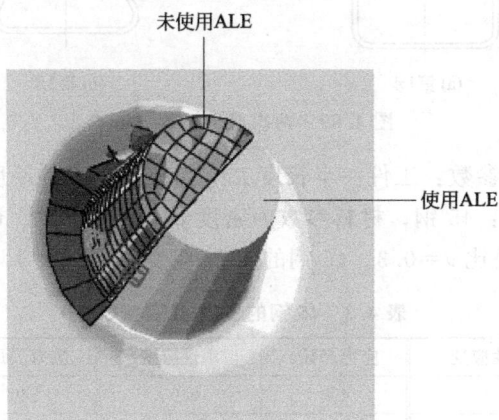

图 4.67　材料溢出效果对比

4.4.3 实例3：闭角零件弯曲

如图 4.68 所示的闭角弯曲零件，材料为厚度 3mm 的 45 钢，沿对称轴具有面对称性，可模拟零件的一半。闭角弯曲零件为小于 90°的 U 形件。该零件成形过程需要两次成形，一次沿竖直方向进行 U 形弯曲，一次沿水平方向成形 60°闭角。所用工具包括两个凸模，两个凹模，一个压边圈。

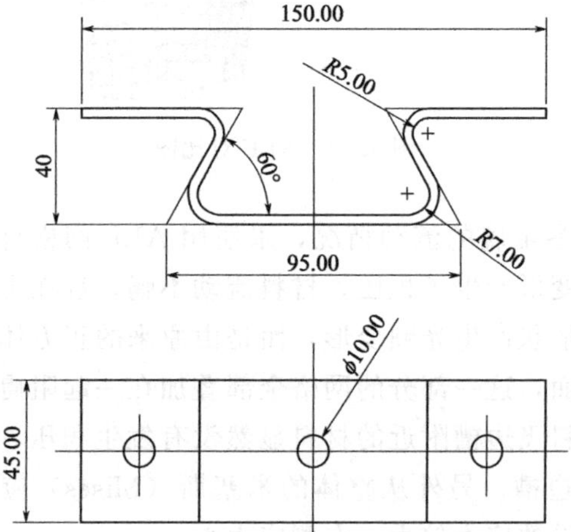

图 4.68 闭角弯曲零件

两次成形过程分解如图 4.69 所示。

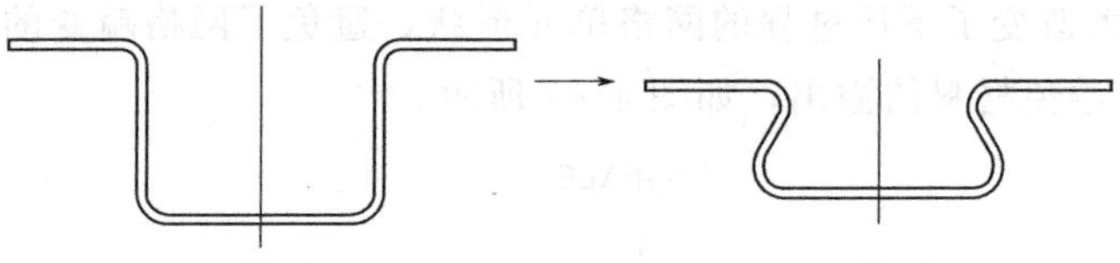

(a) 第1步　　　　　　　　(b) 第2步

图 4.69 两次成形过程分解

工件展开后的参数：工件一半长度 $L=120$mm，工件厚度 $t=3$mm。

工件材料参数：45 钢，材料参数为密度 $\rho=7.85\times10^{-9}$t/mm^3，弹性模量 $E=210$GPa，泊松比 $\nu=0.3$。45 钢的应力-应变参数见表 4.3。

表 4.3　45 钢的应力-应变参数

应力/MPa	塑性应变	应力/MPa	塑性应变	应力/MPa	塑性应变
389	0	490	0.05	540	0.09
450	0.02	503	0.06	545	0.11
480	0.04	520	0.07	560	0.13

应力/MPa	塑性应变	应力/MPa	塑性应变	应力/MPa	塑性应变
570	0.15	600	0.22	636	0.3
577	0.16	605	0.24	642	0.32
587	0.18	620	0.26	650	0.33
594	0.2	625	0.28	660	0.36

建立并设置工作目录，便于模拟的存储与后处理的查找。根据结构和载荷的特点，进行轴对称建模，并将三维问题简化成二维问题，采用 SI（mm）量纲。

（1）Part

通过零件成形性分析，零件厚度尺寸 $t=3$mm，成形时需要对其进行压边，进行两次成形，因此需要六个部件：blank（零件），punch1（凸模 1），punch2（凸模 2），die1（凹模 1），die2（凹模 2），holder（压边圈）。

① 创建零件 blank。

Create Part。

Name：blank。

Modeling Space：2D Planar。

Type：Deformable。

Base feature：Shell。

Approximate size：250。

Create Lines：Rectangle→（0，0），（120，−3）。

Tools→Set→Create→以过（0,0）点的竖直线为对称中心线，命名为 Set-Center。

② 创建凸模 punch1。

Create Part。

Name：punch1。

Modeling Space：2D Planar。

Type：Analytical rigid。

Base feature：wire。

Approximate size：250。

Create Lines：Connected→（0，0），（63.17，0）。

Create Construction：Line at an Angle：Angle-56（考虑回弹角为 4°），（63.17,0）。

沿着构造线的方向，Create Lines：Connected→（63.17，0），（沿构造线方向任意值，60）。

Create Fillet：Between 2 Curves，在两直线交点处绘制倒圆角 $R7$。

Tools→Reference Point→选择圆角圆心→重命名为 RP-punch1。

创建零件如图 4.70 所示。

③ 创建凸模 punch2。

Create Part。

Name：punch2。

Modeling Space：2D Planar。

Type：Analytical rigid。

Base feature：wire。

Approximate size：250。

Create Lines：Connected→ （55.6，－3），（120，－3）。

Create Construction：Line at an Angle：过 （55.6，－3）点做夹角为－56°（考虑回弹角为 4°）的构造线。

沿着构造线的方向，**Create Lines：Connected→** （55.6，－3），（沿构造线方向任意值，－40）。

Create Fillet：Between 2 Curves，在两直线交点处绘制倒圆角 $R5$。

Tools→Reference Point→选择圆角圆心→重命名为 RP-punch2。

创建零件如图 4.71 所示。

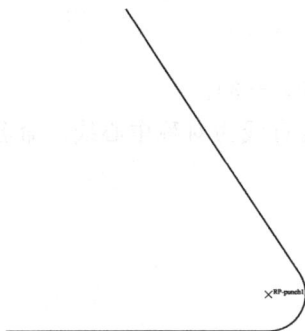

图 4.70　punch1 零件　　　　　　图 4.71　punch2 零件

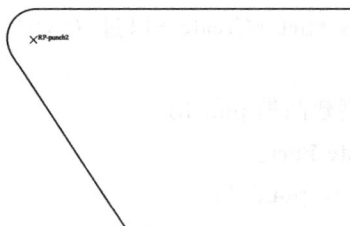

④ 创建凹模 die1。

Create Part。

Name：die1。

Modeling Space：2D Planar。

Type：Analytical rigid。

Base feature：wire。

Approximate size：250。

材料成形过程数值模拟
基础与应用

Create Lines：**Connected**→ $(0,-40)$，$(57,-40)$，$(57,-80)$。

Create Fillet：**Between 2 Curves**，在两直线交点处绘制倒圆角 $R5$。

Tools→**Reference Point**→选择圆角圆心→重命名为 RP- die1。

⑤ 创建凹模 die2。

Create Part。

Name：die2。

Modeling Space：2D Planar。

Type：Analytical rigid。

Base feature：wire。

Approximate size：250。

Create Lines：**Connected**→ $(60,-60)$，$(60,-3)$，$(120,-3)$。在两直线交点处绘制倒圆角 $R5$。

Tools→**Reference Point**→选择圆角圆心→重命名为 RP-die2。

⑥ 创建压边 holder。

Create Part。

Name：holder。

Modeling Space：2D Planar。

Type：Analytical rigid。

Base feature：wire。

Approximate size：250。

Create Lines：**Connected**→ $(60,60)$，$(60,0)$，$(120,0)$。

Create Fillet：**Between 2 Curves**，在两直线交点处绘制倒圆角 $R7$。

Tools→**Reference Point**→选择圆角圆心→重命名为 RP-holder。

（2）Property（使用 mm-N-s-MPa-MJ 量纲）

① 创建材料。

Name：Material-45。

Density：$7.85E-9$。

Elastic：$E=210000$，泊松比 $=0.3$。

Plastic：逐点输入表 4.3 中的值。

② 创建截面属性。虽然模型是简化的二维模型，但截面仍然具有三维特征，因此 Category 仍然选 Solid，截面设置如图 4.72 所示。

Name：Section-1。

Category：Solid。

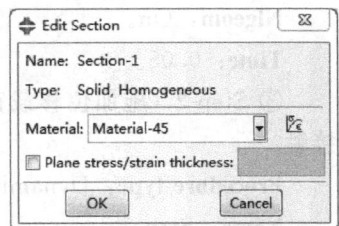

图 4.72　截面设置

Type：Homogeneous。

Material：Material-45。

③ 为 Specimen 零件赋截面属性。**Assign Section→Section**：Section-1，选择 Blank 区域。

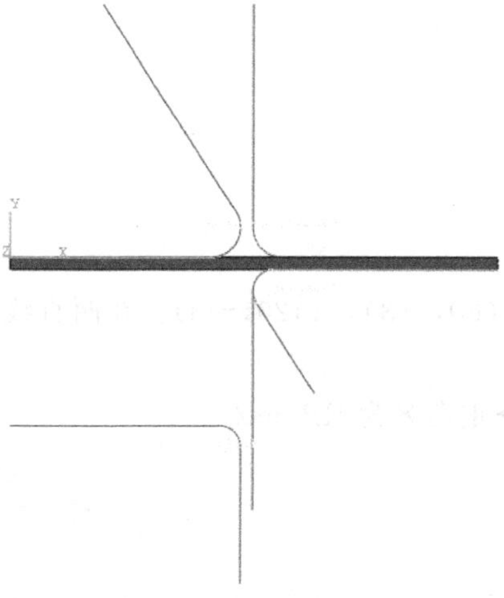

图 4.73　完成装配的零件

（3）Assembly

① 选择 **Mesh on part**。

② 拖动鼠标选中全部零件，点击 **OK**，由于试样、压头和凹模的位置在建模时已经由坐标调整好，不需要在装配时重新定位。以原点（0，0）为对称中心点，模拟一半的成形过程。

③ 为建立 holder 与 blank 的良好接触约束，将 holder 下移 0.0001。

　Translate Instance→选择 RP-holder **→Done→enter X**，**Y**：0.0，0.0**→enter X**，**Y**：0.0，−0.0001。完成装配的零件如图 4.73 所示。

（4）Step

分析的 Initial 步用于建立初始静止状态。

Step-1 用于图 4.69 中第 1 部分 U 形成形过程的接触与创建边界条件，Step-2 用于设定成形部件中 punch1 的位移，Step-3 用于图 4.69 中第 2 部分闭角成形时所需要的边界条件与接触的创建，Step-4 用于设置 punch2 的位移。

① 起始步（系统默认），作用：施加静止边界条件。

② Step-1（接触接触），作用：建立 punch1，blank 的接触。

Procedure type：Dynamic，Explicit。

Name：Step-1。

Nlgeom：On。

Time：0.05。

③ Step-2（施加位移载荷步），作用：punch1 下压成形 U 形件并与 die1 接触。

Procedure type：Dynamic，Explicit。

Name：Step-2。

Nlgeom：On。

Time：1。

④ Step-3（建立接触），作用：punch2 左移与 blank 建立接触。

Procedure type：Dynamic，Explicit。

Name：Step-3。

Nlgeom：On。

Time：0.05。

⑤ Step-4（施加位移载荷步），作用：punch2 左移成形闭角件。

Procedure type：Dynamic，Explicit。

Name：Press。

Nlgeom：On。

Time：1。

分析步的设置如图 4.74 所示。

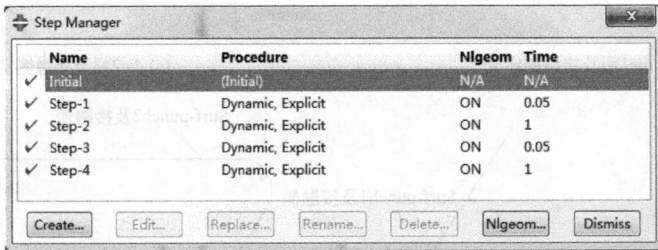

Name	Procedure	Nlgeom	Time
✔ Initial	(Initial)	N/A	N/A
✔ Step-1	Dynamic, Explicit	ON	0.05
✔ Step-2	Dynamic, Explicit	ON	1
✔ Step-3	Dynamic, Explicit	ON	0.05
✔ Step-4	Dynamic, Explicit	ON	1

图 4.74　分析步的设置总览

对于动力学分析，Time 设定的时间为物理时间。其中 Step-2 与 Step-4 为主要的加载变形步骤，时间要选择合适的数值。在这一模块中，选择了 Dynamic，Explicit 算法来求解高度非线性问题。

（5）Interation 创建接触关系

① 定义各接触面。为方便接触面的选择和让面具备明显的接触意义，首先定义面（Surface）。**Tools→Surface→Create**。

Name：Surf-blank-top，选择试样顶面。

Name：Surf-blank-bottom，选择试样端面。

Name：Surf-die1，选择凹模 1。

Name：Surf-die2，选择凹模 2。

Name：Surf- punch1，选择凸模 1。

Name：Surf- punch2，选择凸模 2。

Name：Surf- holder，选择压边圈。

定义各 Surface 位置如图 4.75 所示。

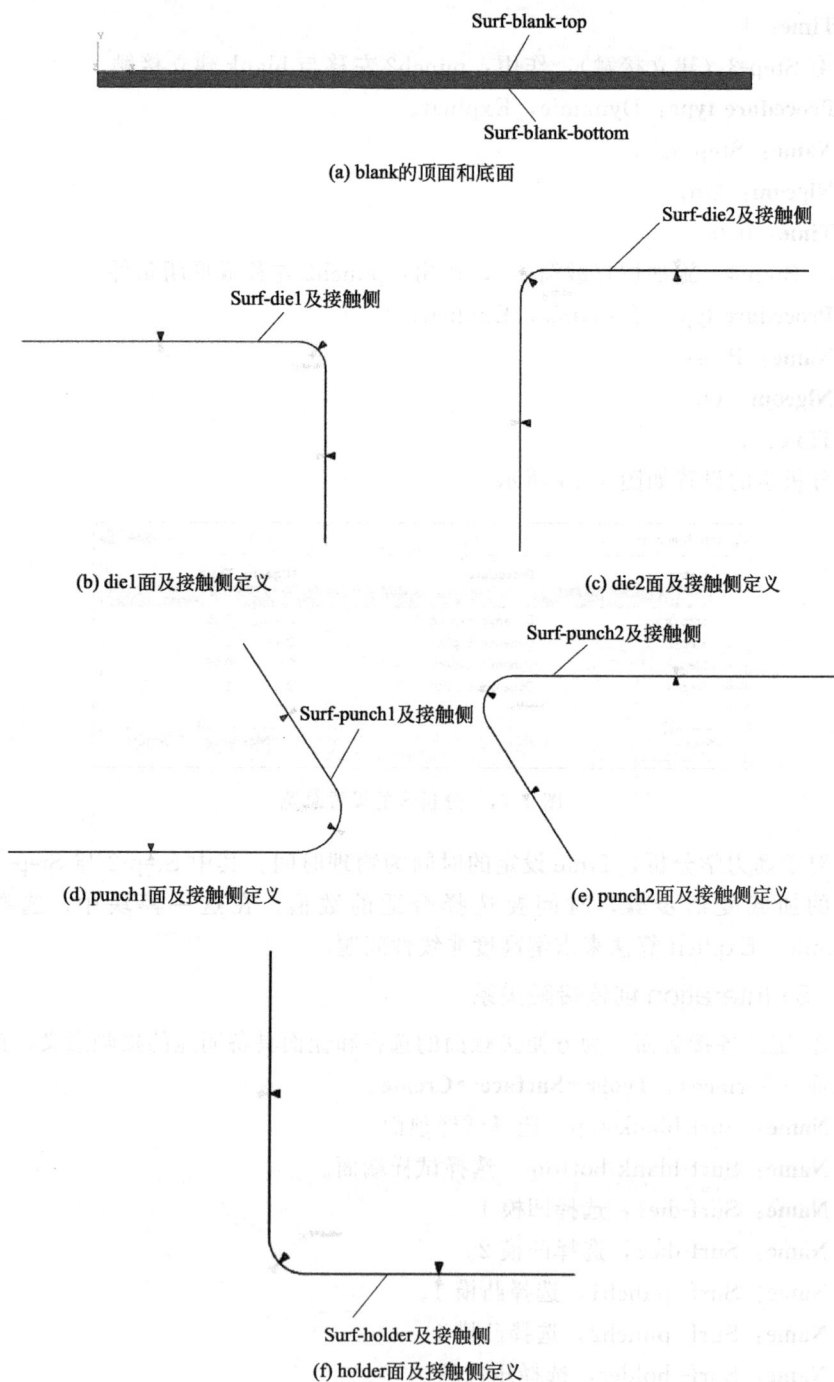

Surf-blank-top

Surf-blank-bottom

(a) blank的顶面和底面

Surf-die2及接触侧

Surf-die1及接触侧

(b) die1面及接触侧定义

(c) die2面及接触侧定义

Surf-punch2及接触侧

Surf-punch1及接触侧

(d) punch1面及接触侧定义

(e) punch2面及接触侧定义

Surf-holder及接触侧

(f) holder面及接触侧定义

图 4.75　各 Surface 及接触位置定义

② 定义接触属性。为使弯曲过程减少表面损伤并促进材料流动，会在工具和材料表面使用润滑剂，有润滑的表面摩擦系数设定为 0.1。为保证足够的压边力，在压边圈 holder 与 blank 的接触中不使用润滑剂，表面摩擦系数设定为 0.3。

步骤 1：定义 IntProp-1。

a. **Create Interaction Property**→**Name**：IntProp-1，**Type**：Contact→Continue。

b. **Mechanical** → **Tangential Behavior** → **Friction formulation**：**Penalty** → **Friction Coeff**：0.1。

c. **Mechanical**→**Normal Behavior**→**Pressure-Overclosure**："Hard" Contact。

在该弯曲成形的接触法向行为中，为非变薄拉伸，表面有润滑剂，且工具表面和板料表面粗糙度值低，施加载荷时没有渗透，板料厚度保持不变。因此将压力-过盈模型定义"硬"接触关系最大程度地减少从面在约束位置进入主面的渗透，并且不允许跨界面传递拉应力。

步骤 2：定义 IntProp-2。

a. **Create Interaction Property**→**Name**：IntProp-2，**Type**：Contact→Continue。

b. **Mechanical** → **Tangential Behavior** → **Friction formulation**：**Penalty** → **Friction Coeff**：0.3。

c. **Mechanical**→**Normal Behavior**→**Pressure-Overclosure**："Hard" Contact。

③ 定义工具与试样的接触。

步骤 1：punch1-blank-top 定义 punch1 与 blank-top 的接触，如图 4.76 所示。

点击创建 📇 **Create interaction**。

Name：punch1-blank-top。

Step：Step-1。

Types for selected step：Surface-to-Surface contact (Explicit)。

Select the master surface（主面）：Surf-punch1 定为主面。

Choose the slave type（从面）：点选 **Surface**，Surf-blank-top 定为从面。

Contact interaction property：IntProp-1。

其余选项不变，保持各项默认参数不变 (Sliding formulation：Finite sliding)。

步骤 2：holder-blank-top 定义 surf-holder 与 surf-blank-top 的接触。

点击创建 📇 **Create interaction**。

Name：holder-blank-top。

Step：Step-1。

Types for selected step：Surface-to-Surface contact (Explicit)。

Select the master surface（主面）：Surf-holder 定为主面。

Choose the slave type（从面）：点选 **Surface**，Surf-blank-top 定为从面。

Contact interaction property：Intprop-2。

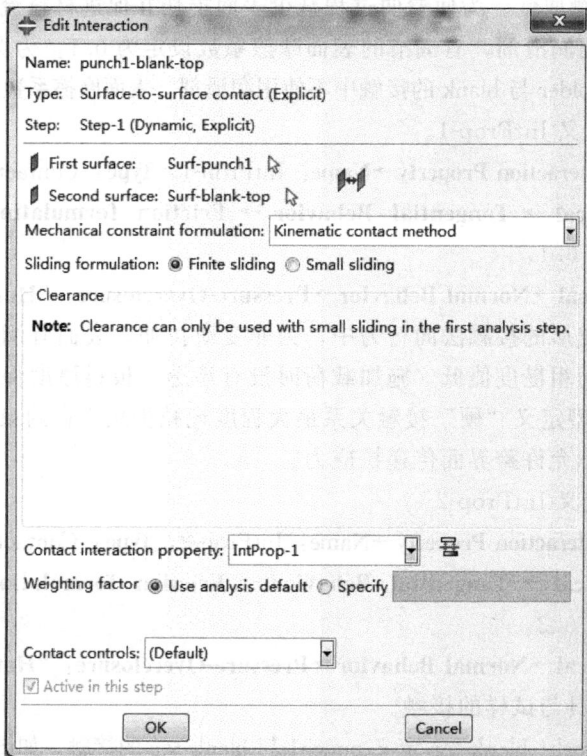

图 4.76　punch1-blank-top 接触对定义

其余选项不变，保持各项默认参数不变（Sliding formulation：Finite sliding）。

步骤 3：die2-blank-bottom 定义 surf-die2 与 surf-blank-bottom 的接触。

点击创建 Create interaction。

Name：die2-blank-bottom。

Step：Step-1。

Types for selected step：Surface-to-Surface contact（Explicit）。

Select the master surface（主面）：Surf-die2 定为主面。

Choose the slave type（从面）：点选 **Surface**，Surf-blank-bottom 定为从面。

Contact interaction property：IntProp-2。

其余选项不变，保持各项默认参数不变（Sliding formulation：Finite sliding）。

接触在 Step-3 时，Edit→**Contact interaction property**：IntProp-1。

接触在 Step-4 时：Inactive。

步骤 4：die1-blank-bottom 定义 surf-die1 与 surf-blank-bottom 的接触。

点击创建 **Create interaction**。

Name：die1-blank-bottom。

Step：Step-2。

Types for selected step：Surface-to-Surface contact（Explicit）。

Select the master surface（主面）：Surf-die1 定为主面。

Choose the slave type（从面）：点选 **Surface**，Surf-blank-bottom 定为从面。

Contact interaction property：IntProp-1。

其余选项不变，保持各项默认参数不变（Sliding formulation：Finite sliding）。

步骤 5：punch2-blank-bottom 定义 surf-punch2 与 surf-blank-bottom 的接触。

点击创建 **Create interaction**。

Name：punch2-blank-bottom。

Step：Step-3。

Types for selected step：Surface-to-Surface contact（Explicit）。

Select the master surface（主面）：Surf-punch2 定为主面。

Choose the slave type（从面）：点选 **Surface**，Surf-blank-bottom 定为从面。

Contact interaction property：IntProp-1。

其余选项不变，保持各项默认参数不变（Sliding formulation：Finite sliding）。

所有接触对定义如图 4.77 所示。

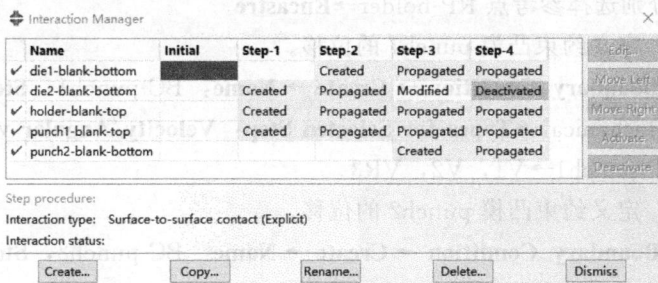

图 4.77　接触对定义

（6）Load 创建边界条件与载荷。

进入 Load 模块，按照分析步定义加载。

① Initial 步。在起始步定义静止的初始状态。

步骤 1：定义 blank 面对称约束。约束试样对称轴在 X 面上的位移。**Create Boundary Condition**→**Create**→**Name**：BC-center，**Step**：Initial，**Category**：Mechanical →**Types for Selected Step**：**Symmetry/Antisymmetry/Encastre**→选择 Set-center →**XSYMM**。试样对称轴边界条件设置及结果如图 4.78 所示。

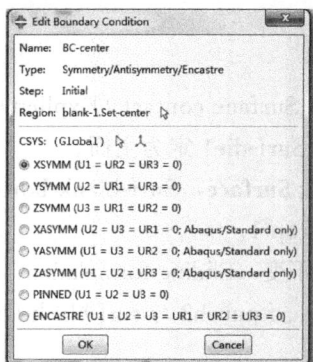

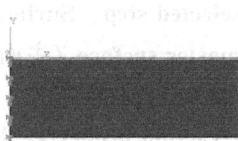

图 4.78　试样对称轴边界条件的设置与结果

步骤 2：定义凹模在整个成形过程中的固定约束。

约束凹模全部位移。**Create Boundary Condition→Create→Name**：BC-die1，BC-die2。

Step：Initial，**Category**：Mechanical→**Types for Selected Step**：**Symmetry/Antisymmetry/Encastre**→分别选择参考点 RP-die1，RP-die2→**Encastre**。

步骤 3：定义约束压边圈的全部位移。

Create Boundary Condition → Create → Name：BC-holder，**Step**：Initial，**Category**：Mechanical → **Types for Selected Step**：**Symmetry/Antisymmetry/Encastre**→分别选择参考点 RP-holder→**Encastre**。

步骤 4：定义约束凸模 punch1 的位移。

Create Boundary Condition → Create → Name：BC-punch1，**Step**：Initial，**Category**：Mechanical→**Types for Selected Step**：**Velocity/Angular velocity**→选择参考点 RP-punch1→V1，V2，VR3。

步骤 5：定义约束凸模 punch2 的位移。

Create Boundary Condition → Create → Name：BC-punch2，**Step**：Initial，**Category**：Mechanical→**Types for Selected Step**：**Velocity/Angular velocity**→选择参考点 RP-punch2→V1，V2，VR3。

② Step-1 分析步。在 Step-1 分析步修改 BC-punch1 的位移载荷约束以建立接触。

在 BC-punch1 和 Step-1 列 **Edit**→V2＝－0.02（即在 Y 方向完成位移－0.001）。

在 Explicit 显示分析中，施加速度载荷。速度载荷设置如图 4.79 所示。其余边界条件保持不变。

③ Step-2 分析步。在 Step-2 分析步修改 BC-punch1 的速度载荷约束以施加变形速度载荷。

材料成形过程数值模拟
基础与应用

在 BC-punch1 的 Step-2 列 **Edit**→V2＝－37（即在 Y 方向完成位移－37）。
设置如图 4.80 所示。

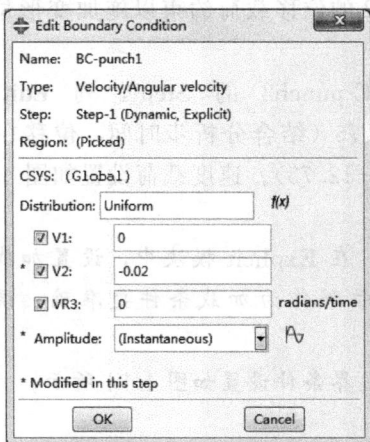

图 4.79　BC-punch1 的
Step-1 分析步载荷设置

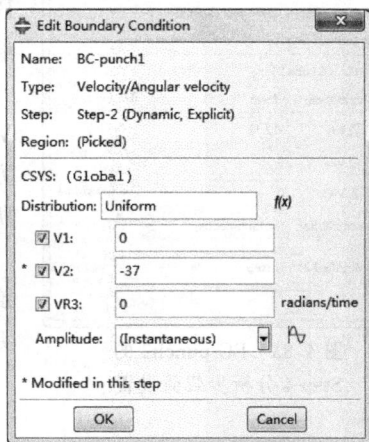

图 4.80　BC-punch1 的
Step-2 分析步载荷设置

其余边界条件保持不变。

④ Step-3 分析步。

a. 在 Step-3 分析步修改 BC-punch1 的速度载荷约束以停止位移。

在 BC-punch1 的 Step-3 列 **Edit**→V2＝0。速度载荷设置如图 4.81 所示。

b. 在 Step-3 分析步修改 BC-punch2 的速度载荷约束以建立接触。

在 BC-punch2 的 Step-3 列 **Edit**→V1＝－0.02（结合分析步时间，位移在
X 方向上为－0.001）。速度载荷设置如图 4.82 所示。

图 4.81　BC-punch1 的
Step-3 分析步载荷设置

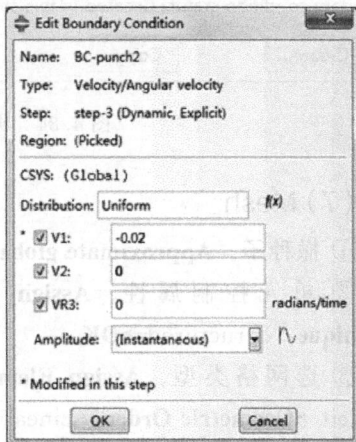

图 4.82　BC-punch2 的
Step-3 分析步载荷设置

图 4.83 BC-punch2 的
Step-4 分析步载荷设置

其余边界条件保持不变。

⑤ Step-4 分析步。在 Step-4 分析步修改 BC-punch2 的位移载荷约束以施加变形位移载荷。

在 BC-punch2 的 Step-4 列 **Edit** → V1＝−12.75（结合分析步时间，位移在 X 方向上为−12.75）。速度载荷设置如图 4.83 所示。

注意：在 Explicit 模块中，设置加载速度比设置位移作为加载条件更准确，误差更小。

所有边界条件设置如图 4.84 所示。

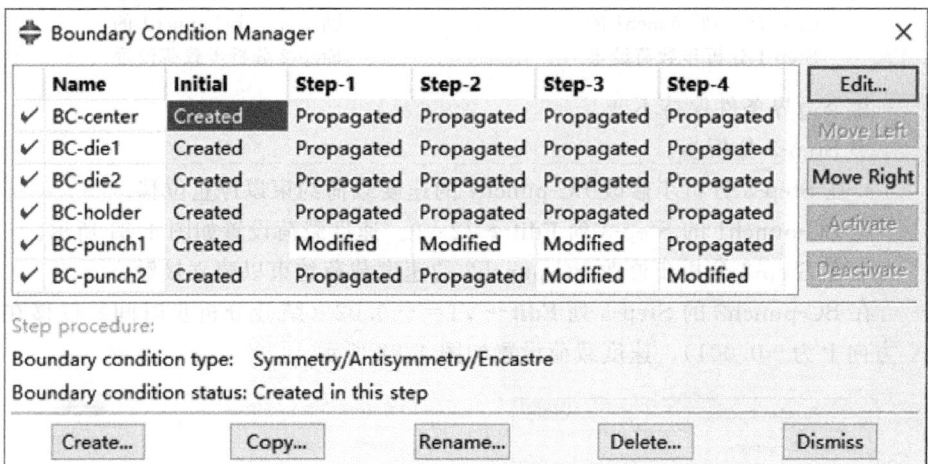

图 4.84 所有边界条件设置总览

（7）Mesh

① 撒种子。**Approximate global size**：1.5。

② 单元控制属性。**Assign Mesh Controls → Element Shape**：Quad → **Technique**：Structured→**OK**。

③ 选网格类型。**Assign Element Type** → 选择 Blank → **Element Library**：Explicit→**Geometric Order**：Linear→**Family**：Plane Strain。

Quad，采用 4 节点双线性平面应变减缩积分的单元 CPE4R。

④ 划分网格。网格的划分对于模拟具有重要的影响，网格划分的形状不

同，所代表的单元格能承受的变形也不同。对于局部变化较大，其他部分变化较小的模型，可以在划分网格时分区划分，变化较大的画细一些，变化小的画大一些。但是分区有时候也会对过程产生影响。所以在网格划分方面如何划分需要根据实际情况进行适当调整。

（8）生成作业并进行计算

后台计算结束后，零件的变形如图 4.85 和图 4.86 所示。

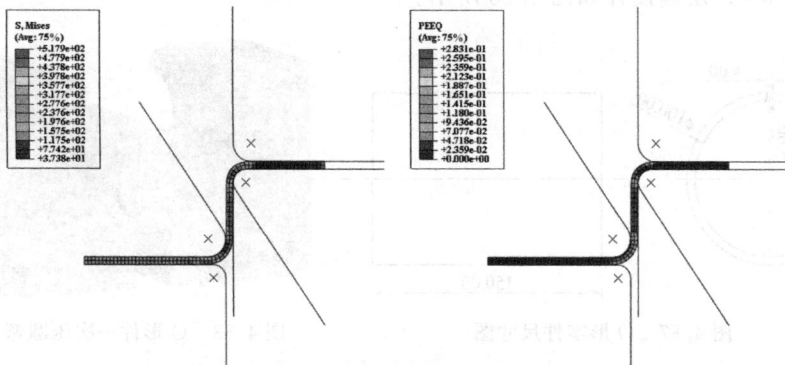

图 4.85　Step-2 的零件变形

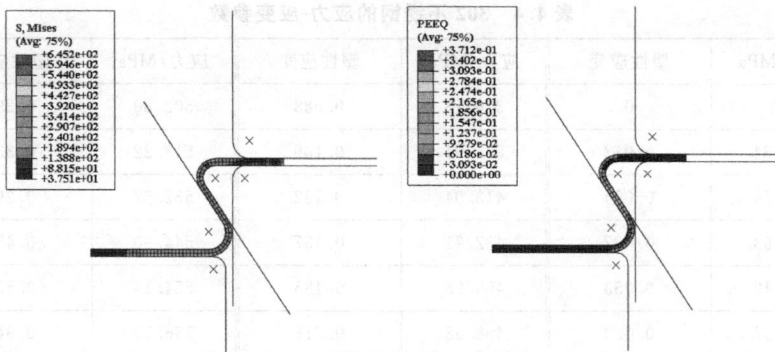

图 4.86　Step-4 的零件变形

4.4.4　实例 4：O 形零件弯曲

如图 4.87 所示的 O 形零件，材料为厚度 5mm 的 302 不锈钢，沿对称轴具有面对称性，可模拟零件的一半以节约计算空间。该零件可一次成形。

对于 O 形零件的成形工艺，$d \geqslant 20\text{mm}$ 的属于大圆，可采用

扫码看视频

一次压圆模成形。工作时，凸模首先将毛坯压成 U 形，凸模继续下压并压住凹模块底部，于是凹模块绕销轴摆动，最后将板料压弯成圆形。

工艺计算参数：工件一半长度约为 163mm，工件厚度 $t=5$mm，板宽 $B=150$mm，回弹角为 4°，摆动角度 $\alpha=30°$。

凸凹模尺寸：凸模为简单圆柱形状，直径 d 为 $100.75\text{mm}_{-0.054}^{0}$，长度为 270mm。凹模工作部分尺寸为 $111.45\text{mm}_{0}^{+0.054}$，圆角半径 $r_{凹}=10$mm。摆动角度为 30°。模具设计如图 4.88 所示。

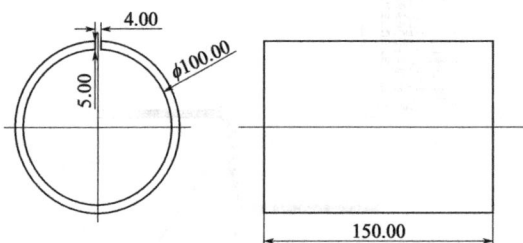

图 4.87 O 形零件尺寸图

图 4.88 O 形件一次压圆弯曲模

工件材料参数：302 不锈钢，材料密度 $\rho=7.93\times10^{-9}\text{t/mm}^3$，弹性模量 $E=194$GPa，泊松比 $\nu=0.3$，其余材料参数如表 4.4 所示。

表 4.4 302 不锈钢的应力-应变参数

应力/MPa	塑性应变	应力/MPa	塑性应变	应力/MPa	塑性应变
270	0	376.18	0.088	502.80	0.291
277.84	0.013	394.91	0.109	518.22	0.332
299.56	0.024	413.94	0.132	532.57	0.390
318.63	0.037	432.71	0.157	544.90	0.457
338.42	0.053	450.98	0.185	554.16	0.536
357.07	0.069	468.92	0.218	556.10	0.643

建立并设置工作目录，便于模拟的存储与后处理的查找。根据结构和载荷的特点，进行轴对称建模，并将三维问题简化成二维问题，采用 SI（mm）量纲。

（1）Part

通过零件成形性分析，可一步完成成形，因此需要创建 3 个部件：Blank（零件），Punch（凸模），Die（凹模）。

① 创建零件 Blank。

Create Part。

Name： Blank。

Modeling Space： 2D Planar。

Type： Deformable。

Base feature： Shell。

Approximate size： 600。

Create Lines：Rectangle→（0，5），（−162.93，0）。

② 创建凸模 Punch。

Create Part。

Name： Punch。

Modeling Space： 2D Planar。

Type： Analytical rigid。

Base feature： wire。

Approximate size： 600。

Create Arc Center and 2 Endpoints：（0，55.375），（0，5），（0，105.375）。

Create Construction：Line at an Angle： Angle 91，（0，55.375）。

Auto Trim： 去掉半圆与构造线相交的右侧。

Tools→**Reference Point**→选择圆角圆心→重命名为 RP-punch。

注意： 由于解析刚性壳草图中只能含有直线、小于 180°的弧和抛物线，否则会显示无法完成，本例使用角度构造辅助线完成 179°的弧。

创建零件如图 4.89 所示。

③ 创建凹模 Die。

Create Part。

Name： Die。

Modeling Space： 2D Planar。

Type： Analytical rigid。

Base feature： wire。

Approximate size： 600。

Create Isolated Points：（−200，0），（−155，−185），（−142.67，−206.36），（−48.3，−59.82）。

Create Construction：Line at an Angle： Angle 30，（−142.67，−206.36）。

Create Construction：Line at an Angle： Angle 120，（−48.3，−59.82）。

建模辅助点和辅助线如图 4.90 所示。过（−48.3，−59.82）做半径为 55 的圆。顺次连接辅助点及构造线交点，如图 4.91 所示。

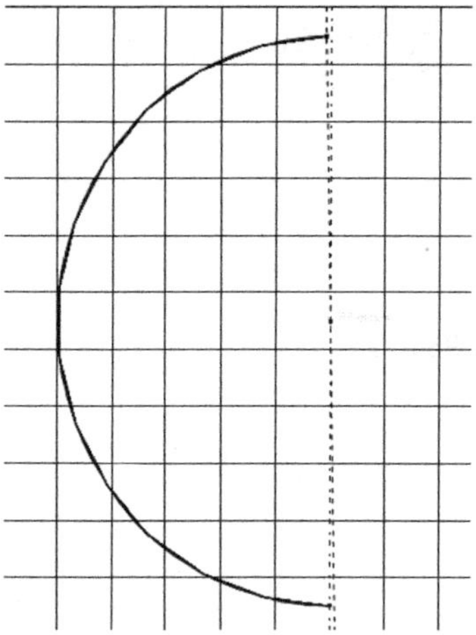

图 4.89　Punch 零件的草绘视图

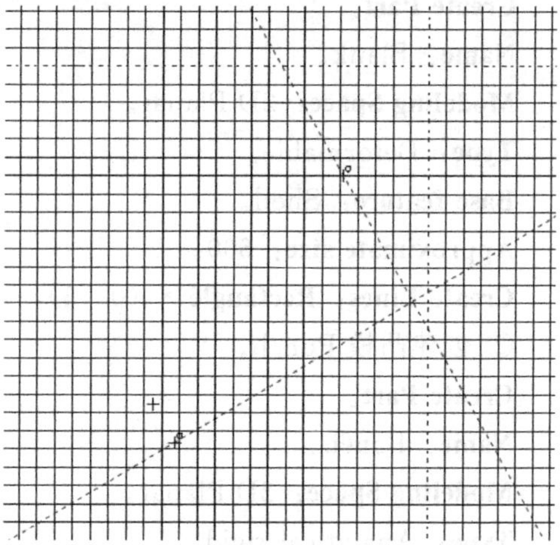

图 4.90　辅助点和辅助线

Auto-Trim：将右侧半圆轮廓自动剪切。

Create Fillet：**Between 2 Curves**，倒角 $R5$。

Tools→Reference Point→选择如图 4.92 所示的左下角位置→重命名为 RP-die。零件 Die 如图 4.92 所示。

（2）Property（使用 mm-N-s-MPa-MJ 量纲）

① 创建材料。

Name：stainless steel 302。

Density：7.93E-9。

Elastic：E=194020，泊松比=0.3。

Plastic：逐点输入表 4.4 中的值。

② 创建截面属性。虽然模型是简化的二维模型，但截面仍然具有三维特征，因此 Category 仍然选 Solid。

Name：Section-1。

Category：Solid。

Type：Homogeneous。

Material：stainless steel 302。

③ 为 Specimen 零件赋截面属性。**Assign Section→**Section：Section-1，选择 Blank 区域。

④ 为 Die 零件赋惯量。**Special→Inertia→Create→Inertia 1**，质量单位为吨。选取赋惯量区域为 Die 零件的参考点 RP-die，如图 4.93 所示。

材料成形过程数值模拟
基础与应用

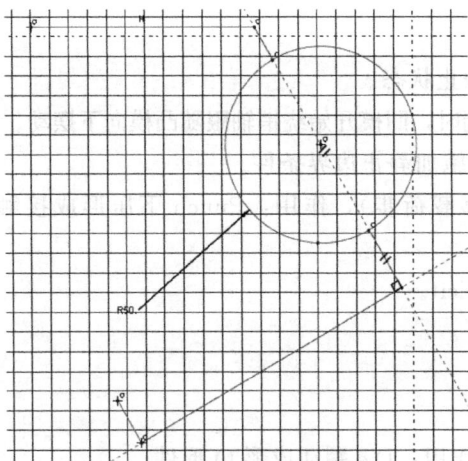

图 4.91　连接辅助点及构造线交点

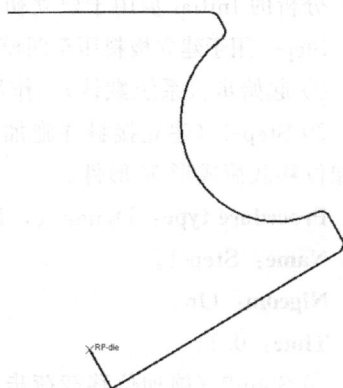

图 4.92　零件 Die

（3）Assembly

① 选择 **Mesh on part**。

② 拖动鼠标选中全部零件，点击 **OK**，由于试样、压头和凹模的位置在建模时已经由坐标调整好，不需要在装配时重新定位。以原点（0，0）为对称中心点，模拟一半的成形过程。装配后的零件如图 4.94 所示。

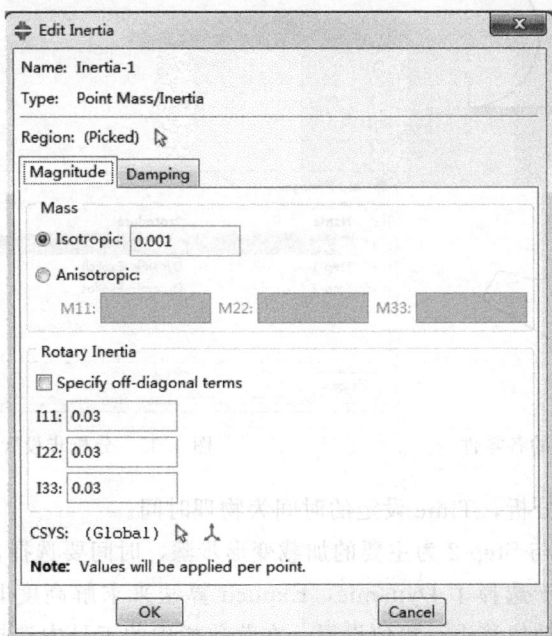

图 4.93　赋零件 Die 的惯量

（4）Step

分析的 Initial 步用于建立初始静止状态。

Step-1 用于建立板料压至凹模底端时，凹模开始绕销轴跟随凸模向下摆动。

① 起始步（系统默认），作用：施加静止边界条件。

② Step-1（建立接触并施加位移载荷步），作用：Punch 下压形成接触并施加位移载荷成形 V 形件。

Procedure type：Dynamic，Explicit。

Name：Step-1。

Nlgeom：On。

Time：0.1。

③ Step-2（施加位移载荷步），作用：Die 翻动成形 O 形件。

Procedure type：Dynamic，Explicit。

Name：Step-2。

Nlgeom：On。

Time：0.1。

分析步设置如图 4.95 所示进行设置。

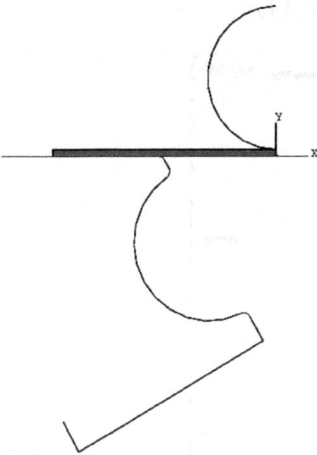

图 4.94　装配后的各零件

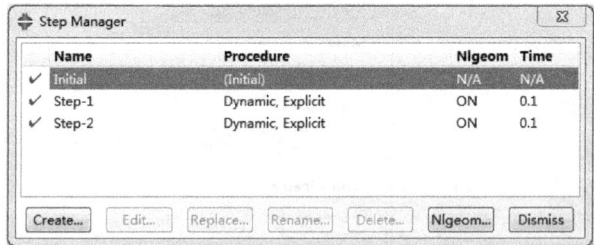

图 4.95　分析步设置

对于动力学分析，Time 设定的时间为物理时间。

其中 Step-1 与 Step-2 为主要的加载变形步骤，时间要选择合适的数值。在这一模块中，由于选择了 Dynamic，Explicit 算法来求解高度非线性问题，因此需要分别对运动位移进行幅值设置。在菜单栏中的工具中选择幅值选项，对幅值进行创建。创建幅值 Amp-1，这里的 Time 是真实物理时间，设置如图

4.96 所示。

（5）Interation 创建接触关系

① 定义各接触面。为方便接触面的选择和让面具备明显的接触意义，首先定义面（Surface）。

Tools→**Surface**→**Create**。

Name：Blank-top，选择试样顶面与凸模接触的一面。

Name：Blank-bottom，选择试样端面与凹模接触的一面。

Name：Die，选择凹模与材料接触的一面。

Name：Punch，选择凸模与材料接触的一面。

② 定义接触属性。为减少表面损伤并促进材料流动，会在工具和材料表面使用润滑剂，大圆表面润滑效果更佳，表面摩擦设定为无摩擦状态。

Create Interaction Property → **Name**：IntProp-1，**Type**：Contact→**Continue**。

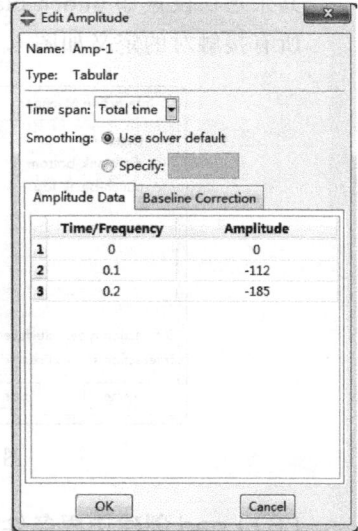

图 4.96 幅值 Amp-1 设置

Mechanical→**Tangential Behavior**→**Friction formulation**：Frictionless。

③ 定义工具与试样的接触。

步骤 1：punch-blank-top 定义 Punch 与 Blank-top 的接触。

点击创建 Create interaction。

Name：punch-blank-top。

Step：Initial。

Types for selected step：Surface-to-Surface contact（Explicit）。

Select the first surface（主面）：Punch 定为主面。

Choose the second surface type（从面）：点选 **Surface**，Blank-top 定为从面。

Mechanical constraint formulation：Kinematic contact method。

Sliding formulation：Finite sliding。

Contact interaction property：IntProp-1。

步骤 2：die-blank-bottom 定义 Die 与 Blank-bottom 的接触。

点击创建 Create interaction。

Name：die-blank-bottom。

Step：Initial。

Types for selected step：Surface-to-Surface contact（Explicit）。

Select the first surface（主面）：Die 定为主面。

Choose the second type（从面）：点选 **Surface**，Blank-bottom 定为从面。其余选项设置如 punch-blank-top 接触定义。

所有接触对的定义如图 4.97 所示。

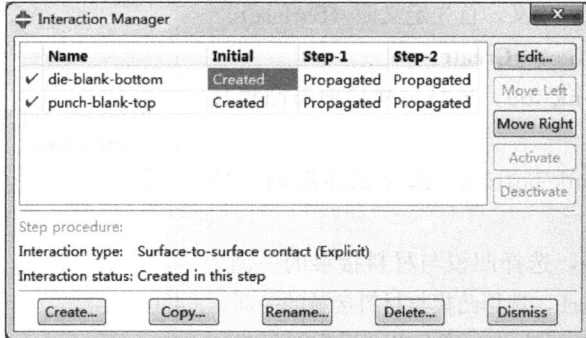

图 4.97　接触对定义总览

（6）Load 创建边界条件与载荷

进入 Load 模块，按照分析步定义加载。

① Intial 分析步。在 Intial 分析步建立 punch、die、blank 零件的静定。

punch：punch 在 Intial 分析步保持静定，设置边界条件为 ☑U1，☑U2，☑UR3，选择 punch 的参考点 RP-punch。

dit：die 在 Intial 分析步保持静定，设置边界条件为 ☑U1，☑U2，☑UR3，选择 die 的参考点 RP-die。

BC-center：Blank 在 Intial 分析步保持 X 方向上无位移，边界条件设置为 XSYMM，选择对称中心线所在的边，以构建沿 X 面的对称约束，约束如图 4.98 所示。

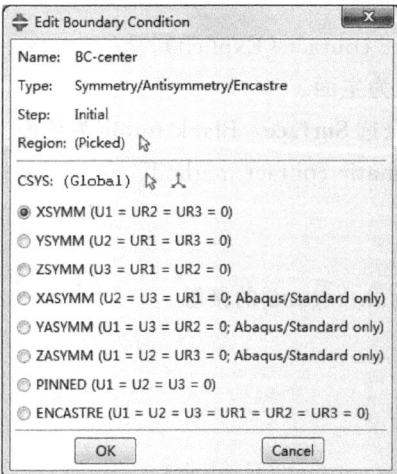

图 4.98　BC-center 的约束

② Step-1 分析步。在 Step-1 分析步修改 Punch 的位移约束以完成接触并施加位移载荷。

Punch 仅沿 Y 方向运动，边界条件修改为 U1＝0，U2＝1，UR3＝0。

在 Explicit 显示分析中，采用 Amplitude（幅值曲线）在整个分析步施加位移载荷，采用 Amp-1 幅值加载。结合幅值曲线特征，Punch 在 Step-1 沿 Y 方向下移 112mm。Punch 的 Step-1 分析步载荷设置如图 4.99 所示。

材料成形过程数值模拟
基础与应用

③ Step-2 分析步。在 Step-2 分析步修改 Die 的位移载荷约束以施加转动位移载荷。

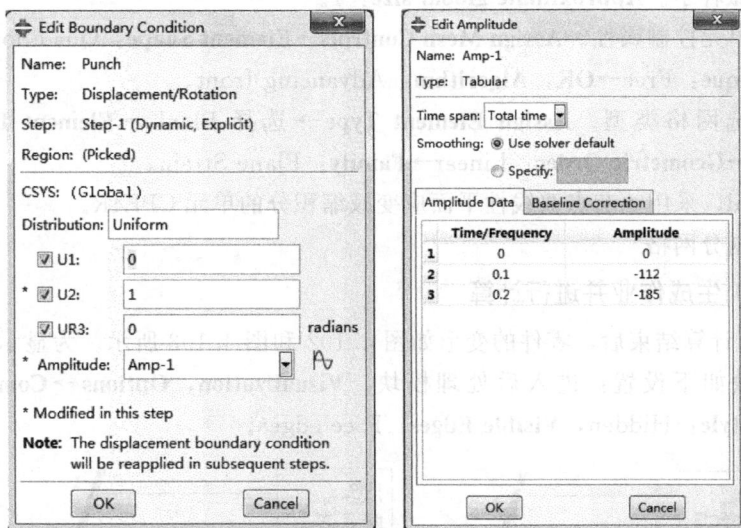

图 4.99　Punch 的 Step-1 分析步载荷设置

在 Die 的 Step-2 列 **Edit**→UR3，设置如图 4.100 所示。

其余边界条件保持不变。

结合幅值曲线特征，Punch 在 Step-2 沿 Y 方向下移 112mm。在总时间中 Punch 的位移为 185mm。所有边界条件设置如图 4.101 所示。

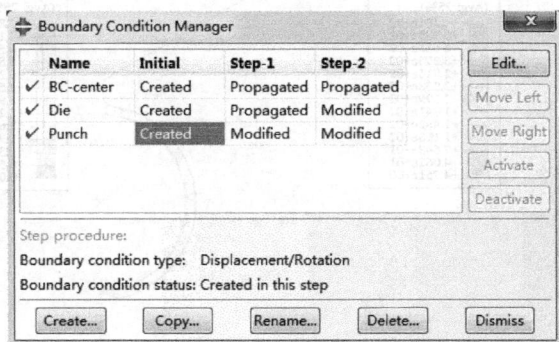

图 4.100　Die 的 Step-2
分析步载荷设置

图 4.101　边界条件设置总览

（7）Mesh

① 撒种子。**Approximate global size**：1。

② 单元控制属性。**Assign Mesh Controls**→**Element Shape**：Quad-dominated →**Technique**：Free→**OK**，**Algorithm**：Advancing front。

③ 选网格类型。**Assign Element Type**→选择 Blank→**Element Library**：Explicit→**Geometric Order**：Linear→**Family**：Plane Strain。

Quad，采用 4 节点双线性平面应变减缩积分的单元 CPE4R。

④ 划分网格

（8）生成作业并进行计算

后台计算结束后，零件的变形如图 4.102 和图 4.103 所示。为显示无网格的云图做如下设置：进入后处理模块，**Visualization**，**Options**→**Commom**→**Render Style**：Hidden，**Visible Edges**：Free edges。

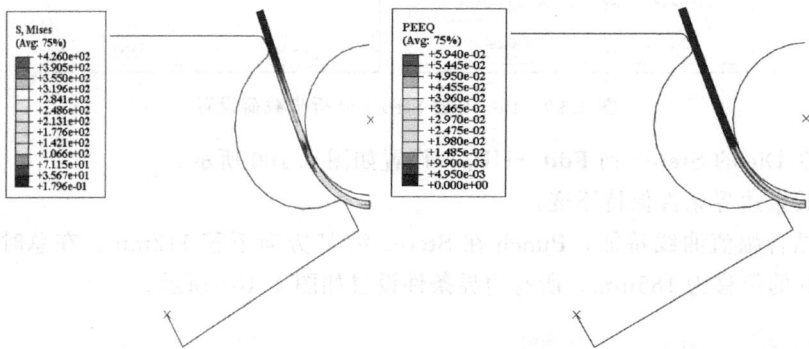

图 4.102　Step-1 应力应变结果

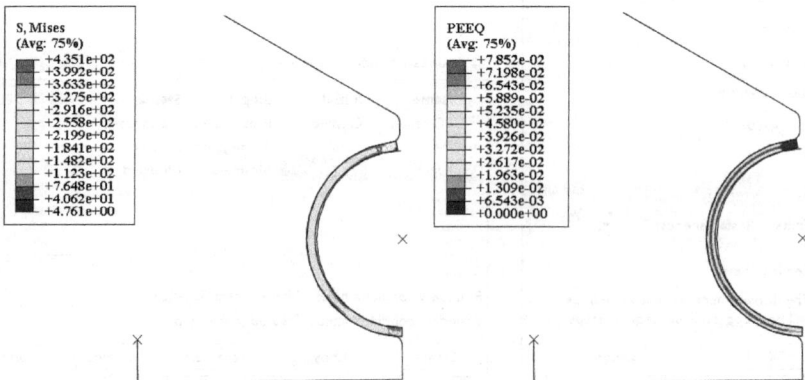

图 4.103　Step-2 应力应变结果

第5章

塑性成形过程
损伤断裂模拟

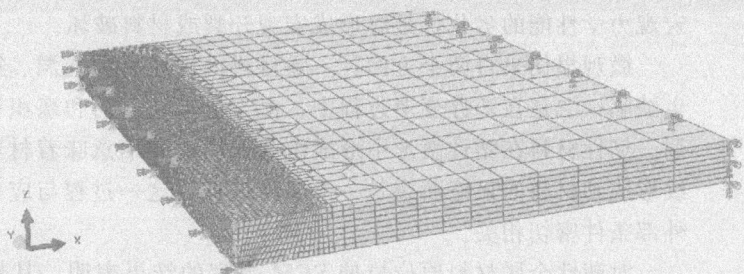

5.1 塑性金属材料损伤判据

5.2 塑性变形过程损伤计算

5.1
塑性金属材料损伤判据

在塑性加工过程中，金属表面或内部常出现开裂现象，它是塑性成形失效的主要形式，也是影响零件疲劳寿命，造成废品的重要原因。裂纹通常是由于塑性变形时存在较大的拉应力、切应力或附加拉应力引起的。裂纹发生的部位通常是在材料应力最大、厚度最薄的部位。如果材料表面和内部有孔洞、夹杂物、微裂纹等原生缺陷，或随着变形程度，变形工艺参数的变化导致材料塑性降低，超过材料允许的塑性变形量，就会出现裂纹。在镦粗、拔长、冲孔、扩孔、弯曲、挤压、胀形、拉深等成形工序中都有可能出现裂纹。

用于塑性加工的金属材料塑性较好，在塑性加工过程中发生的断裂多为韧性断裂形式，很少发生脆性断裂。金属韧性断裂是损伤累积的结果，通常要经历如下过程：损伤萌生、长大、聚合直至产生塑性变形局部化，最终形成肉眼可见的裂纹。损伤是在加工过程中由于载荷、温度、环境等因素的作用，使材料的微、细观结构发生变化，引起微缺陷形核、长大、扩展、汇合，导致材料宏观力学性能的劣化，最终形成宏观开裂或材料破坏。

微观损伤来自两个方面：一是材料内部原有的孔洞、第二相、微裂纹等原生缺陷；二是在塑性变形过程中，由于位错的运动和塞积等原因形成的次生孔洞。韧性材料在塑性变形中形成微观损伤，并不意味着材料即将断裂，从微裂纹形成到材料的最终断裂是一个演化过程，这一过程与应力状态、材料性质等外部条件密切相关。

对塑性金属材料原位拉伸 SEM 观察的结果表明，其韧性断裂在微观上表现为以下三个阶段：①微孔洞萌生，微孔洞的形核主要是由于材料细观结构的不均匀，大多数微孔洞形核位于第二相附近，产生于第二相的自身开裂或第二相与基体的界面脱粘；②微孔洞的长大，随着不断的加载，微孔洞周围材料的塑性变形越来越大，微孔洞扩展和长大；③微孔洞的聚合，当塑性变形量达到一定程度后，微孔洞之间发生塑性失稳，导致微孔洞的局部剪切带中的二级孔洞片状汇合形成宏观裂纹。

在塑性成形过程中用来判断损伤的本构关系或准则分为数学模型和实验曲线两类。

5.1.1 金属塑性成形过程韧性断裂的损伤本构

（1）Rice-Tracey 断裂模型

$$\frac{dR}{R} = c \exp\left(\Psi \frac{\sigma_m}{\sigma_s}\right) d\varepsilon_{eq}^p \tag{5.1}$$

式中，R 为母材中孔洞的半径；dR 为孔洞半径增量；$d\varepsilon_{eq}^p$ 为材料的等效塑性应变增量；c 和 Ψ 为与材料属性相关的参数。

假设母材加载状态为比例加载，式中应力三轴度 $\frac{\sigma_m}{\sigma_s}$ 为常数 η，其中 σ_m 为静水应力，σ_s 为 Mises 屈服应力。

$$\int_{R_0}^{R} \frac{dR}{R} = \int_0^{\bar{\varepsilon}_P} c \exp(\Psi\eta) d\varepsilon_{eq}^p \tag{5.2}$$

比例加载条件下的 Rice-Tracey 断裂模型为 $\varepsilon_{eq}^f = c_1 \exp(-c_2 \eta)$，式中 c_1 和 c_2 为两个待确定的材料参数。Rice-Tracey 断裂模型中材料的断裂应变只依赖于应力三轴度 $\frac{\sigma_m}{\sigma_s}$，而与 Lode 角参数无关。因此，该模型无法分辨材料不同偏应力状态下的延性差别。

（2）Gurson-Tvergaard-Needleman 模型（GTN 模型）

$$\Phi = \left(\frac{\bar{\sigma}}{\sigma_Y}\right)^2 + 2q_1 f^* \cosh\left(\frac{3q_2}{2} \frac{\sigma_m}{\sigma_Y}\right) - \left[1 + (q_3 f^*)^2\right] \tag{5.3}$$

式中，$\bar{\sigma}$ 是等效应力；σ_Y 是未损伤基体材料的屈服应力；σ_m 为静水压力；f^* 是孔洞体积分数；q_1、q_2、q_3 为材料参数。

在含孔洞的塑性势中考虑了每一孔洞周围存在的非均匀应力场和相邻空穴之间的相互作用。f^* 定义为孔洞体积分数的函数，而 f 则为自变量，它表示微孔洞的体积分数。以孔洞体积分数为变量的孔洞演化率列于式（5.4）：

$$f^*(f) = \begin{cases} f, & f \leqslant f_c \\ f_c + \vartheta(f + f_c), & f > f_c \end{cases} \tag{5.4}$$

当材料达到屈服条件时，塑性变形开始进行，此时孔洞开始萌生与长大，长大的结果最终形成孔洞聚合，瞬时能量释放。f_c 表示孔洞聚合时的孔洞体积分数临界值，一旦孔洞体积分数达到这一阈值，孔洞就开始聚集，并使原本相邻的孔洞在应力作用下连成剪切带致使材料的承载能力下降或丧失，进一步发展形成宏观可见裂纹。ϑ 是由孔洞体积分数 f_c 和 f_f 确定的系数。ϑ 的计算式为：

$$\vartheta = \frac{f_{u}^{*} - f_{c}}{f_{f} - f_{c}} \tag{5.5}$$

式中，f_f 为材料应力承载能力完全丧失时的孔洞体积分数；f_u^* 定义为 $f_u^* = \dfrac{q_1 + \sqrt{q_1^2 - q_3}}{q_3}$，$q_3$ 满足关系 $q_3 = q_1^2$。

孔洞体积分数的增长包括两个方面：现存孔洞的生长和新孔洞的形核。因此，孔洞演化模型中孔洞体积分数的增长表达式如下：

$$\dot{f} = \dot{f}_{\text{growth}} + \dot{f}_{\text{nucleation}} \tag{5.6}$$

式中，$\dot{f}_{\text{growth}}$ 表示已有孔洞生长率。由于基体材料的不可压缩性，现存孔洞的生长率与塑性应变中的静水分量有关，其计算表达式为：

$$\dot{f}_{\text{growth}} = (1 - f)\dot{\varepsilon}_{\text{eq}}^{p} \tag{5.7}$$

式中，$\dot{\varepsilon}_{\text{eq}}^{p}$ 表示等效塑性应变；$f_{\text{nucleation}}$ 表示新孔洞的形核体积分数，新孔洞的形成可以是应变诱发的，也可以是应力诱发的。在塑性变形过程中的孔洞演化模型由塑性应变控制。而对新孔洞形核体积分数求导后得到的新孔洞形核率 $\dot{f}_{\text{nucleation}}$ 表达式为：

$$\dot{f}_{\text{nucleation}} = A\dot{\varepsilon}_{\text{eq}}^{p} + B\dot{\sigma}_{\text{m}} \tag{5.8}$$

式中，$\dot{\sigma}_{\text{m}}$ 为静水应力，其表达式为 $\dot{\sigma}_{\text{m}} = \sigma_{kk}/3$，$\sigma_{kk} = \delta_{ij}\sigma_{ij}$，$\delta_{ij}$ 为 Kronecker 算子。

$$A = \frac{f_{\text{N}}}{S_{\text{N}}\sqrt{2\pi}}\exp\left[-\frac{1}{2}\left(\frac{\varepsilon_{\text{eq}}^{p} - \varepsilon_{\text{N}}}{S_{\text{N}}}\right)^{2}\right] \tag{5.9}$$

式中，f_{N} 表示材料可能形核的最大孔洞体积分数；ε_{N} 表示形核平均应变。A/f_{N} 呈正态分布，S_{N} 为正态分布样本对应的标准差。采用塑性应变控制的形核机制，式（5.8）中 $A > 0$，$B = 0$。

在 Abaqus/CAE 中的实现：**Property module→Edit Material→Mechanical →Plasticity→Porous Metal Plasticity**。

（3）Lemaitre 韧性损伤准则

Lemaitre 损伤模型基于有效应力的概念和应变等效假设，在描述韧性金属的行为时，考虑了内部损伤的演化以及非线性混合强化准则。微观缺陷被假定为各向同性分布，主要反映在弹性模量的退化上。

Lemaitre 损伤模型以四大基本要素为基础，即：损伤状态变量、各向同性损伤假设、有效应力和应变等效性假设。

① 损伤状态变量。$D = 1 - \dfrac{\tilde{E}}{E}$，式中 E 为无损材料的弹性模量；$\tilde{E}$ 为损伤材

料的弹性模量。$D=0$，对应于材料的无损伤状态；$D=D_C$，对应于材料的完全断裂；$0<D<D_C$，对应于材料不同程度的损伤状态，D_C 为材料断裂时的临界损伤值。

② 各向同性损伤假设。在真实情况下，微裂纹和微孔洞是有方向性的，而 Lemaitre 假设微裂纹和微孔洞在所有方向上是相同的，所以 D 不依赖法向量，是标量。

③ 有效应力。设 σ_{ij} 是作用于损伤单元截面 A 上的应力，而损伤单元实际的承载面积为 $\widetilde{A}=A(1-D)$，因此有效应力张量为 $\widetilde{\sigma}_{ij}=\dfrac{\sigma_{ij}}{1-D}$。

④ 应变等效性假设。受损材料的变形行为可以通过有效应力来体现，即损伤材料的本构关系可以采用无损时的形式，只要将其中的应力 σ_{ij} 替换为有效应力 $\widetilde{\sigma}_{ij}$。

基于连续介质热力学，Lemaitre 假设了损伤演化方程的形式，并结合试验建立了一种各向同性的塑性损伤理论，得到 Lemaitre 模型的增量形式

$$\Delta D=\frac{D_C}{\varepsilon_R-\varepsilon_D}\left[\frac{2}{3}(1+v)+3(1-2v)\left(\frac{\sigma_m}{\overline{\sigma}}\right)^2\right]\left(\frac{k}{K}\right)^2\Delta P \qquad (5.10)$$

$$k=K(P_0+P)^n \qquad (5.11)$$

其中，D 为损伤变量；D_C 为损伤阈值；$\overline{\sigma}$ 为等效应力；σ_m 为静水压力；v 为泊松比；k 为材料的硬化函数；K 为金属硬化系数；n 为硬化指数；ΔP 为塑性应变增量；P_0 为材料的初应变。

Lemaitre 损伤模型中与断裂相关的损伤常数包括 ε_D、ε_R 和 D_C，常用的测量方法有直接测量法和非直接测量法。非直接测量法又包括弹性模量变化法、质量密度变化法和电阻率变化法等。

（4）Johnson-Cook 损伤本构

Johnson-Cook 损伤本构是基于连续介质力学和粘塑性力学，考虑材料在冲击动载荷下的大变形、高应变速率和绝热条件的损伤断裂模型。该模型除了在冲击动载荷条件下适用，其他研究表明其对静态断裂或准静态断裂亦适用。

Johnson-Cook 模型包含了材料本构关系和断裂准则，是具有代表性的唯象材料模型，考虑了塑性应变硬化，应变速率敏感性和温度软化等因素的影响。其本构关系的表达式为：

$$\sigma=(A+B\dot{\varepsilon}^n)\left[1+C\ln\left(1+\frac{\dot{\varepsilon}}{\dot{\varepsilon}_0}\right)\right]\left(1-\left(\frac{T-T_r}{T_m-T_r}\right)^m\right) \qquad (5.12)$$

式中，A 是材料的静态屈服应力；B 和 n 反映材料的应变硬化特性；C 为无量纲常数，反映材料的应变速率敏感性；$\dot{\varepsilon}$ 是当前塑性应变率；$\dot{\varepsilon}_0$ 是参考塑性

应变率；T 为当前温度；T_r 为参考温度（一般为室温）；T_m 为熔化温度。式中第一项代表材料在室温下的准静态应力应变关系；第二项反映应变率强化效应；第三项反映材料应力应变关系的温度依赖性。

Johnson-Cook 采用一个塑性应变的函数作为损伤参数，当损伤参数超过临界值 1 时材料开始发生破坏，损伤参数 D 为：

$$D = \sum \left(\frac{\Delta \bar{\varepsilon}^{pl}}{\bar{\varepsilon}_f^{pl}} \right)$$

式中，$\Delta \bar{\varepsilon}^{pl}$ 为等效塑性应变在一个数值积分循环内的增量；$\bar{\varepsilon}_f^{pl}$ 是当前时间步下的等效断裂应变。等效断裂应变定义为应力三轴度、应变率和温度的函数，其表达式为：

$$\bar{\varepsilon}_f^{pl} = \left[D_1 + D_2 \exp \left(D_3 \frac{\bar{\sigma}_m}{\sigma_e} \right) \right] \left(1 + \frac{\dot{\varepsilon}}{\dot{\varepsilon}_0} \right)^{D_4} \left[1 + D_5 \left(\frac{T - T_r}{T_m - T_r} \right) \right] \quad (5.13)$$

式中，$\bar{\sigma}_m / \sigma_e$ 为应力三轴度；$\bar{\sigma}_m$ 为静水压力；σ_e 为 Mises 等效应力；D_1、D_2、D_3、D_4、D_5 为材料常数，这些常数可由具有不同应力三轴度的光滑和缺口试样进行标定。

在 Abaqus/CAE 中的实现：**Property module→Edit Material→Mechanical →Damage for Ductile Metals→Johnson-Cook Damage**。

（5）Marciniak-Kuczynski（M-K）断裂准则

M-K 理论假设刚塑性材料在平面应力条件下进行变形，板料的集中性失稳是由变形过程中材料的原生缺陷不断扩展导致的。进行了厚度不均匀假设，将板料上原生随机分布的缺陷假定为均匀材料上的一个薄弱区域，即凹槽。基于凹槽假设，在模型中存在两个区域，均匀变形区 A，厚度为 t_a；凹槽区 B，厚度为 t_b。模型中最初的几何缺陷，可以用厚度不均匀性 f 来定义，厚度不均匀性即模型初始状态时，凹槽区厚度与均匀变形区厚度之比。

$$f = \frac{t_b}{t_a} \quad (5.14)$$

为简化分析，将凹槽假定为与板料的第一主应力方向垂直。

M-K 理论模型包括以下几个要点：

① 板料处于平面应力状态且变形前后体积保持不变，即：

$$d\varepsilon_1 + d\varepsilon_2 + d\varepsilon_3 = 0 \quad (5.15)$$

② 凹槽内外第二主应变相等，即：

$$d\varepsilon_{2a} = d\varepsilon_{2b} \quad (5.16)$$

③ 变形过程中凹槽内外满足力平衡条件，即：

$$\sigma_{1a} t_a = \sigma_{1b} t_b \quad (5.17)$$

其中，t_a、t_b 分别为均匀区和凹槽区板材的厚度。

在 Abaqus/CAE 中的实现：**Property module→Edit Material→Mechanical →Damage for Ductile Metals→M-K Damage**。

5.1.2 成形极限图

在板料成形过程中，开裂和起皱是最重要的失效形式。起皱主要是拉-压和压-压两种应力状态作用的结果。可通过优化工艺，增加压边圈解决，但压边力过大会导致板料破裂，因此板料破裂失稳成为板料成形最常见的失效形式。板料在冲压成形过程中，从产生颈缩到破裂会经历两个阶段；分散性失稳和集中性失稳。板料发生分散性颈缩失稳时，宏观上板料表面并没有明显的颈缩痕迹，且材料性能并无明显下降，对应材料内部的损伤萌生和扩展阶段；当颈缩发展为面内的沟槽，即产生集中性失稳时，此时板料断裂失效，不能进一步塑性变形。常用集中性失稳极限作为判断板料成形失效的依据。通常描述这种极限状态的指标为应变和应力。

成形极限图是评估板料成形性能最为便捷和广泛的一种方法，其本质就是板料在不同加载条件下发生颈缩失稳前的极限应变、极限应力。

（1）基于应变的成形极限图（FLD）

FLD 主要通过实验获得，在设备上通过改变试样宽度和润滑条件，得到极限应变值来绘制 FLD 图。在板料变形过程中板面内两个主应力比例变化时，相应的两个主应变的极限值也会发生变化，这些数值本质上体现了材料的性能，通过改变面内两个主应力的比例，得到多种应力状态下对应的两个主应变的极限值，e_1 和 e_2（名义应变）或 ε_1 和 ε_2（真应变）构成的条带形区域或曲线就是成形极限图 FLD（Forming Limit Diagram）。它全面反映了板料在单向和双向拉应力作用下的局部成形极限，可定性和定量反映板料的成形性能。

FLD 作为判断板料成形极限的重要手段，也是板料成形过程有限元分析的一个重要判据，利用 FLD 可在零件设计阶段就对板料的成形性进行科学评价，利于合理选择材料，优化模具设计、工艺设计等。

在 Abaqus/CAE 中的实现：**Property module→Edit Material→Mechanical →Damage for Ductile Metals→FLD Damage**。

（2）基于应力的成形极限应力图（FLSD）

成形极限应力图（FLSD）是基于极限应力来获得的成形极限判据，只由最终的应力状态决定，因此与应变路径无关，可用于解决复杂加载路径的成形问题。不同加载路径条件下，板料断裂失稳时所能达到的最大应力定义为板料的成形极限应力。由于板料变形应力无法测量，复杂应变路径下的成形极限应力图通常是先从试验得到极限应变值，计算出等效应变，再通过等效应力与等效应变之间的转换关系得到等效应力，最后由塑性变形应力应变关系的增量理论得到极限状态下的应力分量（σ_1，σ_2）。获得成形极限应力图的方法主要有：①用试验方法得到不同应变路径下的 FLD，然后根据应力应变关系得到FLSD；②用模拟实验的方法得到 FLSD。

在 Abaqus/CAE 中的实现：**Property module → Edit Material → Mechanical → Damage for Ductile Metals→FLSD Damage**。

5.1.3 应力状态

材料在外力作用下，其内部各点处于一定的应力状态，在不同的方位将作用有不同的正应力及切应力。材料断裂形式一般有两种：一是切断，断裂面平行于最大切应力或最大切应变方向；另一种是正断，断裂面垂直于最大正应力或正应变方向。

至于材料产生何种破坏形式，主要取决于材料和应力状态，而应力状态可以用正应力 σ 与切应力 τ 之比表示，这与材料所能承受的极限变形程度 ε_{max} 及 γ_{max} 有关。

受力物体内一点的应力状态，可由作用在应力单元体上的主应力描述。其中主应力图，仅用主应力的个数及符号来描述，通常主应力图可分为 9 种，其中三向应力状态有 4 种，两向应力状态有 3 种，单向应力状态有 2 种，如图5.1 所示。在两向和三向主应力图中，当各向主应力符号相同时，为同号主应力图；不同时，称为异号主应力图。

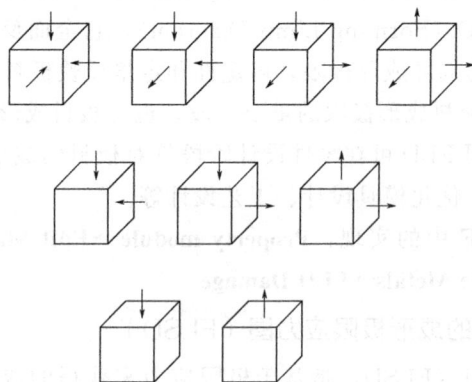

图 5.1 9 种主应力图

金属韧性断裂分为韧窝断裂模式和剪切断裂模式。从微观机理上来讲，应力三轴度 R_d 代表材料内韧窝机制的发展相对剪切机制发展的优势，当三轴应力度高时，材料内韧窝机制占优，空穴扩张较快，尽管剪切机制可能也有相当的发展，但材料的宏观表现为韧窝型；当三轴应力度较低而剪切应变高时，剪切机制占优。不同的加载条件下，具有不同的应力状态软性系数，R_α 越大，试样中最大切应力分量越大，表示应力状态越"软"，金属越易产生塑性变形和韧性断裂；而 R_α 越小，试样中的最大正应力分量就越大，切应力分量就较小，应力状态越"硬"，金属就越不易产生塑性变形而倾向于产生脆性断裂。罗德参数 μ_d 表征材料的变形模式，反映构件的应变状态，μ_d 值为 -1 时是拉伸状态，为 0 时是剪切状态，为 1 时是压缩状态。

本书用于表征应力状态参数的量有应力三轴度 R_d、应力状态软性系数 R_α 和罗德参数 μ_d，其计算公式分别如下：

$$R_d = \sigma_m / \sigma_{eq} = \sqrt{2}\,(\sigma_1 + \sigma_2 + \sigma_3)/3\sqrt{(\sigma_1 - \sigma_2)^2 + (\sigma_2 - \sigma_3)^2 + (\sigma_3 - \sigma_1)^2}$$

$$\tag{5.18}$$

$$R_\alpha = (\sigma_1 - \sigma_3)/2[\sigma_1 - \upsilon(\sigma_2 + \sigma_3)] \tag{5.19}$$

$$\mu_d = 2(\sigma_2 - \sigma_3)/(\sigma_1 - \sigma_3) - 1 \tag{5.20}$$

式中，σ_m、σ_{eq} 分别表示平均应力和等效应力；υ 为泊松比。

5.1.4　内聚力模型

Cohesive Model（内聚力模型）是采用能量破坏作为损伤准则，并将每一单元拉伸破坏过程都等效为一个分层扩展的过程，同时利用内聚本构关系模型来定义材料韧性性能的一种模型。内聚力模型可以通过使用 Cohesive Elements（内聚力单元）或者 Cohesive Surfaces（内聚力面）来实现。在模型和参数都一致的时候，两类方法得到的结果略有差别。

（1）Cohesive Elements 内聚力单元

内聚力单元损伤-开裂过程可用牵引力-位移关系（Traction-Separation Law）来描述，模型关系如图 5.2 所示。

将材料微尺度下的断裂描述为沿一定表面的分离，裂纹尖端塑性区上下表面服从内聚力模型（Traction-Separation law）。Needleman，Rice 等也倡导将断裂视为材料在扩展裂纹前端或内聚区克服内聚力而逐渐分离的过程，当内聚区域内曲线裂纹

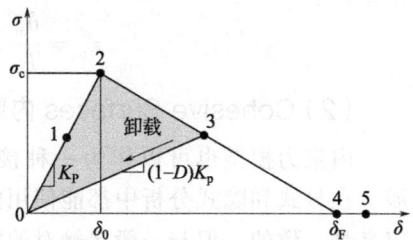

图 5.2　内聚力单元牵引力-位移模型

前端张开位移出现峰值点时，材料将分离并产生微观断裂，即对材料施加载荷，断裂的过程就是内聚元上下表面逐渐分离的过程。同时，细观损伤力学理论及部分试验研究也证明，韧性材料的裂纹大部分起始于材料内部脆性二次相的破裂与脱粘。这些微观损伤在外力持续作用下不断扩展与聚合，最终形成韧性材料的宏观断裂，在二次相断裂的位置最终形成韧窝，较大二次相粒子可在韧窝处观察到。

内聚力单元损伤准则反映了应力 σ 与裂纹尖端位移 δ 的关系。软化准则服从双线性模型，即当内聚区的承载达到损伤门槛值 δ_0 后，内聚区材料的承载能力线性下降。对于 Ⅰ，Ⅱ，Ⅲ 型裂纹，在界面正应力和切应力达到各自的极限拉伸强度和极限剪切强度后，材料刚度逐渐减少至 0。而应力-位移曲线所包络的面积即为断裂能（图 5.2 中阴影部分所示）。用 Rice 提出的 J 积分理论描述内聚区域：

$$\int_0^{\delta_F} \sigma(\delta)\,\mathrm{d}\delta = W_C \tag{5.21}$$

式中，W_C 表示特定裂纹开裂模式下的能量释放率门槛值。

采用双线性关系求解内聚力单元软化关系：

① 塑性区裂纹尖端位移小于损伤门槛值时，即 $\delta < \delta_0 : \sigma = K_P \delta$；

② $\delta_0 < \delta < \delta_F : \sigma = (1-D)K_P\delta$，其中 D 表示内聚力单元内的损伤累积变量，起始值为 0，当该值渐变至 1 时，材料完全失去承载能力，发生破坏；

③ $\delta > \delta_F$：所有的罚刚度都等于 0。

若出现裂纹闭合情况时，就需要在内聚力单元本构模型中定义起始罚刚度 K_P，断裂能 W_{IC}，W_{IIC}，W_{IIIC}，以及相应的名义抗拉强度 σ_b 和抗剪强度 σ_c。

当内聚力单元能量释放量达到损伤能量门槛值后，材料出现局部微损伤，之后内聚元进入软化阶段，其表现为刚度弱化系数 SDEG（scalar stiffness degradation variable）逐渐下降。当微观损伤发生以后，断裂面的自接触遵从法向罚函数刚度法则。即当断裂面出现面面渗透时，罚函数法作为求解面面接触的定解条件，并不考虑摩擦效应。拉伸应力矢量为 σ，σ_n 表示沿界面法向的应力矢量；σ_s、σ_t 分别为沿界面切向的两个应力矢量，与此对应的位移分别为 δ_n、δ_s、δ_t。定义脆性层厚度为 T_0，各应变量为：

$$\varepsilon_n = \frac{\delta_n}{T_0}, \varepsilon_s = \frac{\delta_s}{T_0}, \varepsilon_t = \frac{\delta_t}{T_0} \tag{5.22}$$

（2）Cohesive Surfaces 内聚力面

内聚力模型也可以作为一种接触属性来模拟裂纹在两个接触面之间的扩展。在显式和隐式分析中都能使用内聚力接触。在两种分析步下，接触属性的定义是一致的，但与一般接触对的定义略有不同。

① 内聚力接触属性在 interaction 模块中定义。

材料成形过程数值模拟
基础与应用

a. **Interaction→Property→Create**；

　　b. **Mechanical→Cohesive Behavior**（选项卡内容可全部为默认项，或者自定义 K 值）；

　　c. **Mechanical→Damage→Criterion**（选择损伤起始方式，表格中填入应力值）；

　　d. 点选 **Specify damage evolution**，填入能量值；

　　e. 点选 **Specify damage stabilization**，填入黏性系数。

　　② 内聚力接触对。在显式和隐式分析中，定义内聚力接触对的方式略有不同：在显示分析中，要定义通用接触；而隐式分析中，要定义面-面接触对。

　　a. 在显式分析 **Abaqus/Explicit** 中。

　　新建立一个默认的接触属性为通用接触的属性，在 **Mechanical** 下点选 **Tangential Behavior** 和 **Normal Behavior**，选项卡中的值保持默认。

　　Interaction→Creat→General contact（**Explicit**），建立一个显示的通用接触，并选择新建立的默认接触属性作为 **Global property assignment**。

　　编辑 **Individual property assignment**，选择两个接触面和黏聚力接触属性，并通过箭头按钮添加。

　　b. 在隐式分析 **Abaqus/Standard** 中。

　　Interaction→Creat→Surface-to-surface contact（**Standard**），建立一个面对面的接触；选择接触面。

　　Discretization 选择 **Node to surface**；**Contact interaction property** 选择内聚力接触属性。

　　注意：每一个损伤破坏产生准则都有对应变化的输出来显示在分析过程中是否达到了此标准，一个大于或等于 1.0 的值表明已经达到此发生准则；对一种给定材料可以规定不止一种损伤破坏准则。如果对同一种材料规定多种损伤破坏准则，那么这些准则是相互独立的。一旦达到了某个损伤产生准则，材料刚度就会按照此准则规定的损伤发展规律逐渐衰减，但是若没有规定损伤发展规律，材料刚度则不衰减。没有规定损伤发展规律的失效机制被认为是无效的。

5.2
塑性变形过程损伤计算

5.2.1　实例 1：GTN 模型

　　利用 GTN 模型模拟 Nakazima 凸模胀形试验，材质为厚度 1mm 的铝合金

5052 板，现对宽度为 100mm 的试样进行胀形模拟。采用 SI（m）量纲。通过单轴拉伸试验获得铝合金 5052 真应力-真应变数据，如表 5.1 所示。

表 5.1　铝合金 5052 应力-应变参数

应力/Pa	塑性应变	应力/Pa	塑性应变	应力/Pa	塑性应变
88000000	0	191400000	0.0608	239300000	0.1351
106700000	0.0063	205500000	0.0771	250500000	0.1505
135000000	0.0172	214000000	0.0925	256100000	0.1641
160400000	0.0318	228100000	0.1079	261700000	0.1786
177300000	0.0454	230800000	0.1215		

（1）Part

① 创建试样。

Create Part。

Name：Part。

Modeling Space：3D。

Type：Deformable。

Base feature：Solid。

Type：Extrusion。

Approximate size：0.5。

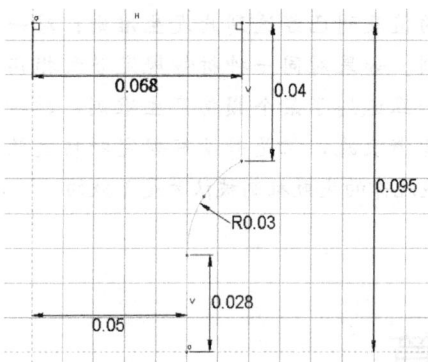

图 5.3　1/4 试样尺寸

过（0，0）点的竖直和水平构造线，用作镜像的对称轴。

1/4 部分的零件尺寸如图 5.3 所示。分别沿竖直和水平构造线镜像后，获得整个零件的草绘图，拉深厚度为 0.001。

分割零件。为方便后续划分单元，将零件分割为中心和边缘两部分。采用绘制草绘截面的方式分割零件。

Select a sketch plane that cuts through the cell（planar face or datum plane）Sketch Origin（Auto-Calculate）：选择零件的主平面。

Select an edge or axis that will appear：vertical and on the right。

过零件对称中心，做一半径为 0.062 的圆，分割零件，如图 5.4 所示。

提示：分割时可自行选择有利于草绘的视图方向。四个选项分别为：

vertical and on the right（在右侧的垂直边），vertical and on the left（在左侧的垂直边），horizontal and on the top（在顶侧的水平边），horizontal and on the bottom（在底侧的水平边）。

本例零件中视图的放置方位如图 5.5 所示。

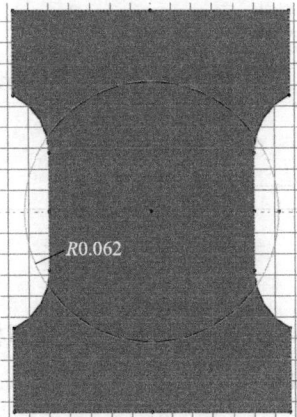

图 5.4　分割后的零件

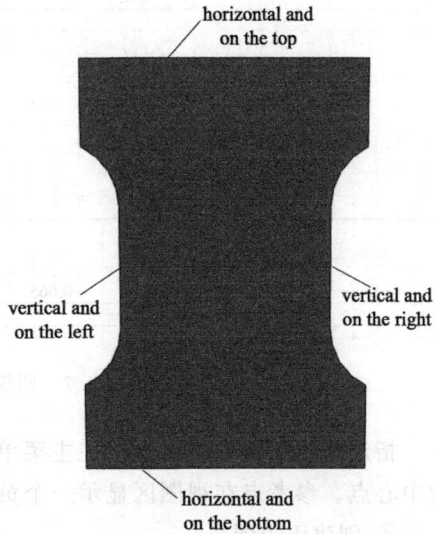

图 5.5　视图方位

② 创建凸模

Name：Punch。

Modeling Space：3D。

Type：Analytical rigid。

Base feature：Revolved shell。

Approximate size：0.4。

绘制如图 5.6 所示的 $R0.05$ 半圆弧旋转面，并绘制过（0，0）点的垂直构造线。绕中心线回转 $360°$，完成凸模的构建。

指定刚体部件的参考点。在主菜单中选择 Tools-Reference Point，点击凸模的最底面上的点，命名为 RP-Punch。

③ 创建凹模

Name：Die。

Modeling Space：3D。

Type：Analytical rigid。

Base feature：Revolved shell。

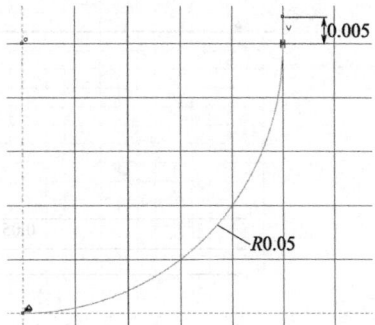

图 5.6　凸模回转面尺寸

Approximate size：0.4。

绘制如图 5.7 所示的旋转面，并绘制过（0，0）点的垂直构造线。绕中心线回转 360°，完成凹模的构建。

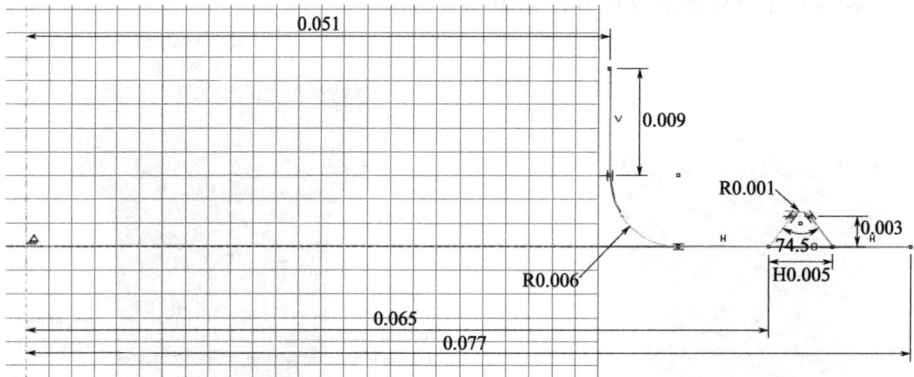

图 5.7　凹模回转面各尺寸

指定刚体部件的参考点。在主菜单中选择 **Tools-Reference Point**，点击凹模的中心点。参考点在视图区显示一个黄色的叉，旁边标以 RP-die。

④ 创建压边圈

Name：Holder。

Modeling Space：3D。

Type：Analytical rigid。

Base feature：Revolved shell。

Approximate size：0.2。

绘制如图 5.8 所示的旋转面，并绘制过（0，0）点的垂直构造线。绕中心线回转 360°，完成压边圈的构建。

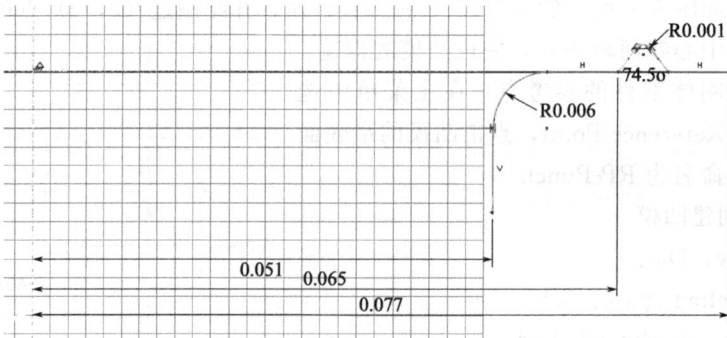

图 5.8　压边圈回转面各尺寸

指定刚体部件的参考点。在主菜单中选择 **Tools-Reference Point**，点击凹模的中心点。参考点在视图区显示一个黄色的叉，旁边标以 RP-holder。

创建参考平面。利用平移 🔳 现有平面获得新的参考平面。平移凸沿平面，距离为 0.003，如图 5.9 所示。

创建参考轴。利用现有坐标轴 🔳 创建新的参考轴。选择公共坐标的 Y 轴，参考构建如图 5.9 所示。

（2）Property（使用 m-N-kg-s-Pa-J 国际单位量纲）

① 创建材料 AA5052。

Name：AA5052。

Density：2770。

Elastic：E＝68900000000，泊松比＝0.31。

Plastic：逐点输入表 5.1 中的值。

G-T-N 损伤模型：**Porous Metal Plasticity**

Relative density：0.98

q1＝1.5，q2＝1，q3＝2.25

Suboptions：**Total volume void at total failure**：0.04854

　　　　　　Critical void volume fraction：0.030103

　　　　　　Void Nucleation：Mean ＝ 0.1，Standard Deviation ＝ 0.1，Volume Fraction＝0.0249

以上数据由带拉伸台的 SEM 单轴拉伸 1mmAA-5052 板原位观察所得。

② 创建截面属性。

Name：Section-part。

Category：Solid。

Type：Homogeneous。

Material：AA5052。

Plane stress/strain thickness：1。

注意：Plane stress/strain thickness 选项用于输入截面平面应力/应变厚度的值。如截面与二维区域一起使用，则必须指定截面厚度。如果区域类型不需要厚度信息，在此处输入的值无实际意义，Abaqus/CAE 会忽略该信息。本例中输入的 1 不参与实际计算。

③ 为 Part 零件赋截面属性。

Assign Section→Section：Section-part，选择 Part 区域。

（3）Assembly

① 选择 **Mesh on part**。

② 拖动鼠标选中全部零件，点击 **OK**。全部零件以坐标 Y 轴为旋转中心装配，装配好的组件如图 5.10 所示。

图 5.9　参考构建

图 5.10　装配好的全部零件

（4）Step

分析步设置总览如图 5.11 所示。

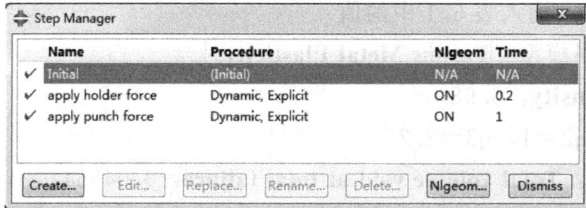

图 5.11　分析步设置

① 起始步（系统默认），作用：施加静止边界条件。
② 第一步（施加压边圈载荷），作用：压边圈下压固定零件并建立接触。
Procedure type：General，Dynamic，Explicit。
Name：apply holder force。
Nlgeom：On。
Basic Time period：0.2。其余选项默认。
③ 第二步（施加凸模载荷），作用：凸模加载建立接触并成形零件。
Procedure type：General，Dynamic，Explicit。
Name：apply punch force。
Nlgeom：On。
Basic Time period：1。其余选项默认。
④ 定义 Amplitude。
菜单栏 **Tools→Amplitude→Create**。
holder force 幅值曲线定义如图 5.12 所示。
punch displacement 幅值曲线定义如图 5.13 所示。

材料成形过程数值模拟
基础与应用

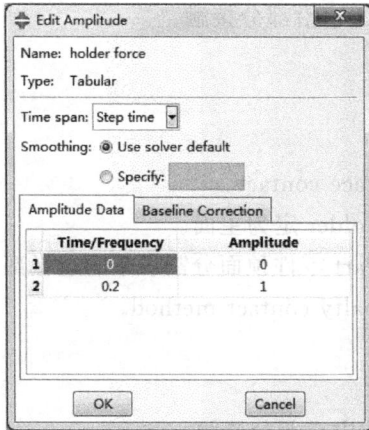

图 5.12　holder force 幅值曲线定义　　图 5.13　punch displacement 幅值曲线定义

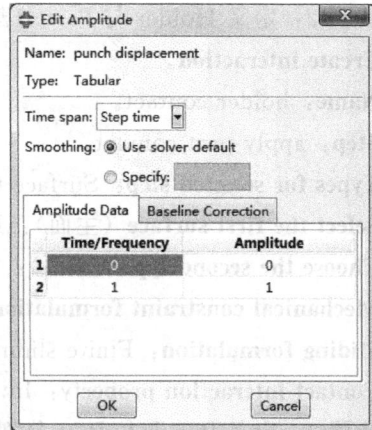

（5）Interaction

① 定义接触属性。

步骤 1：定义凸凹模与零件间的接触属性。点击 **Create Interaction Property**→**Name**：IntProp-1，**Type**：Contact→Continue。

Mechanical→**Tangential Behavior**→**Friction formulation**：Penalty→**Friction Coeff**：0.1。

Normal Behavior："Hard" Contact。

步骤 2：定义压边圈与零件间的接触属性。点击 **Create Interaction Property**→**Name**：IntProp-2，**Type**：Contact→**Continue**。

接触属性采用罚函数摩擦公式，定义摩擦系数为 0.31。**Mechanical**→**Tangential Behavior**→**Friction formulation**：Penalty→**Friction Coeff**：0.31。

② 定义工具与试样的接触

步骤 1：定义 Die 与 Part 的接触。

点击创建 **Create interaction**。

Name：die contact。

Step：apply part contact。

Types for selected step：Surface-to-Surface contact。

Select the first surface（主面）：将 Die 与 Part 零件接触的部分定义为主面。

Choose the second type（从面）：选择与 Die 接触的 Part 零件底面定义为从面。

Mechanical constraint formulation：Penalty contact method。

Sliding formulation：Finite sliding。

Contact interaction property：IntProp-1。

步骤 2：定义 Holder 与 Part 分割出来的边沿部分接触。

Create interaction。

Name：holder contact。

Step：apply part contact。

Types for selected step：Surface-to-Surface contact。

Select the first surface（主面）：选择 Holder 定为主面。

Choose the second type（从面）：选择 Part 零件顶面分割出来的边缘部分。

Mechanical constraint formulation：Penalty contact method。

Sliding formulation：Finite sliding。

Contact interaction property：IntProp-2。

步骤 3：定义 Punch 与 Part 分割出来的中心部分接触。

Create interaction。

Name：punch contact。

Step：apply punch contact。

Types for selected step：Surface-to-Surface contact。

Select the first surface（主面）：选择 Punch 定为主面。

Choose the second type（从面）：选择 Part 零件顶面分割出来的中心部分。

Mechanical constraint formulation：Penalty contact method。

Sliding formulation：Finite sliding。

Contact interaction property：IntProp-1。

各接触对的定义如图 5.14 所示。

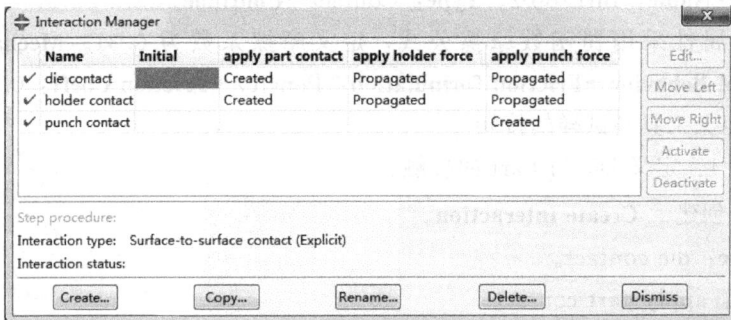

图 5.14　各接触对定义

（6）LOAD

进入 Load 模块，按照分析步定义加载。

① Initial 步。定义约束凹模的全部位移。

Create Boundary Condition → Create → Name：keep die，**Step**：Initial，

Category：**Mechanical**→**Types for Selected Step**：**Displacement/Rotation**→选择参考点 RP-Die→**U1，U2，U3，UR1，UR2，UR3**。

该约束一直持续到分析结束。

② Apply holder force 分析步。定义压边圈边界条件约束。

Create Boundary Condition→**Create**→**Name**：holder-force，**Step**：Apply holder force，**Category**：**Mechanical**→**Types for Selected Step**：**Displacement/Rotation**，选择参考点 RP-holder→U1＝0，U2＝－0.002，U3＝0，UR1＝0，UR2＝0，UR3＝0。

Amplitude：holder force。

③ Apply punch force 分析步。定义凸模下压边界条件。

Create Boundary Condition→**Create**→**Name**：move punch，**Step**：Apply punch force，**Category**：**Mechanical**→**Types for Selected Step**：**Displacement/Rotation**，选择参考点 RP-punch→U1＝0，U2＝－0.04，U3＝0。move punch 边界条件设置如图 5.15 所示。

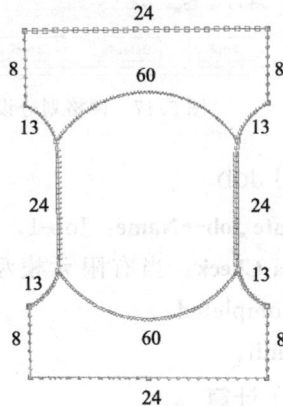

Amplitude：punch displacement。

（7）MESH

① 撒种子。由于变形主要集中在 Part 的中间部分，因此中间部分的网格划分密集，边缘部分的网格划分稀疏，可节约计算成本。

a. ▦对接触平面的边划分网格，各边种子数量如图 5.16 所示。

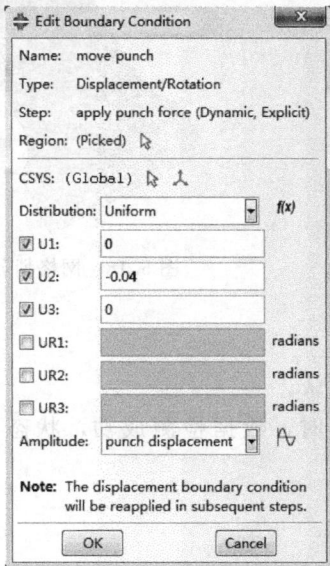

图 5.15　move punch 边界条件设置　　　图 5.16　各边种子数量

b. 对厚度边划分偏差单元。厚度划为 3 层网格，Bias ratio（偏差率）设置为 3。其赋值意义为相邻两单元中，厚单元是薄单元的 3 倍厚。薄单元与凸模侧接触，网格划分设置如图 5.17 所示。

设置厚薄不同单元的目的是将与凸模接触而变形大的畸变单元集中在薄的单元层，采集结果数据时忽略。而采集数据的单元为远离畸变的厚单元，可减少数据的畸变。

② 单元控制属性。

Assign Mesh Controls → Element Shape：Hex → **Technique**：Sweep → **Algorithm**：Advanceing front→Ok。

Specimen 区域变成黄色，可进行扫掠网格划分。

③ 选网格类型。

Assign Element Type → Element Library：Explicit → **Geometric Order**：**Linear→Hex**：Reduced integration。采用减缩积分的线性单元 C3D8R。

④ Mesh Part 划分网格。网格划分结果如图 5.18 所示。

图 5.17　网格划分设置

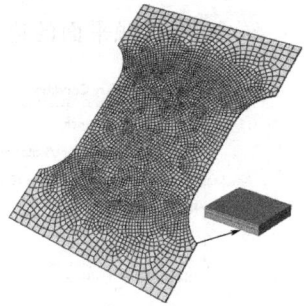

图 5.18　网格划分结果

（8）Job

Create Job→Name：Job-1，其余选项默认。

Data Check。当有限元模型数据完整时，数据检测成功，状态显示为 Check Completed。

Submit。

（9）计算

后台计算。

（10）后处理

损伤前后增量步结果对比，如图 5.19 所示。

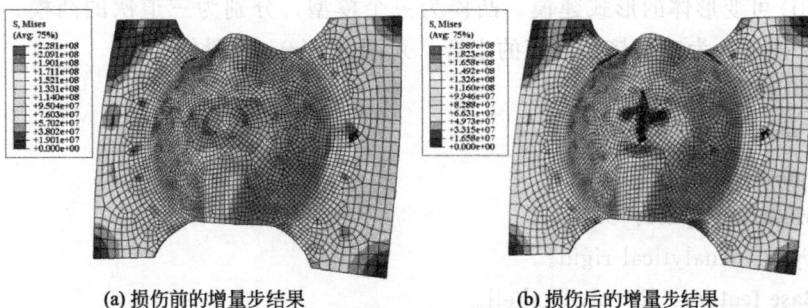

(a) 损伤前的增量步结果   (b) 损伤后的增量步结果

图 5.19　损伤前后增量步结果对比

5.2.2　实例 2：拉深成形及损伤

对圆柱形深筒零件进行拉深成形，零件中性层为 98mm，板料厚度为 6mm，高度为 140mm，毛坯直径为 268mm，修边余量为 10mm，该零件为外观件，采用铝合金 5052 材质。

对该圆柱形深筒零件进行拉深工艺设计，计算工艺参数如下。

拉深次数三道次，不需要压边圈。

第一道次零件尺寸：中性层直径为 160.8mm，高度为 74.5mm。

第二道次零件尺寸：中性层直径为 120.6mm，高度为 120mm。

第三道次零件尺寸：中性层直径为 98mm，高度为 140mm。

第一道次模具尺寸：凸模直径为 155mm，高度为 74.5mm。

凹模直径为 167mm，高度为 80.5mm。

第二道次模具尺寸：凸模直径为 115mm，高度为 120mm。

凹模直径为 127mm，高度为 126mm。

第三道次模具尺寸：凸模直径为 92mm，高度为 140mm。

凹模直径为 104mm，高度为 146mm。

模拟方案：①可以采用分体凸凹模，分三道次进行模拟；②也可采用整体凹模进行模拟，其优势在于前面道次加载所形成的损伤可延续计算，减少更换凸凹模重新计算对材料属性的影响。此工艺采用方案②进行模拟。

对于外观件，需考察拉深损伤状况，利用成形极限图（FLD）计算损伤状况。

（1）Part

采用 3D Analytical rigid（解析刚体）的形式建立上下模模腔模型，变形坯料以 3D 可变形体的形式建模。凸模为三个模型，分别为三道次的凸模。凹模为一个模型，为三次挤压凹模的组合，采用 SI（mm）量纲。

① 创建 Punch1。

Create Part。

Name：Punch1。

Modeling Space：3D。

Type：Analytical rigid。

Base feature：Revolved shell。

Approximate size：200。

点击左侧工具区 ⊞ **Create Construction**：**Vertical Line**，过（0，0）点绘制垂直构造线，作为轴对称部件的旋转轴。在中心线的一侧，过（0，0）点绘制长度为 77.5 的水平线，长度为 74.5 的垂直线，两线相交。在交点处倒角 R7。Punch1 的草绘尺寸如图 5.20 所示。

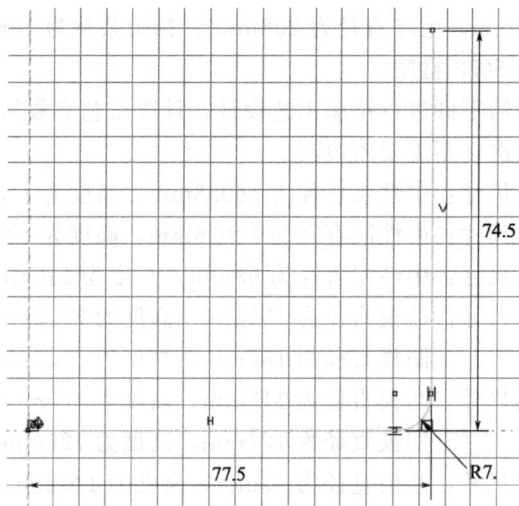

74.5

77.5

R7.

图 5.20　Punch1 草绘尺寸

Done。点击垂直构造线为旋转中心线，并旋转 360°，设置对话框如图 5.21 所示。

指定刚体部件的参考点。在主菜单中选择 **Tools-Reference Point**，点击凸模的底面中心点，命名为 RP-Punch1。创建好的 Punch1 及参考点如图 5.22 所示。

材料成形过程数值模拟
基础与应用

图 5.21 旋转编辑对话框

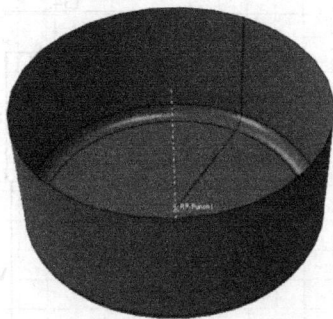

图 5.22 零件 Punch1 及参考点

② 创建 Punch2。同理，创建 Punch2，过（0，0）点水平线长度为 57.5，右侧垂直线长度为 120，两线相交。在交点处倒角 $R5$。刚体参考点命名为 RP-Punch2。

③ 创建 Punch3。过（0，0）点水平线长度为 46，右侧垂直线长度为 140，两线相交。在交点处倒角 $R4$。刚体参考点命名为 RP-Punch3。

④ 创建 Die。

Create Part

Name：Die。

Modeling Space：3D。

Type：Analytical rigid。

Base feature：Revolved shell。

Approximate size：800。

点击左侧工具区 [] **Create Construction**：**Vertical Line**，过（0，0）点绘制垂直构造线，作为轴对称部件的旋转轴。凹模草图各部分尺寸如图 5.23 所示，注意凹模凸沿在坐标原点下方。

随后在各交点处倒角，各倒角尺寸如图 5.24 所示。

Done。点击垂直构造线为旋转中心线，并旋转 360°。

指定凹模刚体部件的参考点。在主菜单中选择 **Tools-Reference Point**，点击凸模的底面中心点，重命名为 RP-Die。创建好的 Die 及参考点如图 5.25 所示。

⑤ 创建 Blank。

Create Part。

Name：Specimen。

图 5.23　凹模草图各部分尺寸

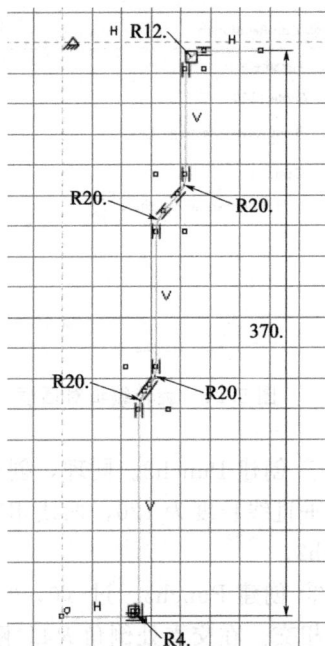

图 5.24　凹模倒角尺寸

图 5.25　零件 Die 及参考点

Modeling Space：3D。

Type：Deformable。

Shape：Solid。

Base feature type：Revolution。

Approximate size：300。

点击左侧工具区 **Create lines**：**Rectangle**。绘制点坐标为（0，0），（134，−6），的矩形。过（0，0）点绘制垂线为轴对称部件的旋转轴。

Done。点击垂直构造线为旋转中心线，并旋转 360°。

（2）Property 创建材料属性

① 创建材料 AA5052。

Name：AA5052。

Density：2.77E−009 。

Elastic：E＝75000，泊松比＝0.3。

Plastic：逐点输入表 5.2 中的屈服应力-塑性应变值。

表 5.2　AA5052 应力-应变参数

屈服应力/MPa	塑性应变	屈服应力/MPa	塑性应变	屈服应力/MPa	塑性应变
88	0	191.4	0.0608	239.3	0.1351
106.7	0.0063	205.5	0.0771	250.5	0.1505
135	0.0172	214	0.0925	256.1	0.1641
160.4	0.0318	228.1	0.1079	261.7	0.1786
177.3	0.0454	230.8	0.1215		

FLD Damage。采用基于 NAKAZIMA 的刚性凸模胀形试验获得成形极限曲线（FLD），将最大主应变和最小主应变输入，如表 5.3 所示。

表 5.3　成形极限曲线中的最大和最小主应变值

最大主应变	最小主应变	最大主应变	最小主应变	最大主应变	最小主应变
0.309	−0.18433	0.292333	−0.03733	0.36833	0.10367
0.41633	−0.157	0.41832	−0.026	0.321667	0.10933
0.2677	−0.141	0.409	0.019		
0.39933	−0.046	0.478333	0.03567		

② 创建截面属性。

Name：Section-AA5052。

Category：Solid。

Type：Homogeneous。

Material：AA5052。

Shell thickness→Value：6

Thickness integration rule：Simpson

Thickness integration points：5

③ 为 Blank 零件赋截面属性。

Assign Section→Section：Section-AA5052，框选 Blank 零件区域。

④ 为刚体定义点的质量和转动惯量。

Special→**Inertia**→**Creat**。

　　Name：punch1，punch2，punch3。

　　Type：Point mass/inertia。

　　Magnitude→**Mass**→**Isotropic**：9.13E-4。

其余设置如图 5.26 所示。

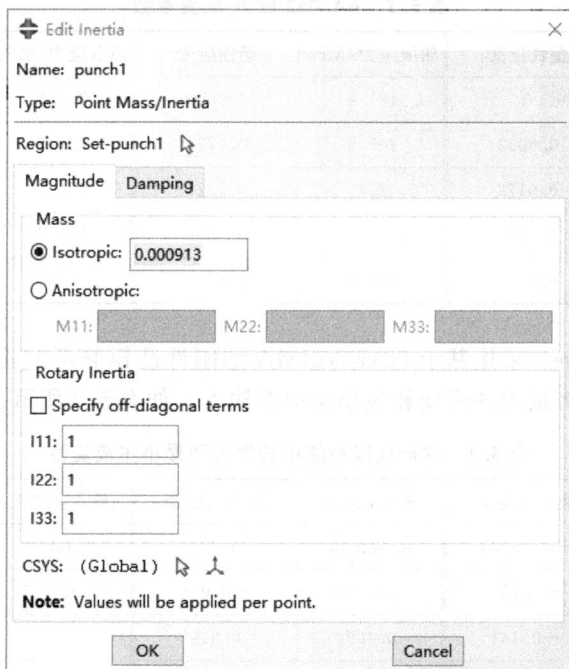

图 5.26 转动惯量及各项同性设置

图 5.27 装配
位置示意

（3）Assembly

① 选择 **Mesh on part**。

② 拖动鼠标选中全部零件，点击 **OK**。按图 5.27 所示位置进行装配，使用 移动各零件。装配关系为 Punch1，2，3 端面贴在 Blank 的顶面，Die 的顶面贴在 Blank 的端面，全部零件沿 Y 轴对称。

为方便选择零件，将以上各零件分别设置集合。

Tools → Set → Create → Set-blank，Set-die，Set-punch1，Set-punch2，Set-punch3。

（4）Step

① 起始步（系统默认），作用：施加静止的初始边界条件。

② 第二步（施加所有凸模接触），作用：建立凸模与板料的接触。

Procedure type：Dynamic，Explicit。

Name：punch contact。

Nlgeom：On。

材料成形过程数值模拟
基础与应用

Basic→Time period：0.01。

Incrementation：Automatic。

③ 第三步（凸模运动），作用：凸模 1、2、3 下压。

Name：punch move1。

Basic→Time period：0.05。

其余设置选项与第二步相同。

④ 第四步（凸模运动），作用：凸模 2、3 下压，凸模 1 停止作用。

Name：punch move2。

Basic→Time period：0.07875。

其余设置选项与第二步相同。

⑤ 第五步（凸模运动），作用：凸模 3 下压，凸模 1、2 停止作用。

Name：punch move3。

Basic→Time period：0.1025。

其余设置选项与第二步相同。

全部 Step 设置如图 5.28 所示。

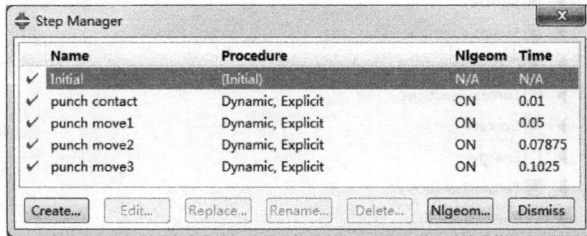

图 5.28　Step 设置总览

对应加载时间，设置 4 个幅值曲线，如图 5.29 所示。

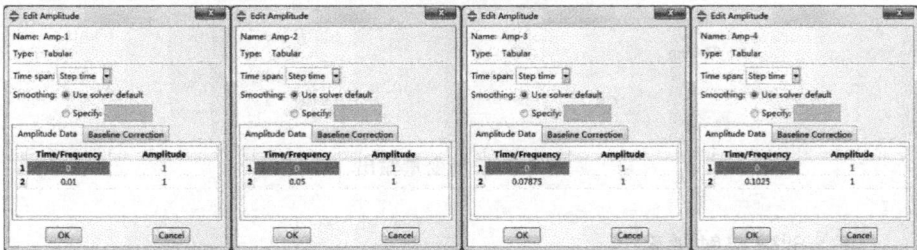

图 5.29　所有 Amplitude 设置

注意：在 punch move1、2、3 分析步中时间的分配原则是为保证在总长度范围匀速加载，因此各分析步所用时间按每个分析步的距离与加载速度的比值来分配。

⑥ 设置场变量。除了系统默认的输出变量以外，还设置输出损伤起始、状态变量和刚度退化，如图 5.30 所示。

Qutput→**Field Output Requests**→**Create**→**Name**：F-Output-1；**Step**：punch movel → **Failure/Fracture** → **DMICRT**，**SDEG**；**State/Field/User/Time** → **STATUS**。

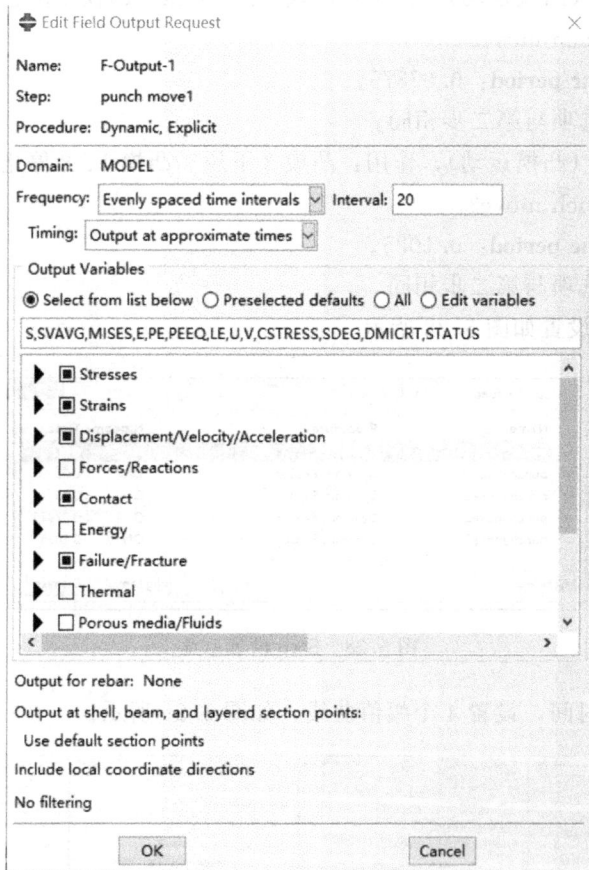

图 5.30　场变量输出

（5）创建接触关系

① 定义各接触面：为方便接触面的选择和让面具备明显的接触意义，首先定义面（Surface）。

Tools→**Surface**→**Create**。

Name：Blank-top，选择板顶面。

Name：Bank-bottom，选择板端面。

Name：Die-inside，选择凹模内表面。

Name：Punch1-outside，选择凸模 1 外表面。

Name：Punch2-outside，选择凸模 2 外表面。

Name：Punch3-outside，选择凸模 3 外表面。

② 定义接触属性。

点击 **Create Interaction Property**→**Name**：IntProp-1，**Type**：Contact→
Continue。

Mechanical→**Tangential Behavior**→**Friction formulation**：Penalty→**Friction
Coeff**：0.1。拉深成形过程在接触面上添加了润滑剂，因此摩擦系数较小。

③ 定义工具和板料的接触。由于接触分别在 Punch 与 Blank-top 和 Die 与
Blank-bottom 发生，因此应分别设置接触对。设置接触在 punch contact 步
开始。

a. die-blank 定义 Die 与 Blank-bottom 的接触。

Create interaction。

Name：die-blank。

Step：punch contact。

Types for selected step：Surface-to-Surface contact（Explicit）。

Select the first surface（主面）：将前面定义好的 **Surfaces**：Die-inside 定为
主面。

Choose the second type（从面）：点选 **Surface**，选择前面定义的 Blank-
bottom 定为从面。

Mechanical constraint formulation：Penalty contact method。

Contact interaction property：IntProp-1。

b. punch1-blank 定义 Punch1 与 blank-top 的接触。

点击创建 **Create interaction**。

Name：punch1-blank。

Step：punch contact。

Types for selected step：Surface-to-Surface contact（Explicit）。

Select the first surface（主面）：将前面定义好的 **Surfaces**：Punch1-outside
定为主面。

Choose the second type（从面）：点选 **Surface**，选择前面定义的 Blank-top
定为从面。

Mechanical constraint formulation：Penalty contact method。

Contact interaction property：IntProp-1。

该接触在 punch move2 中止。

c. 按同样的方法定义 Punch2，Punch3 与 blank-top 的接触。

punch2-blank：Punch2-outside 与 Blank-top 接触，该接触在 punch move3 中止。

punch3-blank：Punch3-outside 与 Blank-top 接触。

4 个接触对设置如图 5.31 所示。

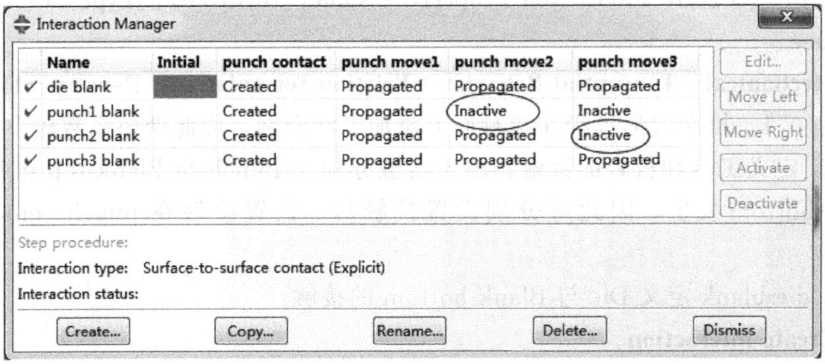

图 5.31 4 个接触对设置总览

（6）Load

进入 Load 模块，按照分析步定义加载。

注意：在 Explicit 模块中，设置加载速度比设置位移作为加载条件更准确，误差更小。

① Initial 步。在起始步定义各零件静定的初始状态。

步骤 1：定义 Blank 在起始步的静定。

Create Boundary Condition→Create→Name：BC-blank。

Step：Initial。

Region：Set-blank。

Category：Mechanical。

Types for Selected Step：Displacement/Rotation。

约束所有的位移：U1，U2，U3，UR1，UR2，UR3。

步骤 2：定义约束凹模的全部位移。

Create Boundary Condition→Create→Name：BC-die。

Step：Initial。

Region：Set-die。

Category：Mechanical。

Types for Selected Step：**Symmetry/Antisymmetry/Encastre**→选择 Set-die→**Encastre**。

步骤 3：分别定义约束凹模的全部位移。

Create Boundary Condition → **Create** → **Name**：BC-punch1；BC-punch2；BC-punch3。

Step：Initial。

Category：Mechanical。

Types for Selected Step：Velocity/Angular acceleration。

分别选择集合 Set-punch1，Set-punch2，Set-punch3 约束所有的速度。Punch1 的边界条件设置如图 5.32 所示。

Initial 分析步边界条件总体设置如表 5.4 所示。

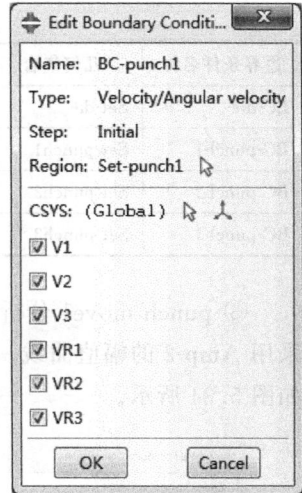

图 5.32 Punch1 的边界条件设置对话框

表 5.4 Initial 分析步边界条件汇总

边界条件名称	几何集合	边界条件
BC-blank	Set-blank	U1,U2,U3,UR1,UR2,UR3
BC-die	Set-die	ENCASTRE
BC-punch1	Set-punch1	V1,V2,V3,VR1,VR2,VR3
BC-punch2	Set- punch2	V1,V2,V3,VR1,VR2,VR3
BC-punch3	Set- punch3	V1,V2,V3,VR1,VR2,VR3

② punch contact 分析步。所有的 punch 在 punch contact 分析步先施加一小位移，建立接触。

BC-blank 位移约束从这个分析步至分析结束都失效。

修改 BC-punch1 在 Y 方向的加载速度为-0.1，采用 Amp-1 的幅值曲线，配合幅值曲线的分析步时间，则位移为-0.001，设置如图 5.33 所示。

修改 BC-punch2 在 Y 方向的加载速度为-0.1，采用 Amp-1 的幅值曲线。

修改 BC-punch3 在 Y 方向的加载速度为-0.1，采用 Amp-1 的幅值曲线。

punch contact 分析步边界条件总体设置及变更如表 5.5 所示。

表 5.5 punch contact 分析步边界条件汇总

边界条件名称	几何集合	边界条件
BC-blank	Set-blank	Inactive

边界条件名称	几何集合	边界条件
BC-die	Set-die	ENCASTRE
BC-punch1	Set-punch1	$V1=0,V2=-0.1,V3=0,VR1=0,VR2=0,VR3=0,$Amp-1
BC-punch2	Set-punch2	$V1=0,V2=-0.1,V3=0,VR1=0,VR2=0,VR3=0,$Amp-1
BC-punch3	Set-punch3	$V1=0,V2=-0.1,V3=0,VR1=0,VR2=0,VR3=0,$Amp-1

③ punch move1 分析步。修改 BC-punch1 在 Y 方向的加载速度为-1600，采用 Amp-2 的幅值曲线，配合幅值曲线的分析步时间，则位移为-80，设置如图 5.34 所示。

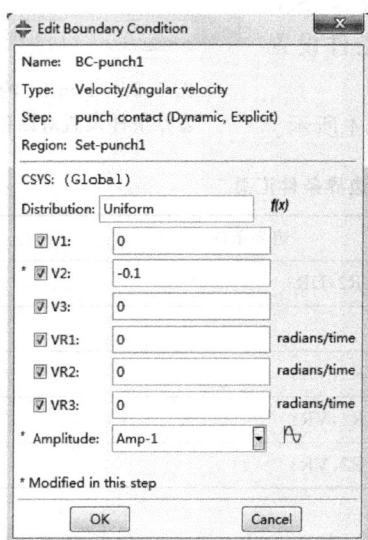

图 5.33 BC-punch1 在 punch contact
　　　　分析步的位移约束更改

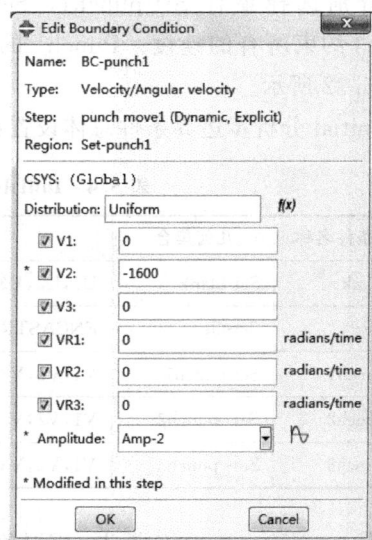

图 5.34 BC-punch1 在 punch move1
　　　　分析步的约束更改

punch move1 分析步边界条件总体设置及变更如表 5.6 所示。

表 5.6　punch move1 分析步边界条件汇总

边界条件名称	几何集合	边界条件
BC-blank	Set-blank	Inactive
BC-die	Set-die	ENCASTRE
BC-punch1	Set-punch1	$V1=0,V2=-1600,V3=0,VR1=0,VR2=0,VR3=0,$Amp-2
BC-punch2	Set-punch2	$V1=0,V2=-1600,V3=0,VR1=0,VR2=0,VR3=0,$Amp-2
BC-punch3	Set-punch3	$V1=0,V2=-1600,V3=0,VR1=0,VR2=0,VR3=0,$Amp-2

④ punch move2 分析步。将 BC-punch1 在该分析步设为失效。

修改 BC-punch2，BC-punch3 在 Y 方向采用 Amp-3 的幅值曲线，则在 punch move2 分析步的位移为-126。punch move2 分析步边界条件总体设置及变更如表 5.7 所示。

表 5.7　punch move2 分析步边界条件汇总

边界条件名称	几何集合	边界条件
BC-blank	Set-blank	Inactive
BC-die	Set-die	ENCASTRE
BC-punch1	Set-punch1	Inactive
BC-punch2	Set-punch2	$V1=0,V2=-1600,V3=0,VR1=0,VR2=0,VR3=0$,Amp-3
BC-punch3	Set-punch3	$V1=0,V2=-1600,V3=0,VR1=0,VR2=0,VR3=0$,Amp-3

⑤ punch move3 分析步。将 BC-punch2 在该分析步设为失效。

修改 BC-punch3 在 Y 方向采用 Amp-4 的幅值曲线，则在 punch move3 分析步的位移为-164。punch move3 分析步边界条件总体设置及变更如表 5.8 所示。

表 5.8　punch move3 分析步边界条件汇总

边界条件名称	几何集合	边界条件
BC-blank	Set-blank	Inactive
BC-die	Set-die	ENCASTRE
BC-punch1	Set-punch1	Inactive
BC-punch2	Set-punch2	Inactive
BC-punch3	Set-punch3	$V1=0,V2=-1600,V3=0,VR1=0,VR2=0,VR3=0$,Amp-4

各分析步边界条件总览如图 5.35 所示。

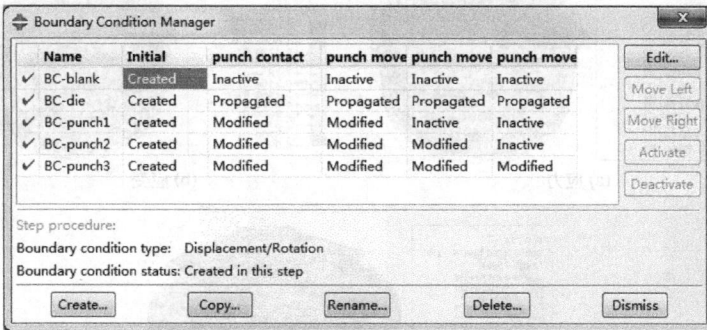

图 5.35　各分析步边界条件总览

（7）Mesh

① 撒种子。**Seed→Part→Approximate global size**：3。

② 单元控制属性。

Assign Mesh Controls→Element Shape：Hex→**Technique**：Sweep→Ok。
Algorithm→Advancing front。

③ 选网格类型。

Assign Element Type→选择 blank→**Element Library**：Explicit→**Geometric Order**：Linear→**Family**：Continuum Shell→**Hex**：Reduced integration。
采用减缩积分的线性单元 C3D8R。

④ 划分网格。

Mesh Part。

注意：Continuum Shell 与 Shell 单元一样，必须指定 Shell section，并定义其厚度。但 Continuum Shell 使用方便之处在于建立的实体模型不必考虑中性面的位置、接触的位置及厚度的一致性。

Continuum Shell 的网格生成方式为 Sweep，Bottom-up，Orphanmesh。

（8）Job

① **Create Job** 创建作业。

② **Data check** 对以上输入数据进行数据检查，确保能够顺利进行模拟计算。

③ **Submit** 提交分析，电脑进行后处理计算。

④ **Monitor** 对计算过程监视，主要查看警告和错误。

（9）Visualization 模拟结果

各主要分析步的模拟结果云图如图 5.36～图 5.38 所示。

① punch move1 分析步结束后应力、应变结果如图 5.36 所示。

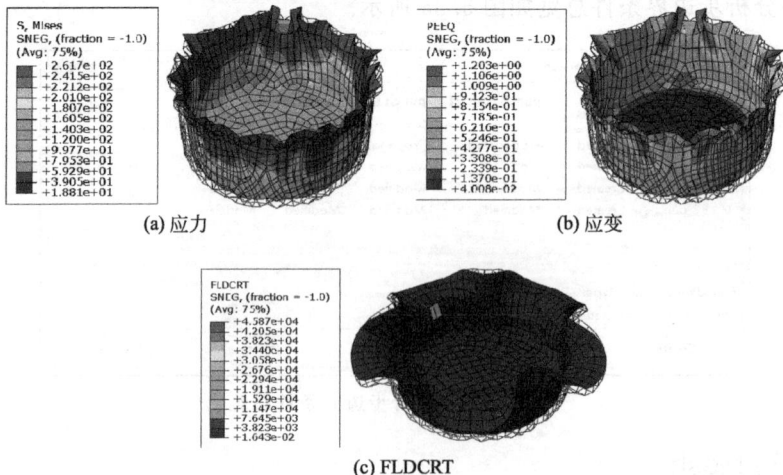

(a) 应力   (b) 应变

(c) FLDCRT

图 5.36　punch move1 分析步结果

材料成形过程数值模拟
基础与应用

② punch move2 分析步结束后应力、应变结果如图 5.37 所示。

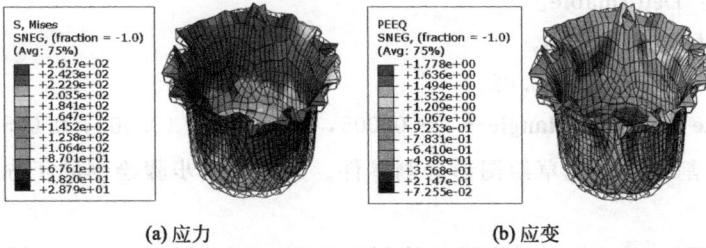

(a)应力   (b)应变

图 5.37   punch move2 分析步结果

③ punch move3 分析步结束后应力、应变结果如图 5.38 所示。

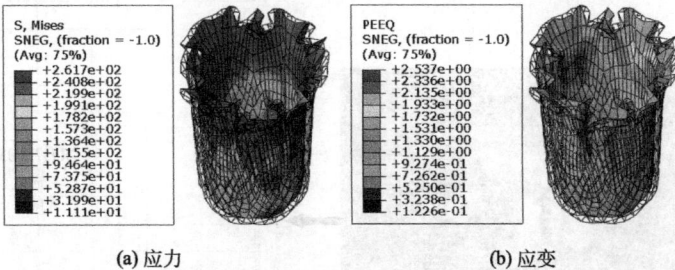

(a)应力   (b)应变

图 5.38   punch move3 分析步结果

5.2.3   实例 3: 微观塑性损伤的 Cohesive 单元模拟

从塑性变形损伤微观尺度来看,韧性材料的塑性损伤断裂过程包括微孔洞的萌生、扩展和聚合三个阶段。在微孔洞萌生阶段,大部分的微孔洞来源于第二相和原生孔洞,出于材料增强的目的,第二相往往比基体硬、脆。可采用 Cohesive 单元模拟硬脆的第二相,研究由于第二相导致的孔洞萌生,并定量探知其应力状态。由于韧性材料中第二相粒子在微米尺度下,相应定义脆性层的厚度为微米级,并用脆性第二相的应力-应变弹性本构矩阵来初始化内聚元的弹性状态。

内含椭圆形第二相粒子的扫描电子显微镜微观形貌如图 5.39 所示,该第二相粒子是在塑性成形过程中,在单轴拉伸载荷作用下萌生的微观损伤。

(1)创建初始模型

① 创建初始零件 part-1。

Create Part。

Name:part-1。

Modeling Space：2D Planar。

Type：Deformable。

Base feature：Shell。

Approximate size：0.02。

Create Lines：**Rectangle**→（−0.005，−0.005），（0.005，0.005），**Done**。

② 分割零件。▦草绘图形分割零件。选择上面步骤绘制的正方形零件作草绘平面。

点击图标▣，在中心位置处绘制倾角为 4.5°的椭圆，**Done**。该椭圆的外形即为第二相的外形，如图 5.40 所示。

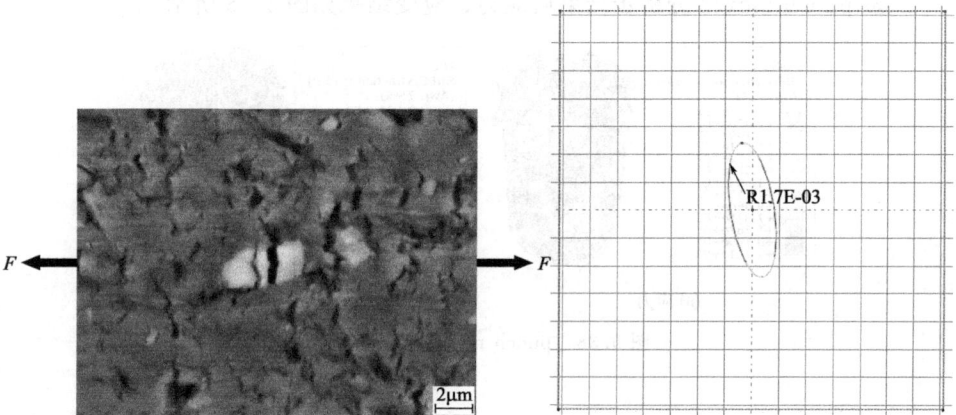

图 5.39　椭圆形第二相粒子微观损伤 SEM 形貌

图 5.40　分割椭圆

③ Assembly。

Create instances from：parts→parts：part-1→**OK**。

④ Mesh。

步骤 1：撒种子。采用边网格种子▦划分出不同密度的网格，各边种子数量及设置方法如图 5.41 和图 5.42 所示。

步骤 2：单元控制属性。

Assign Mesh Controls → **Element Shape**：Quad → **Technique**：Free → **Algorithm**：Advancing front→**OK**。

步骤 3：选网格类型。

a. **Assign Element Type**→选择椭圆以内区域→**Element Library**：Standard→**Geometric Order**：Linear→**Family**：Cohesive。

Quad→COH2D4。

b. **Assign Element Type**→选择椭圆以外区域→**Element Library**：Standard→**Geometric Order**：Linear→**Family**：Plane Stress。

图 5.41 边网格设置

图 5.42 各边网格数量

Quad→Reduced integration，采用 4 节点双线性平面应变减缩积分的单元 CPS4R。

注意：Abaqus 中的内聚力单元包括 3D 单元 COH3D8、COH3D6；2D 单元 COH2D4；轴对称单元 COHAX4 以及相应的孔压单元。

步骤 4：划分网格。

Mesh Part

⑤ Job。提交 Job，**Data Check**。

注意：只需要生成独立网格的 ODB 文件，无法通过 Data Check 也没有影响。

（2）获得 Orphan elements

① 重新启动 Abaqus。右击模型树 part 功能模块按钮→**Import**→打开上面初始文件中生成的 ODB 文件，Name：particle，保存为：Orphan elements。输入独立网格作为零件，如图 5.43 和图 5.44 所示。

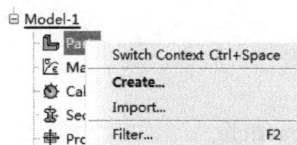

图 5.43 独立网格输入

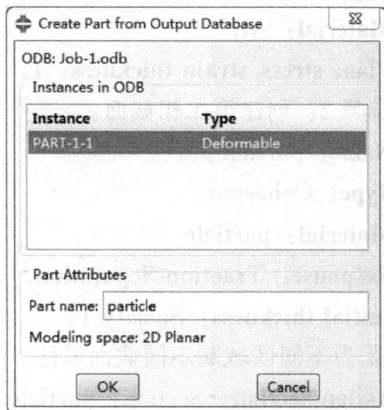

图 5.44 ODB 文件导入对话框

② 设置集合。

Tools→Set→Create→Name：Particle，**Type**：Element→选择所有椭圆以内的网格。

Tools→Set→Create→Name：Base，**Type**：Element→选择椭圆以外的其余网格。

（3）Property

① 创建材料（使用 mm-N-s-MPa-MJ 量纲）。

步骤 1：创建基体材料属性。

Name：Al。

Density：2.77E-9。

Elastic：E＝68900MPa，泊松比＝0.31。

Plastic：逐点输入表 5.2 中的值。

步骤 2：创建第二相粒子材料属性。

Name：Particle。

Mechanical → Damage for traction separation laws → Maxs Damage → Tolerence：0.2，**Position**：Centroid，**Nominal Stress→**220。

Suboptions editor：**Damage Evolution→**Type：Energy，softening：Linear，Degradation：Maximun；Mixed mode behavior：Mode-independent；Mode mix ratio：Energy. Fracture energy：0.21（MJ/mm^3）。

Elastic：**Type→**Traction，E＝42000000（MPa）。

② 创建截面属性。

步骤 1：创建基体材料截面。

Name：base。

Category：Solid。

Type：Homogeneous。

Material：Al。

Plane stress/strain thickness：1。

步骤 2：创建第二相截面。

Name：particle。

Type：Cohesive。

Material：particle。

Response：Traction Separation。

Initial thickness：Specify 1。

③ 为不同区域赋不同截面属性。

Assign Section→Section：particle，选择 Set-particle。

Assign Section→Section：base，选择 Set-base。

（4）Assembly

Create instances from parts→parts：particle→**OK**。

（5）Step

① 起始步，作用：施加静止边界条件。

② Step-1（施加位移载荷步），作用：施加单向拉伸载荷。

Procedure type：Static，General。

Nlgeom：On。

Time：1。

③ 设置 Amplitude，如图 5.45 所示。

④ 损伤输出设置。要在结果云图中看见内聚力单元的破坏起始、损伤过程以及删除后出现的裂纹效果，需要在场变量输出中勾选相应的输出项。

除默认的场变量输出外，在 Failure/Fracture 下面勾选 SDEG、DMICRT（这两项对应于内聚力单元）；勾选 CSDMG 以及和起始准则相应的项（这两项对应于内聚力接触）。

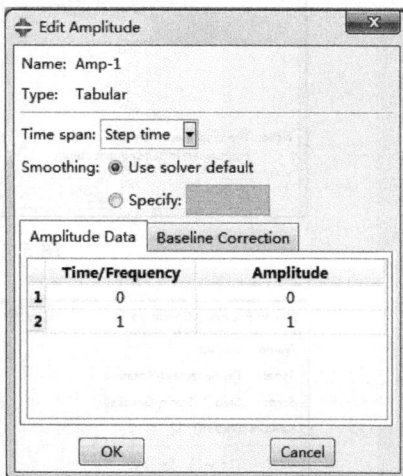

图 5.45　Amplitude 设置

在 State/Field/User/Time 选项卡下面勾选 STATUS。

（6）Load

Initial 步。在起始步定义静止的初始状态。

步骤 1：定义底边静止约束。

Create Boundary Condition → Create → Name：BC-bottom，**Step**：Initial，**Category**：Mechanical→**Types for Selected Step**：Displacement/Rotation→选择模型底边节点→**U2，UR3**。设置如图 5.46 所示。

步骤 2：定义顶边位移加载约束。

顶边位移约束，**Create Boundary Condition→Create→Name**：BC-top。

Step：step-1，**Category**：Mechanical → **Types for Selected Step**：Displacement/Rotation→选择顶边节点→**U2**：0.0004，**UR3**：0。

Amplitude：Amp-1。

顶边约束设置如图 5.47 所示。

（7）生成作业并进行计算

后台计算结束后，零件的变形如图 5.48 所示。

注意：SDEG 表示单元刚度的退化，可用于描述损伤。

图 5.46　底边约束设置

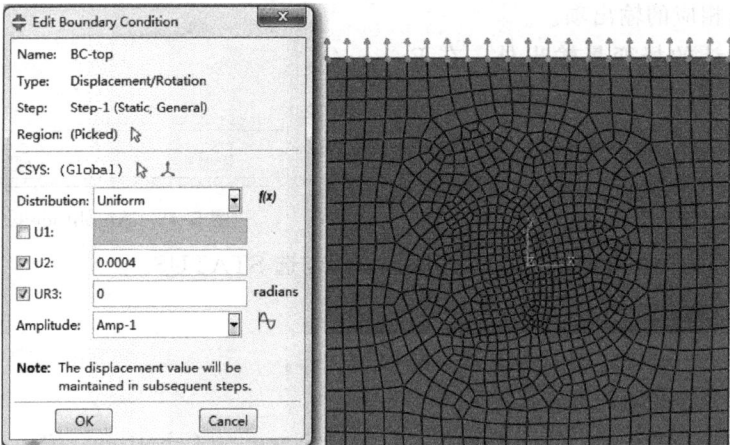

图 5.47　顶边约束设置

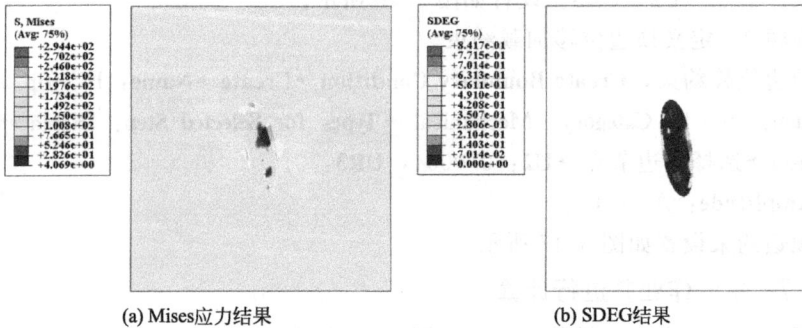

(a) Mises应力结果

(b) SDEG结果

图 5.48　微观损伤模拟结果

　材料成形过程数值模拟
基础与应用

（8）应力状态参数定量显示

在软件定义输出的场变量不能完全满足要求时，可基于已有场变量计算输出每增量步的自定义场变量。

塑性成形中可用应力三轴度 R_d、应力状态软性系数 α 和罗德参数 μ_d 来表征受载形变后微观区域的应力状态，其计算式分别如式（5.18）～式（5.20）所示。

后处理模块中，分别输出：应力三轴度、软性系数和罗德参数。输出公式表达式如下：

Tools→Create field output→From Fields。

① Name：stress-triaxiality

Expression：（s1f24 _ S. getScalarField（invariant ＝ MAX _ PRINCIPAL）＋ s1f24 _ S. getScalarField（invariant ＝ MID _ PRINCIPAL）＋ s1f24 _ S. getScalarField（invariant ＝ MIN _ PRINCIPAL]）/（3 * s1f24 _ S. getScalarField（invariant ＝ MISES）） (5. 23)

② Name：soft-coefficient

Expression：（s1f24 _ S. getScalarField（invariant ＝ MAX _ PRINCIPAL)-s1f24 _ S. getScalarField（invariant ＝ MIN _ PRINCIPAL））/（2 * （s1f24 _ S. getScalarField（invariant＝MAX_PRINCIPAL)-0. 31 * （s1f24 _ S. getScalarField（invariant ＝ MID _ PRINCIPAL ） ＋ s1f24 _ S. getScalarField （ invariant ＝ MIN _ PRINCIPAL)))) (5. 24)

③ Name：lodeparameter

Expression：2 * （s1f24 _ S. getScalarField（invariant ＝ MID _ PRINCIPAL)-s1f24 _ S. getScalarField(invariant＝MIN_PRINCIPAL)）/（s1f24_S. getScalarField(invariant＝MAX_PRINCIPAL)-s1f24_S. getScalarField(invariant＝MIN_PRINCIPAL))-1 (5. 25)

注意：s1f24 代表 step1，frame24。如需对其他分析步的结果进行计算，更改相关数值即可。如 s2f3 代表 step2，frame3。

输出应力状态参数结果如图 5.49 所示。

结合应力状态参数可判断微观裂纹的性质。从定量显示结果可以看出单向拉伸载荷下：基体材料 R_d＞0，表现为宏观上受拉；脆性相应力三轴度由外向内逐渐降低，在中部 R_d＜0 受压应力作用。在软性系数云图中代表脆性相的内聚元内软性系数值最大，且均大于 1，则平行于裂纹面并且垂直于裂纹前缘的剪应力是裂纹产生的主要动力，材料的韧性和塑性较大，产生的裂纹以 Ⅱ 型裂纹为主。从罗德参数的分布可判断内聚元与基体变形不协调，内聚元基本处于

$\mu_d > 0$ 产生压缩类应变，基体部分 $\mu_d < 0$ 产生伸长类应变。由于内聚元受压方向与自身的位形方向存在一定的偏心，内聚元压缩后在切应力的作用下率先出现断裂。因此，处于图示位相的椭圆形脆性相粒子起裂位置沿椭圆短轴，并在压应力作用下被切断萌生微观损伤，属于 Ⅱ 型裂纹。

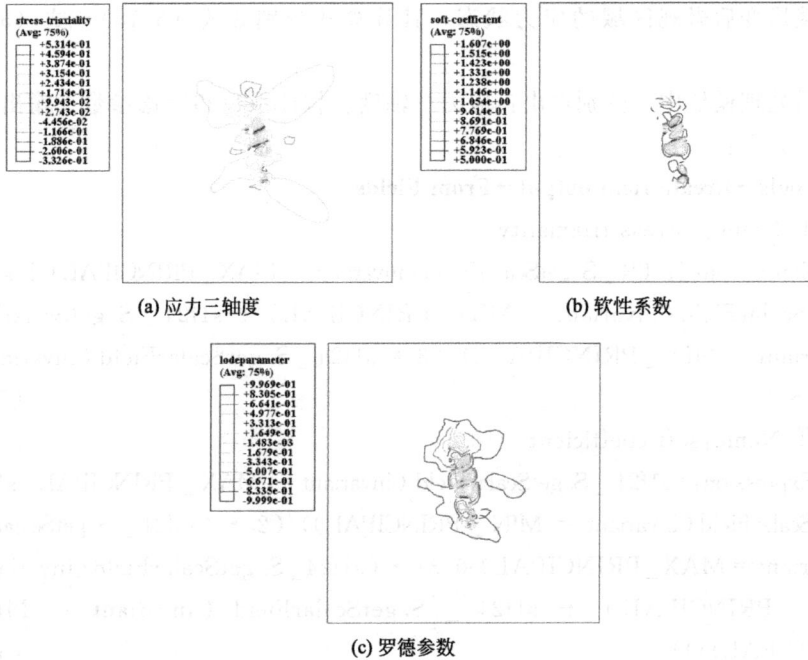

(a) 应力三轴度

(b) 软性系数

(c) 罗德参数

图 5.49　单向拉伸加载变形区域应力状态参数

第6章

焊接过程计算模拟

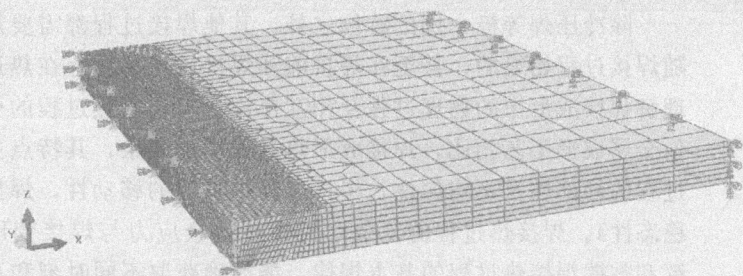

6.1 焊接成形过程基础理论

6.2 焊接热过程分析基本流程

6.3 焊接成形过程计算实例

6.1
焊接成形过程基础理论

对于多数焊接方式而言，其过程经历加热及冷却过程，由于热过程是伴随整个焊接过程始终的，甚至在焊接前与焊接后也存在热过程问题，因此，热过程在决定最终焊缝成形、焊接质量及焊接生产率等方面具有重要意义。

焊接过程涉及电弧物理、传热、材料冶金和力学之间的相互作用，其包括焊接加热时的材料电磁、热传导、熔化和凝固，冷却时相变、焊接应力与变形等行为，往往很难建立综合的数值模型对整个焊接过程进行描述，通常采用热-力耦合的计算方式进行分析。本章主要通过数值计算技术对焊接成形过程中残余应力与变形行为机制进行分析与探讨，为焊接结构成形过程中焊接工艺优化及服役过程中的可靠性评估提供有力的分析手段。

6.1.1　焊接热过程

除冷压焊等极个别的特例之外，其他焊接过程都需要加热，即热过程是伴随焊接过程始终的，甚至在焊接前和焊接后也仍然存在热过程的问题。为深入理解焊接成形中的物理过程及相互作用，对焊接热过程的分析十分必要。与其他金属成形工艺相比，焊接成形热过程更加复杂，其特点主要表现在：焊接热过程的局部性及不均匀性，焊接过程中热源的移动性，焊接过程的瞬时性（非稳态性）。焊接热过程的复杂性对焊接残余应力与焊接变形机理至关重要，理解和掌握焊接热过程的基本规律，能准确获取不同时刻和不同位置下的温度循环曲线，对控制焊缝质量、优化焊接工艺、降低残余应力、控制焊接变形及获得优异接头性能具有重要意义。

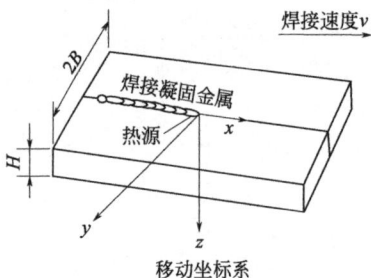

图 6.1　焊接过程示意

图 6.1 为焊接过程示意图，从图中可以看出，焊接热源沿着直线方向移动，从焊接起弧阶段至熄弧阶段，均会在焊接试板中建立起一个瞬态温度场，在电弧引燃以后的焊接过程形成准稳态焊接热源进行移动，电弧在金属平板中产生热作用使其熔化形成熔池。焊接热过程中的能量一部分用于熔化金属，一部分与金属之间相互作用通过对流、辐射

等形式释放入空气，冷却后的焊缝形成三个冶金区域：焊缝区、热影响区和母材区。其中，焊接峰值温度及随后的冷却速度将决定热影响区的组织特征，焊接过程中的温度梯度、凝固速度和熔池边界的冷却速度将决定焊缝区组织特征。

由于焊接过程中存在着瞬态及准稳态传热形式，在焊接起弧与熄弧阶段的瞬态热传导过程常常会出现焊接热裂纹等缺陷而引起较多关注。在起弧阶段的热裂纹形成后随着焊接的不断进行，同时在热应变的作用下会使得热裂纹进一步扩展；同时由于熄弧阶段的焊缝冷却速度相比准稳态更快，收弧阶段的焊接弧坑处也容易出现缺陷。

焊接热裂纹是由于焊接冶金与热应变之间的相互作用而产生的。在焊接冷却过程中，焊缝金属冶金反应导致其在非平衡凝固状态下成分偏析与共晶；同时，因焊接熔池金属冷却收缩与试板拘束状态引起焊缝金属产生位移变化形成非线性热应变，这种非均匀协调性的热应变进一步引起热应力，若在相应温度下的热应力超过材料的屈服强度则会产生塑性应变，在冷却至室温时，若塑性应变无法消除，最终就会导致焊接残余应力与变形的产生。另一方面，对焊接热源而言，准稳态焊接热过程指该热源处于稳定的传热状态，该状态表明输出的热能量与散失的能量在一定比例下形成稳定关系，在某一固定的焊接速度下，这种准稳态关系可能会因材料的不同而产生焊接质量问题，为得到准稳态焊接过程下能量的平衡关系，对某些钢材需在焊接之前进行预热处理工艺。因此，若要有效理解焊接过程中的热裂纹产生、残余应力演化、变形演化及后处理工艺，需要深入理解焊接热过程，其中包括获得焊接能量状态的准确分布、焊接热源模型的准确描述、熔化潜热及表面散热系数的确定等。

6.1.2 热传播基本定律

（1）热传导定律

热传导问题由傅里叶定律来描述，即：物体等温面上的热流密度 q^*（单位为 $J/mm^2 \cdot s$）与垂直于该处等温面的负温度梯度成正比，与热导率 λ 成正比，即：

$$q^* = -\lambda \frac{\partial T}{\partial n} \tag{6.1}$$

式中，λ 为热导率，$J/mm^2 \cdot s \cdot K$；$\frac{\partial T}{\partial n}$ 为温度梯度，k/mm。

热导率 λ 表示物质传导热量的能力。在数值上，可以认为热导率等于每个单位温度梯度的比热流量，或等于单位长度内沿该表面法线方向的温度梯度减小 1℃ 时，经单位时间流过单位表面积的热量，金属的热导率则取决于物质的化学成分、组织和温度。

（2）对流传热定律

对气体和流体来说，热的传播主要借助于物质微粒的运动。对流热传导遵循牛顿定律，即：某一与流动的气体或液体接触固体的表面微元，其热流密度 q_c^* 与对流表面传热系数 α_c（单位为 $J/mm^2 \cdot s \cdot K$）和固体表面温度与气体或液体温度之差（$T - T_0$）成正比，即：

$$q_c^* = \alpha_c(T - T_0) \tag{6.2}$$

式中，T 为气体或液体温度，K；α_c 为对流表面热传系数，$J/mm^2 \cdot s \cdot K$。

对流表面热传系数 α_c 取决于放热表面的物理性能、形状和尺寸、在空间的位置以及周围介质的密度、黏性和导热性等，还取决于温度差（$T - T_0$）。

（3）辐射热传定律

加热体的辐射热传是一种空间的电磁波辐射过程，可以穿过透明体，被不透光的物体吸收后又转变成热能。

（4）导热微分方程

对于均匀且各向同性的连续体介质，并且其材料特征值与温度无关时，在能量守恒原理的基础上，可得到下面的热传导微分方程：

$$\frac{\partial T}{\partial t} = \frac{\lambda}{c\rho}\left(\frac{\partial^2 T}{\partial x^2} + \frac{\partial^2 T}{\partial y^2} + \frac{\partial^2 T}{\partial z^2}\right) + \frac{1}{c\rho} \times \frac{\partial Q_v}{\partial t} \tag{6.3}$$

式中，λ 为热导率，$J/mm^2 \cdot s \cdot K$；c 为比热容，$J/g \cdot K$；ρ 为密度，g/mm^3；Q_v 为单位体积逸出或消耗的热能；$\dfrac{\partial Q_v}{\partial t}$ 为内热源强度。

定义热扩散率 $\alpha_c = \lambda/c\rho$ 并引入拉普拉斯算子后，上式可简化为：

$$\frac{\partial T}{\partial t} = \partial \nabla^2 T + \frac{1}{c\rho} \times \frac{\partial Q_v}{\partial t} \tag{6.4}$$

导热时的边界条件可分为三类。第一类边界条件为已知边界上的温度值，边界上的温度可能为恒定的，也可能是随时间变化的，即：

$$T_s = T_s(x, y, z, t) \tag{6.5}$$

第二类边界条件为已知边界上的热流密度分布，即：

$$\lambda \frac{\partial T}{\partial n} = q_s(x, y, z, t) \tag{6.6}$$

绝热边界为第二类边界条件的个别情况。在绝热表面，任意点的比热流量以及沿表面法线方向的温度梯度均为零。

第三类边界条件为已知边界上物体与周围介质间的热交换，即：

$$\lambda \frac{\partial T}{\partial n} = \alpha (T_s - T_0) \tag{6.7}$$

当表面热传系数 α 非常大而热导率 λ 很小时，即 $\alpha/\lambda \to \infty$，表面温度接近于周围介质的温度，此时相当于等温边界条件；而当 $\alpha/\lambda \to 0$ 时，通过边界表面的热流趋近于零，成为另一种极端情况，即绝热条件。

6.1.3　焊接热源模型

根据经典的 Rosenthal 解析模型，对比焊件厚度、尺寸及焊接热传导方式，焊接热源可简化成点状、线状及面状三种形式，如图 6.2 所示。

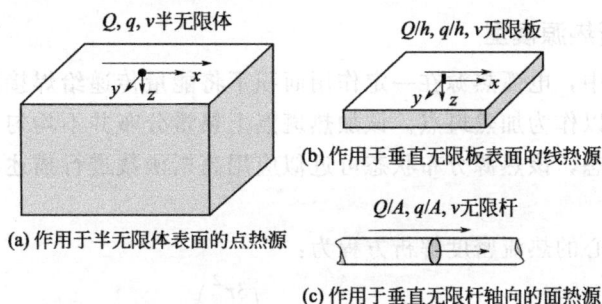

图 6.2　经典的 Rosenthal 热源形式

假设作用在无限大板上的点状热源模型，热量 Q 在时间 $t=0$ 的瞬间作用于半无限大立方体表面的中心处，热量呈三维传播，在任意方向距点热源为 R 处的点经过时间 t 时，温度增加为 $T-T_0$。求解导热微分方程，有：

$$T = \frac{Q}{c\rho (4\pi\alpha t) R^{3/2}} \exp\left(-\frac{R^2}{4\alpha t}\right) \tag{6.8}$$

式中　Q——焊件瞬时所获得的能量，J；

　　　R——距热源的距离，$R^2 = X^2 + Y^2 + Z^2$，mm；

　　　t——传热时间，s；

　　　c——焊件的容积，$J/mm^2 \cdot ℃$；

　　　α——导温系数，mm^2/s。

厚度为 h 的无限大薄板，可假设在厚度上不产生温差，根据热传播方向，可把热源看成沿厚度上的一条线，即线热源，其温度场解析公式如下：

$$T = \frac{Q}{4\pi\alpha h t} \exp\left(\frac{d^2}{4\alpha t}\right) \tag{6.9}$$

式中　d——距线热源的距离，$d = (x^2 + y^2)^{\frac{1}{2}}$。

细棒的对接和焊条加热，其温度在细棒截面上均匀分布，如同一个均温的小平面进行热的传播，热源可认为是面热源，其温度场的解析公式为：

$$T = \frac{Q}{c\rho F(4\pi\alpha t)^{\frac{1}{2}}}\exp\left(\frac{x^2}{4\alpha t}\right) \tag{6.10}$$

式中 　F——截面面积；

　　　x——距热源的距离。

焊接过程中常常遇到各种情况，在同一工件上可能会出现多个热源同时作用，也可能先后作用或断续作用，因此，对这些情况，某一点的温度变化可像单独热源作用那样分别求解，然后再进行叠加。假设有若干个不相干的独立热源作用在同一焊件上，则焊件上某一点的温度等于各独立热源对该点产生温度的总和。

（1）高斯热源模型

焊接过程中，电弧热源在一定作用面积下将能量传递给焊接试件，因此电弧作用面积可以作为加热斑点。该加热斑点上热量分布并不均匀，呈现中间密集两边较低状态，该热源分布状态可近似应用高斯函数进行描述，热流密度如图6.3所示。

距斑点中心的热流密度解析方程为：

$$q(r) = q_m \exp\left(\frac{3r^2}{R^2}\right) \tag{6.11}$$

式中 　q_m——斑点中心最大热流密度，$J/m^2 \cdot s$；

　　　R——电弧有效加热半径，mm；

　　　r——离电弧加热斑点中心的距离，mm。

（2）半球状热源分布函数及椭球型热源模型

应用高斯分布的表面高斯热源，在引入材料性能的非线性的同时，可进一步提高高温区的准确性。在电弧挺度较小、对熔池冲击力较小的情况下，高斯分布的热源应用模式较准确，但对高能束焊接，如激光、电子束焊接，高斯分布函数没有考虑电弧的穿透作用，可通过半球状热源分布函数对这类焊接热源进行表达，其表达公式如下：

$$q(x,y,z) = \frac{6Q}{R^3\pi\sqrt{\pi}}\exp\left[-\frac{3}{R^2}(x^2+y^2+z^2)\right] \tag{6.12}$$

式中 　Q——功率密度，W/m^3；

　　　R——半球半径，mm；

x，y，z——半球坐标位置。

然而仅仅使用该类型热源并不能准确描述热源非对称形貌，为了改进该热源形貌，相关学者提出了更为实际的椭球的热源模型，如图6.4所示。

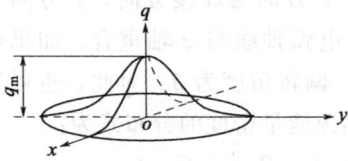

图 6.3　高斯分布热流密度

图 6.4　单椭球热源模型

其对应的表达方程如下所示：

$$q(x,y,z) = \frac{6\sqrt{3}\,Q}{abc\pi\sqrt{\pi}}\exp(-\frac{3x^2}{a^2} - \frac{3y^2}{b^2} - \frac{3z^2}{c^2}) \qquad (6.13)$$

式中　a，b，c——椭球半轴长。

（3）双椭球型热源模型

在应用椭球热源模型进行焊接计算时，其椭球前半部分的温度分布与实际形貌相比梯度较缓，而后半部分则梯度较陡，因此单椭球热源模型与实际弧焊工艺过程的热源模型仍有差距。为了解决该问题，加拿大学者提出利用双椭球热源模型进行描述，即热源前半部分使用 1/4 个椭球，后半部分使用另一个 1/4 椭球表达，如图 6.5 所示。

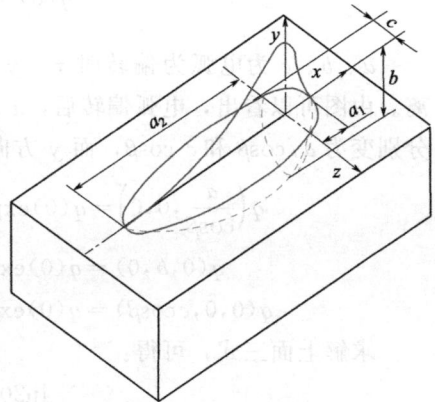

图 6.5　双椭球热源模型

前半部分椭球内热源分布函数：

$$q(x,y,z,t) = \frac{6\sqrt{3}\,f_f Q}{a_1 bc\pi\sqrt{\pi}}\exp(-\frac{3x^2}{a_1^2} - \frac{3y^2}{b^2} - \frac{3z^2}{c^2}) \qquad (6.14)$$

后半部分椭球内热源分布函数：

$$q(x,y,z,t) = \frac{6\sqrt{3}\,f_r Q}{a_2 bc\pi\sqrt{\pi}}\exp(-\frac{3x^2}{a_2^2} - \frac{3y^2}{b^2} - \frac{3z^2}{c^2}) \qquad (6.15)$$

式中，f_f、f_r 分别为总的输入功率在熔池前、后两部分的分配指数，通常 $f_f + f_r = 2$；a_1、a_2、b、c 为双椭球热源模型的参数。

（4）广义双椭球热源模型

上述热源模型均认为电弧轴线是与工件垂直的。也就是说，没有考虑电弧轴线相对于工件表面发生偏转的情况，而在实际焊接过程中，电弧轴线经常会不垂直于被焊工件的表面，电弧的偏转会导致热流的分布发生变化。因此，要描述这种情况，热源模型中相应的参数也应变化。现假定在直角坐标（x，y，z）中，被焊工件的表面与 xOy 平面重合，x 方向为焊接方向，y 方向为焊缝熔宽方向，z 方向为熔深方向，正常焊接时电弧轴线与 z 轴重合。如果电弧轴线在 xOz 平面内相对于工件做顺时针偏转，偏转角度为 β。对此，也可以视为工件逆时针偏转了 β 角。此时，三维高斯热源能量密度的分布式为：

$$q(x,y,z) = q(0)\exp(-Ax^2 - By^2 - Cz^2) \tag{6.16}$$

对上式在整个空间域内进行积分，则能量关系满足：

$$2Q = \iiint q(x,y,z)\mathrm{d}x\mathrm{d}y\mathrm{d}z = q(0)\frac{\pi\sqrt{\pi}}{\sqrt{ABC}} \tag{6.17}$$

其中：

$$q(0) = \frac{2Q\sqrt{ABC}}{\pi\sqrt{\pi}} \tag{6.18}$$

a、b、c 为电弧为偏转时 x、y、z 方向热流密度降至 $0.05q(0)$ 时的距离。由图可以看出，电弧偏转后，x、z 方向热流密度降为 $0.05q(0)$ 时的距离分别变为 $a/\cos\beta$ 和 $c\cos\beta$，而 y 方向没有偏转，距离仍然是 b。所以：

$$q\left(\frac{a}{\cos\beta},0,0\right) = q(0)\exp\left[-A\left(\frac{a}{\cos\beta}\right)^2\right] = 0.05q(0) \tag{6.19}$$

$$q(0,b,0) = q(0)\exp\left[-B(b)^2\right] = 0.05q(0) \tag{6.20}$$

$$q(0,0,c\cos\beta) = q(0)\exp\left[-C(c\cos\beta)^2\right] = 0.05q(0) \tag{6.21}$$

求解上面三式，可得：

$$A = \frac{\ln 20}{(a/\cos\beta)^2} \approx \frac{3}{(a/\cos\beta)^2} \tag{6.22}$$

$$B = \frac{\ln 20}{(b)^2} \approx \frac{3}{(b)^2} \tag{6.23}$$

$$C = \frac{\ln 20}{(c\cos\beta)^2} \approx \frac{3}{(c\cos\beta)^2} \tag{6.24}$$

将 A、B、C 代入式（6.16），可得热源公式为：

$$q = \frac{6\sqrt{3}\,Q}{\pi abc\sqrt{\pi}}\exp\left[-\frac{3x^2}{(a/\cos\beta)^2} - \frac{3y^2}{b^2} - \frac{3z^2}{(c\cos\beta)^2}\right] \tag{6.25}$$

引入前后半椭球的能量分数 f_1 和 f_2，且 $f_1 + f_2 = 2$，最后得到考虑电弧沿焊接方向偏转时的双椭球热源表达式，前半椭球为：

$$q = \frac{6\sqrt{3}\,Qf_1}{\pi a_1 bc\sqrt{\pi}}\exp\left[-\frac{3x^2}{(a_1/\cos\beta)^2} - \frac{3y^2}{b^2} - \frac{3z^2}{(c\cos\beta)^2}\right] \tag{6.26}$$

后半椭球为：

$$q = \frac{6\sqrt{3}Qf_2}{\pi a_2 bc \sqrt{\pi}} \exp\left[-\frac{3x^2}{(a_2/\cos\beta)^2} - \frac{3y^2}{b^2} - \frac{3z^2}{(c\cos\beta)^2}\right] \tag{6.27}$$

如果考虑电弧主轴向任意方向偏转，与焊接方向（x 方向）构成夹角 β，与熔池宽度方向（y 方向）构成夹角 γ，与熔池深度方向（z 方向）构成夹角 θ，采取与前述相同的处理方式，可以求出电弧偏转后在 x、y、z 方向上热流密度降为 $0.05q$（0）时的距离分别为 $a/\sin\beta$、$b/\sin\gamma$、$c\cos\theta$。据此可以推导出考虑电弧轴线向任意方向偏转时的双椭球热源模型表达式。

前半椭球为：

$$q = \frac{6\sqrt{3}Qf_1\sin\beta\sin\gamma}{\pi a_1 bc\cos\theta \sqrt{\pi}} \exp\left[-\frac{3x^2}{(a_1/\sin\beta)^2} - \frac{3y^2}{(b/\sin\gamma)^2} - \frac{3z^2}{(c\cos\theta)^2}\right]$$

$$\tag{6.28}$$

后半椭球为：

$$q = \frac{6\sqrt{3}Qf_2\sin\beta\sin\gamma}{\pi a_2 bc\cos\theta \sqrt{\pi}} \exp\left[-\frac{3x^2}{(a_2/\sin\beta)^2} - \frac{3y^2}{(b/\sin\gamma)^2} - \frac{3z^2}{(c\cos\theta)^2}\right]$$

$$\tag{6.29}$$

这一热源模型称为广义双椭球热源模型。

从广义双椭球热源模型可以发现，这一模型涵盖了一系列热源模型。如果电弧垂直于工件表面，即 $\beta = \gamma = 90°$，$\theta = 0°$，则广义双椭球热源模型就简化为普通双椭球热源模型；如果取 $a = b = c = r$，则简化为半球形热源模型；如果取 $a = b = r$，且 $c = 0$，则简化为高斯热源模型。因此，前述的各种热源模型仅仅是广义双椭球热源模型的特殊形式。

（5）复合焊接热源模型

目前对于激光或电子束高能焊接热源模型而言，通常会选择同时使用高斯状分布的旋转体热源与面热源，即面热源与体热源的复合热模型。根据高能焊接热源形貌分布可知，激光焊接或电子束焊接的熔池形貌多为长直形，沿板厚方向具有一定的能量分布，而采用椭球热源模型或者双椭球热源模型很难获得较好的模拟计算效果，因此需要考虑热流密度在厚度上的分布状态，即体热源中心热流密度由最高到热源底部减至零。本章电子束焊热源模型采用一个高斯状分布的面热源和一个高斯旋转体热源的复合热源模型，如图 6.6 所示。

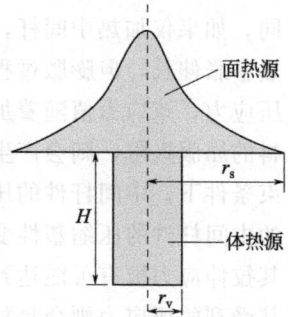

图 6.6 复合热源模型

该模型中面热源热流分布公式如下：

$$q_{s}(x,y) = \frac{\alpha Q_{s}}{\pi r_{s}^{2}} \exp\left[-\frac{\alpha(x^{2}+y^{2})}{r_{s}^{2}}\right] \tag{6.30}$$

式中　α——热流集中系数；

　Q_{s}——面热源功率；

　r_{s}——面热源有效作用半径。

另一方面，体热源热流分布公式为：

$$q_{v}(x,y) = \frac{6Q_{v}(H-\beta h)}{\pi r_{v}^{2} H^{2}(2-\beta)} \exp\left[\frac{-3(x^{2}+y^{2})}{r_{v}^{2}}\right] \tag{6.31}$$

式中　β——衰减系数；

　Q_{v}——体热源功率；

　r_{v}——体热源有效作用半径；

　H——体热源有效作用深度；

　h——体热源在深度方向的位置。

复合热源总功率为：

$$Q\eta = Q_{s} + Q_{v} \tag{6.32}$$

η 为焊接效率。在实际的激光焊接计算过程中，将高斯面热源与高斯旋转体热源模型在 ABAQUS 计算软件中通过子程序实现复合，获得准确的热源分布状态。

6.1.4　焊接残余应力演化过程

残余应力是指除去外载荷作用下存留在构件内部的应力，也可称为内应力。对焊接成形过程而言，焊接残余应力是指焊接后试板中残余的应力状态。本质上是由于非线性焊接热应变冷却后产生的内应力，如果通过三杆理论对焊接过程分析，能更加真实的定量理解焊接残余应力的形成演化过程。图 6.7 所示为三个金属杆连接的两个刚性体，假设在加热初始阶段，三个杆的温度相同，如果仅加热中间杆，而保持两侧杆件温度不变，因此在理论上中间杆会受热膨胀伸长，但膨胀过程中会受到两侧杆件的阻碍，结果导致中间杆件中产生压应力，该应力值随着加热温度的升高而增加。如果中间杆受到的应力达到材料的屈服极限，则会产生压缩塑性变形。随着温度逐渐降低，在两边杆件的拘束条件下，中间杆件的压应力会迅速降低，进而转变成拉应力。若在加热阶段的中间杆件的压缩塑性变形很大，会对冷却后中间杆件的受力产生较大影响，其拉伸应力极有可能达到材料的屈服强度，同时两侧杆件为了达到受力平衡，其受到的压应力则会是材料屈服强度的 1/2。同样，焊接应力演变过程与上述杆件应力演化过程相似。焊缝及热影响区金属类似于中间杆件，远离焊缝金属则可认为是两侧杆件，如图 6.7（c）所示。从焊接力学演变规律讲，受到焊缝两边冷金属的约束作用，焊接冷却后的焊缝及热影响区会产生较大拉伸残余应力，而两侧金属则为压缩残余应力。在实际焊接过程中，由于受到冶金组织变化的影响，焊缝金属的力学变化会比三杆力学演变原理更加复杂，因此需要对焊接过程中的应力分布特征进行介绍。

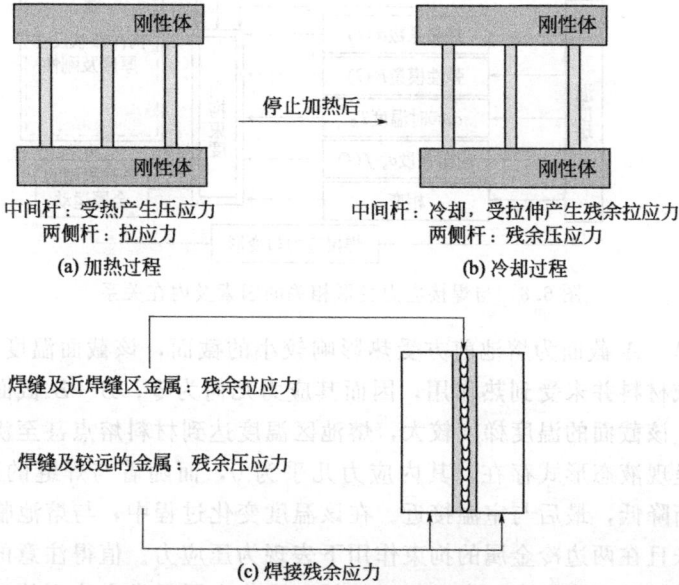

图 6.7　热致应力分析机理模型

　　焊接过程中试件受到非均匀加热作用使得焊缝区熔化，与焊接熔池相邻的热影响区材料会受到周围冷态材料的限制，产生不均匀的压缩塑性变形。在焊后冷却过程中，已发生压缩塑性变形的区域（如长焊缝两侧）同样受到周围金属的限制而不能自由收缩，并在一定程度上受到拉伸而卸载。最终，随着熔池凝固使得焊缝金属冷却收缩产生收缩拉应力和变形，在焊接接头区域就产生了缩短的不协调应变，即残余应变，或称之为初始应变或固有应变。该焊接应力与变形是由多种因素交互作用而导致的结果。图 6.8 给出了引起焊接应力和变形的主要因素和内在联系。焊接时的局部不均匀热输入是产生焊接应力与变形的决定性因素，热输入是通过材料因素、制造因素和结构因素所构成的内拘束度和外拘束度而影响热源周围的金属运动，最终形成了焊接应力和变形。影响热源周围金属运动的内拘束度主要取决于材料的热物理参数和力学性能，而外拘束度主要取决于制造因素和结构因素。

　　为了更加清晰地理解焊接过程中的温度及纵向应力演化过程，用一块正在进行焊接的平板分解进行说明，如图 6.9 所示。在焊缝附近区域发生塑性变

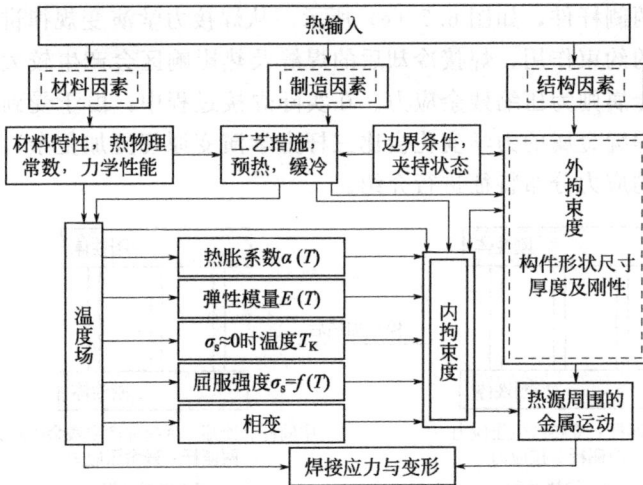

图 6.8 与焊接应力变形相关的因素及内在关系

形，其中 $A{-}A$ 截面为熔池前方受热影响较小的截面，该截面温度接近室温，说明该区域材料并未受到热作用，因而其应力几何为零；$B{-}B$ 截面为穿过熔池的截面，该截面的温度梯度较大，熔池区温度达到材料熔点甚至沸点，由于焊缝金属呈现液态形式存在，其内应力几乎为 0，而随着与焊缝的距离增加，其温度逐渐降低，最后与室温接近。在该温度变化过程中，与熔池临近位置由于受热膨胀且在两边冷金属的拘束作用下表现为压应力。值得注意的是，在高温条件下材料的屈服强度与常温相比较低，这些金属通常会达到某一温度下的屈服极限，在远离焊缝的位置，为保持与焊缝受力平衡，两侧金属会受到相应的压应力作用。随着冷却温度的降低，在其后方残余应力分布状态如 $C{-}C$ 截面所示，其温度相比熔池下降较大，趋于平缓，温度梯度降低。同时焊缝位置

图 6.9 焊接过程中温度及纵向应力演变

在冷却过程中将压应力逐渐转变为拉应力，两边因约束作用出现压应力，最终在截面 $D-D$ 焊缝区已远离熔池，该区域温度趋于常温，温度分布呈现典型的焊接应力状态，即中间高两边低，该位置应为焊接残余应力。

为了更清晰说明不同方向上焊接残余应力分布，图 6.10 中给出对接接头典型的纵向残余应力及横向残余应力分布状态。图 6.10（a）为焊后纵向残余应力分布，在焊缝区域其应力值达到峰值，通常该数值可达到焊缝金属的屈服极限。图 6.10（b）为横向残余应力沿板长方向的分布，可以看出横向拉伸应力的峰值较低，由于中间位置的横向热收缩受到两侧压应力作用，为了保证受力平衡，焊缝

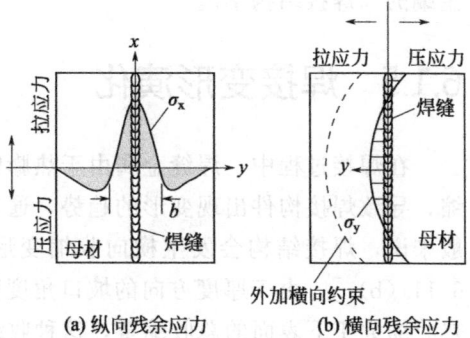

(a) 纵向残余应力   (b) 横向残余应力

图 6.10 对接接头中典型的纵向
残余应力及横向残余应力

纵向中间位置为最大拉应力值。此外，如果该横向收缩受到外部约束，即增加夹具进行刚性固定，相当于在试板两侧施加均匀的横向拉应力，因此会使得横向残余应力整体水平提高，甚至使横向应力完全变成拉应力，然而这种横向约束对纵向应力的影响较小，甚至可以忽略不计。

焊接残余应力的产生常常会导致氢致裂纹或者应力腐蚀开裂，同时过大的残余应力也会引起接头过早的疲劳破坏。为了降低残余应力对构件在焊接过程中及后续服役期间的不利影响，通常采用焊后热处理的方法来降低残余应力。若从提高焊接结构的疲劳强度的角度分析，也需要进行焊后处理工艺。该工艺包含多种处理手段，从焊后处理策略来说，一方面可通过热处理，如焊后整体或者局部热处理、TIG 熔修、等离子或激光熔修等进行性能的提升。对焊接构件局部区域进行热处理可削减部分拉伸残余应力，同时也具有对薄壁结构进行矫形的功能。另一方面从力学行为入手，如通过高频力学冲击处理（HFMI）、预应力拉伸、打磨等来提高接头及结构的服役寿命。需要指出的是，对焊缝焊趾位置进行高频力学冲击处理，或者使用 TIG 熔修处理使得焊缝局部位置的残余应力降低，或者焊趾半径增大以降低结构应力集中系数使得寿命提高。

焊接接头几何形貌改善方法有很多，主要分为三类：力学方法、热重熔方法和特殊的焊接方法。当然还可以从接头几何设计角度进行接头尺寸的设计以改善不同接头的焊缝与母材过渡区的应力集中程度。这些方法中具体包括打磨、锤击、高温的 TIG 或者激光熔修等，它们主要的用途在于消除或减少焊趾位置的缺陷、降低焊接残余应力并降低焊趾位置的应力集中以达到提高疲劳寿命的目的。当然，我们也可以从材料角度入手，即选用特殊的焊接材料来改变

接头的残余应力状态，这些后处理的选择都可以通过数值计算的手段进行分析。

关于焊接应力的产生机理、不同接头形式及结构的应力分布状态、焊接结构疲劳断裂机理及焊接结构优化等内容，可以参阅哈尔滨工业大学方洪渊教授主编的《焊接结构学》。

6.1.5 焊接变形演化

在焊接过程中，焊缝金属由于热膨胀因素在其冷却时发生凝固收缩及热收缩，导致焊接构件出现变形的趋势，通常焊接结构有如下几种典型的变形。一般来说，焊接结构会发生横向收缩变形［图 6.11（a）］、纵向收缩变形［图 6.11（b）］。由于厚度方向的坡口角度影响，使焊缝金属上表面的凝固收缩与热收缩大于下表面的总收缩量，这种收缩变形在厚度方向上的非均匀性导致角变形的产生，如图 6.11（c）所示。但对于高能束焊接（如激光焊、电子束焊等）而言，焊缝金属上下表面的能量差别并不大，因此其角变形量也非常小。另一种为角接头形式，其定义为因角焊缝焊接产生的变形为角变形。角变形接头焊接过程中变化会随着工件的厚度增加而变得更加明显，主要是由于厚度的增加会使填充金属量增加，进而导致更加明显的收缩差异。

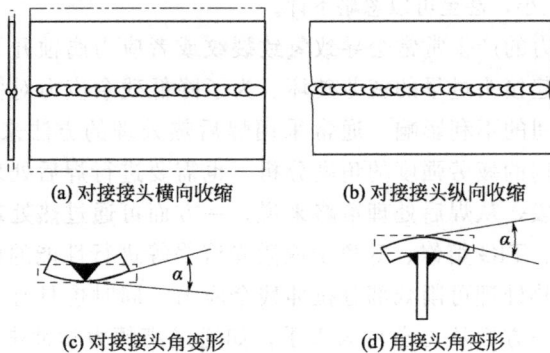

(a) 对接接头横向收缩   (b) 对接接头纵向收缩

(c) 对接接头角变形   (d) 角接头角变形

图 6.11　焊接结构几种典型变形形式

6.2
焊接热过程分析基本流程

焊接热过程的有限元分析包括焊接热源大小与分布形式定义、热物理性能随温度变化的影响关系、基于流动特性的焊接熔池动力学分析、焊接电弧传热与传质分析等基础问题。也包括与实际焊接工艺相关的影响因素，如焊接接头形式、焊接工序、焊接工艺方法特点、热力边界条件处理等。

若按照常规的 ABAQUS 计算分析流程设置，焊接热过程的分析的基本流程可分为如下步骤：

几何建模→定义材料特性→分析步加载→热边界条件→力边界条件→网格划分→创建 Job（加载热源子程序）→运行→结果处理。

（1）几何建模

按照实际焊接试板及接头形式在 ABAQUS 软件内建立有限元计算几何模型，或从三维造型软件上建立模型导入 ABAQUS 软件。

（2）定义材料特性

在 ABAQUS 软件 Properties 模块中，根据焊板中试样的材料型号确定材料的物理性能及热性能参数，对应输入材料特性并赋予材料相应的几何单元。

（3）分析步加载

进入 Step 模块界面，选择热学或力学分析，并分别进行焊接加载时间、冷却加载时间、计算步长等定义。

（4）热边界条件

进入 Boundary 模块界面，确定材料的对流系数及热辐射系数，并赋予焊接试板其热学边界条件。

（5）力边界条件

进入 Boundary 模块界面，确定实际焊接工艺条件下焊接试板的力学边界条件，将该边界条件赋予相应的几何或单元上。

（6）网格划分

根据实际的焊接几何模型选取焊缝区进行切割，选择靠近焊缝区域进行较密的网格划分，而远离焊缝区域进行较疏网格划分以降低计算时间。同时选择单元类型，若热学分析与力学分析分开计算，那么该单元需首先进行 Heat transfer 单元类型选择，而后在力学分析过程中进行 Stress 单元类型的选择。

（7）创建 Job

在 Job 界面制定当前的分析类型，同时加载已经定义好的热源子程序进行三维的焊接热过程计算。

（8）运行

在 Job 中点击运行分析程序，并进行计算。

（9）结果处理

进入后处理界面，对所需结果进行提取并进行可视化处理。

6.3
焊接成形过程计算实例

6.3.1　实例 1：平板对接弧焊

将两块 $150mm \times 150mm \times 10mm$ 的 Q345 钢板通过 TIG 焊接方法进行连接，其焊接试板不开坡口，不填丝。设置焊接电压为 200V，电流 20A，焊接速度为 2mm/s，针对该焊接工艺建立有限元模型并进行温度场、焊接残余应力分析。由于模型具有对称性，可选择建立半模型进行计算分析。焊件几何形状和尺寸如图 6.12 所示。

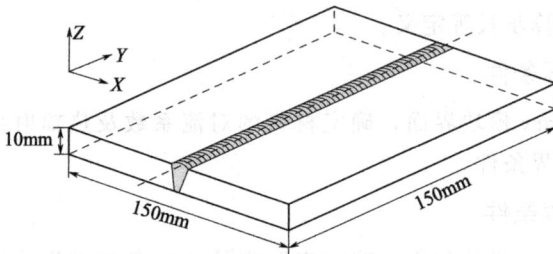

图 6.12　焊件几何形状和尺寸

焊接过程计算分析主要步骤如下：
① 平板对接焊三维模型的建立；
② 平板对接焊模型的网格划分；
③ 材料参数的输入；
④ 焊接过程边界条件设置；
⑤ 作业定义；
⑥ 焊接温度场及应力场结果分析。

在计算该模型过程中，选择热力耦合计算顺序，即先进行热计算，然后将热计算结果作为初始条件进行力学计算。需要注意的是，焊接热源移动在 ABAQUS 中的实现需要使用子程序运算。对于焊接过程的有限元建模、计算及结果提取过程如下。

（1）Part 创建模型及试样

在模型菜单栏中建立新的 model，首先进行热分析，对该模型命名为 Model-Q345-V25-T，其中 Q345 表示材料，V25 为焊接热源移动速度为 2.5mm/s，T 表示热分析。同时右击新建立的模型，在该选项中进行绝对温度（−273）及 Stefan-Boltzmann 参数（5.6704E−08）设置，如图 6.13 所示。

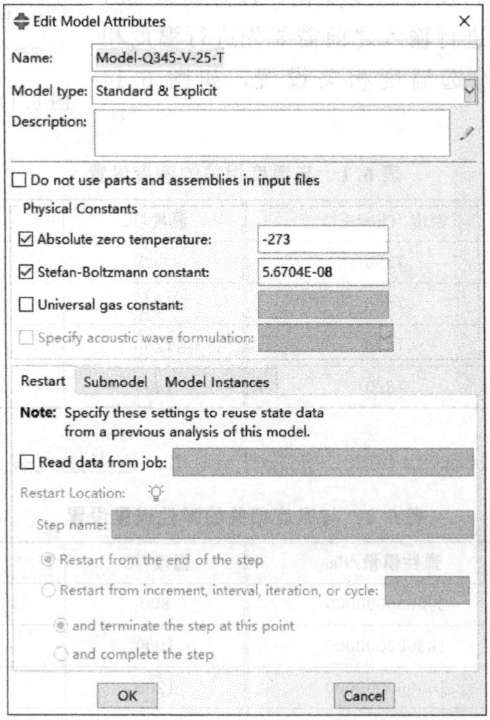

图 6.13　绝对温度及 Stefan-Boltzmann 常数设置

Create Part（使用 m-N-kg-s-Pa-J 国际单位量纲）。

Name：STANDARD。

Modeling Space：3D。

Type：Deformable。

Base feature：Solid。

Type：Extrusion。

Approximate size：0.2。

过（0，0）点的竖直和水平构造−0.008×0.1 的长方形，分别在竖直和水平方向进行绘制，获得整个零件的草绘图，拉深厚度为 0.15mm。

（2）Property

① 创建材料 Q345 及对应焊材。在进行材料设定时需获得有效的热物理性能参数。由于母材与焊材之前存在性能差异，因此需要分开进行设置相应的材料性能参数。首先输入母材金属的材料性能参数：

Name：Material-plant。

Density：假设密度随温度变化，逐点将表 6.1 中值输入软件中，进行输入之前需要先进行温度相关设置的选择，勾选温度相关设置，如图 6.14 所示。

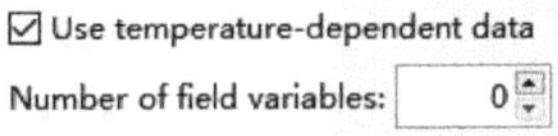

☑ Use temperature-dependent data
Number of field variables: 0

图 6.14　勾选温度相关设置

表 6.1　与温度相关的密度设置

温度/℃	密度/(kg/m³)	温度/℃	密度/(kg/m³)
20	7850	800	7810
200	7840	1000	7800
400	7830	1200	7800
600	7820	1400	7800

Elastic：$E=210000000000$，泊松比$=0.3$，逐点逐入表 6.2 中数值。

表 6.2　与温度相关的弹性模量设置

温度/℃	弹性模量/Pa	温度/℃	弹性模量/Pa
20	200000000000	800	125000000000
200	183000000000	1000	100000000000
400	160000000000	1200	80000000000
600	150000000000	1400	60000000000

Conductivity：逐点输入表 6.3 中数值。

表 6.3　与温度相关的热导率设置

温度/℃	热导率/(W·m/℃)	温度/℃	热导率/(W·m/℃)
20	53.17	800	33
200	47.73	1000	30.05
400	39.57	1200	30.05
600	36.01	1400	30.05

Expansion：逐点输入表 6.4 中数值。

表 6.4 与温度相关的线膨胀系数设置

温度/℃	线膨胀系数/10^{-6}(1/℃)	温度/℃	线膨胀系数/10^{-6}(1/℃)
20	53.17	800	33
200	47.73	1000	30.05
400	39.57	1200	30.05
600	36.01	1400	30.05

Specific heat：逐点输入表 6.5 中的值。

表 6.5 与温度相关的比热容设置

温度/℃	比热容/[J/(kg·℃)]	温度/℃	比热容/[J/(kg·℃)]
20	461	800	700
200	523	1000	720
400	607	1200	740
600	678	1400	760

Plastic 逐点输入表 6.6 中的值。

表 6.6 与温度相关的塑性参数设置

温度/℃	屈服强度/Pa	塑性应变	温度/℃	屈服强度/Pa	塑性应变
20	345000000	0	800	160000000	0
200	310000000	0	1000	103000000	0
400	280000000	0	1200	10000000	0
600	210000000	0	1400	10000000	0

② 定义焊接材料性能

Name：Material-weld。

Density：假设密度随温度变化，逐点将表 6.7 中值输入软件中。

表 6.7 与温度相关的密度设置

温度/℃	密度/(kg/m³)	温度/℃	密度/(kg/m³)
20	7850	800	7810
200	7840	1000	7800
400	7830	1200	7800
600	7820	1400	7800

Elastic：假设弹性模量随温度变化，逐点将表6.8中值输入软件中。

表6.8　与温度相关的弹性模量设置

温度/℃	弹性模量/Pa	温度/℃	弹性模量/Pa
20	171000000000	800	109000000000
200	157000000000	1000	83000000000
400	142000000000	1200	47300000000
600	127000000000	1400	1700000000

Conductivity：逐点输入表6.9中的值。

表6.9　与温度相关的热导率设置

温度/℃	热导率/(W·m/℃)	温度/℃	热导率/(W·m/℃)
20	14.12	800	25.23
200	16.69	1000	28.08
400	19.54	1200	30.93
600	22.38	1400	33.78

Expansion：逐点输入表6.10中的值。

表6.10　与温度相关的线膨胀系数设置

温度/℃	线膨胀系数/(1/℃)	温度/℃	线膨胀系数/(1/℃)
20	1.456E−05	800	1.872E−05
200	1.621E−05	1000	1.927E−05
400	1.737E−05	1200	1.979E−05
600	1.812E−05	1400	2.021E−05

Specific heat：逐点输入表6.11中的值。

表6.11　与温度相关的比热容设置

温度/℃	比热容/[J/(kg·℃)]	温度/℃	比热容/[J/(kg·℃)]
20	488	800	589
200	520	1000	589
400	555	1200	589
600	589	1400	589

材料成形过程数值模拟
基础与应用

Plastic：逐点输入表 6.12 中的值。

表 6.12 与温度相关的塑性参数设置

温度/℃	屈服强度/Pa	塑性应变	温度/℃	屈服强度/Pa	塑性应变
20	345000000	0	800	160000000	0
200	310000000	0	1000	103000000	0
400	280000000	0	1200	10000000	0
600	210000000	0	1400	10000000	0

③ 创建母材截面属性。在创建之前需要将三维模型分割出焊缝及母材进行材料截面的施加。

Name：Section-plant。

Category：Solid。

Type：Homogeneous。

Material：Material-plant。

④ 创建焊缝截面属性。

Name：Section-weld。

Category：Solid。

Type：Homogeneous。

Material：Material-weld。

⑤ 为 Plant 零件赋截面属性。

Assign Section→Section：Section-plant，选择分割 Plant 区域。

⑥ 为 Weld 零件赋截面属性。

Assign Section→Section：Section-weld，选择分割 Weld 区域。

（3）Assembly

① 选择 Mesh on part。

② 拖动鼠标选中部件，点击 **OK**。

（4）Step

在进行热分析之前，需要对绝对温度进行设置，即通过右击左侧的菜单栏建立的模型，选择 Edit Attributes 选项，如图 6.15 所示。

该模块里需要进行两个阶段的设置，即焊接阶段和冷却阶段，如图 6.16 所示。

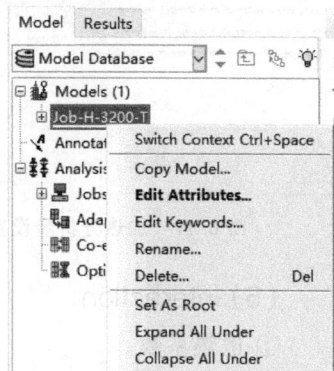

图 6.15 绝对温度设置

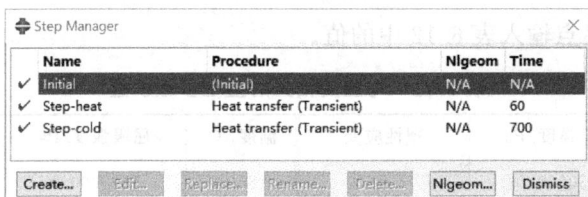

图 6.16　分析步设置

① 第一步（施加加热载荷阶段），作用：在焊接平板上施加椭球热源模型。

Procedure type：Heat transfer（Transient）。

Name：step-heat。

Nlgeom：On。

Basic Time period：60。

增量步设置如图 6.17 所示。

② 第二步（冷却阶段），由于散热作用达到冷却。

Procedure type：Heat transfer（Transient）。

Name：step-cold。

Nlgeom：On。

Basic Time period：700。

冷却时间为 700s，增量步设置如图 6.18 所示，为了获取更多的降温阶段的数据，其降温最大允许时间设置为 100。

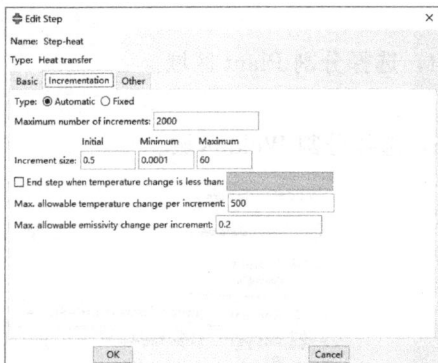

图 6.17　加热分析步设置

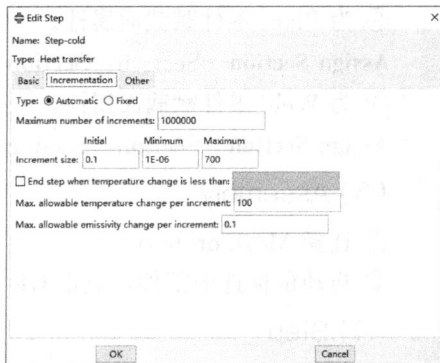

图 6.18　冷却分析步设置

（5）Interaction

① 散热系数。

Procedure type：Heat transfer。

Types for selected step：Surface film condition。

Name：Int-1。

Surface：选择部件表面进行施加。

散热系数为 5.7，环境温度为 20℃，具体的散热系数设置如图 6.19 所示。

② 辐射系数。

Procedure type：Heat transfer。

Types for selected step：Surface radiation。

Name：Int-2。

辐射系数为 0.75，环境温度为 20℃。具体的辐射系数设置如图 6.20 所示。

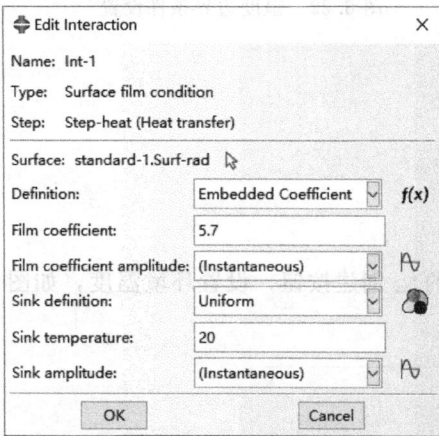

图 6.19　散热系数设置　　　　　　图 6.20　辐射系数设置

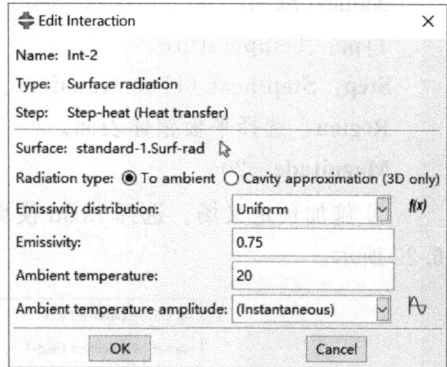

（6）Load

由于进行焊接热过程分析，其热源加载需通过焊接子程序施加，因此在热载荷施加时需应用自定义体热源模型，具体设置如图 6.21 所示。

① 施加体热源载荷。选择 Load 模块里的 创建按钮，针对加热分析步创建体热源载荷。

Name：Load-1。

Type：Body heat flux。

Step：Step-heat（Heat transfer）。

Distribution：User-defined。

Magnitude：1。

② 施加环境温度边界条件。选择 Load 模块里的 创建按钮，创建热边界条件，如图 6.22 所示。

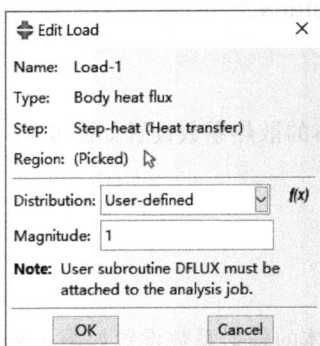

图 6.21　体热源模型加载

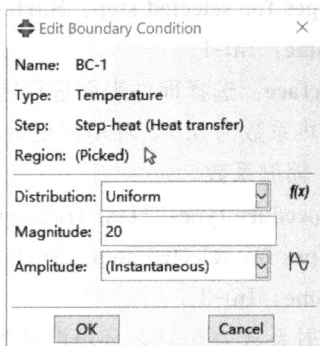

图 6.22　温度边界条件设置

Name：BC-1。

Type：Temperature。

Step：Step-heat（Heat transfer）。

Region：选择平板整体表面。

Magnitude：20。

③ 施加预定义场。选择 Load 模块里的 ![icon]创建按钮，设置环境温度，如图 6.23 所示。

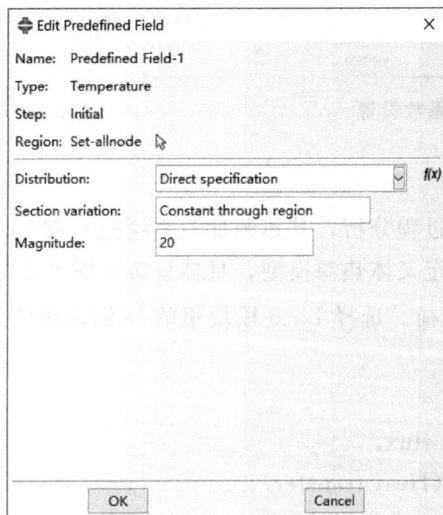

图 6.23　温度预定义义场设置

Name：BC-1。

Type：Temperature。

材料成形过程数值模拟
基础与应用

Step：Initial。

Region：选择划分网格后的所有节点。

Magnitude：20。

（7）Mesh

① 撒种子。由于焊接热计算集中在焊缝附近区域，选择疏密过渡的网格划分策略，即焊缝部分的网格划分密集，边缘部分的网格划分稀疏，可节约计算时间。

利用▱设置对 xy 平面进行 2D 平面切分，采用疏密过渡时，最小网格尺寸为 1mm＊1mm 比例分配；逐渐过渡至较大网格，通过▱布置单一种子，并用▱对 xy 平面划分网格，划分网格形貌如图 6.24 所示。

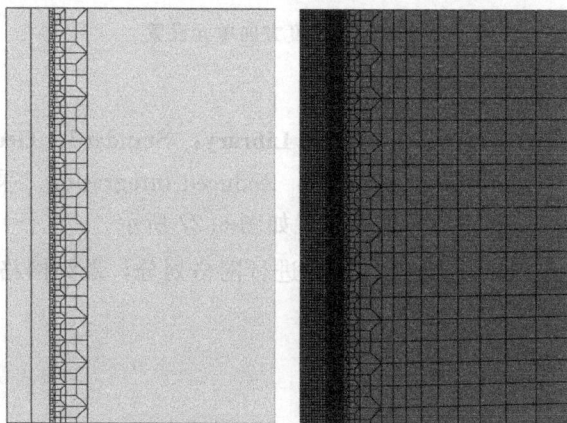

(a) 二维几何模型切割策略 (b) 二维网格模型划分

图 6.24 网格模型划分

对厚度边划分偏差单元。厚度划为 8 层网格，厚度方向网格划分如图 6.25 所示。

图 6.25 厚度方向网格划分示意

具体网格节点分布设置如图 6.26 所示。

厚度方向的模型建立是为了更加有效体现体热源模型的计算结果的准确性，能够有效提取获得更多的数据进行后续温度场及应力场分析。

② 单元控制属性。

Assign Mesh Controls→Element Shape：Hex→**Technique**：Structured。选择不同的体模块进行相应的网格设置。

图 6.26　厚度方向单元设置

③ 选网格类型。

Assign Element Type，**Element Library**：Standard，**Geometric Order**：Linear，**Family**：Heat Transfer，**Hex**：Reduced integration。采用减缩积分的线性单元 DC3D8R。网格单元类型设置如图 6.27 所示。

④ 划分网格。通过 ▦ 对整体模型进行网格划分，最终网格形貌如图 6.28所示。

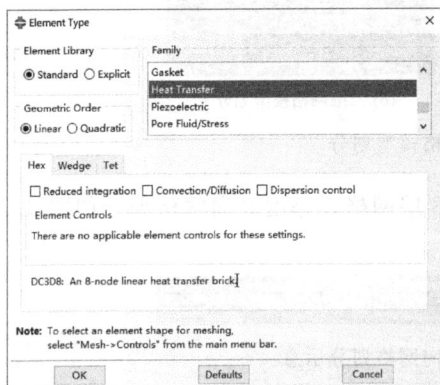

图 6.27　热分析网格单元类型设置

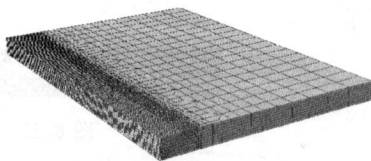

图 6.28　最终三维网格划分

（8）Job

① **Create Job**→Name：Job-1，需要注意的是子程序加载需在该步骤中进行设置，即通过 General 设置并根据 for 文件路径添加子程序文件进行焊接计算，具体设置如图 6.29 所示。

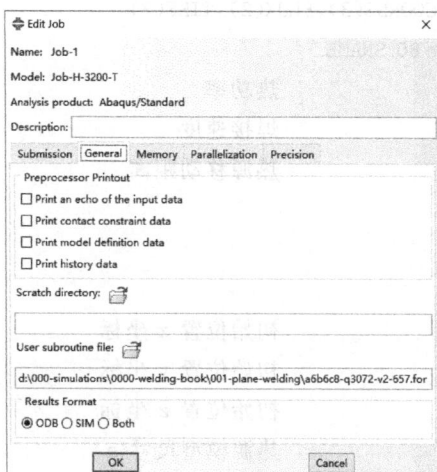

图 6.29　作业提交设置

② **Data Check**。当有限元模型数据完整时，数据检测成功，状态显示为 Check Completed。

③ **Submit**。

（9）计算

后台计算。

（10）后处理

焊接过程如图 6.30 所示。

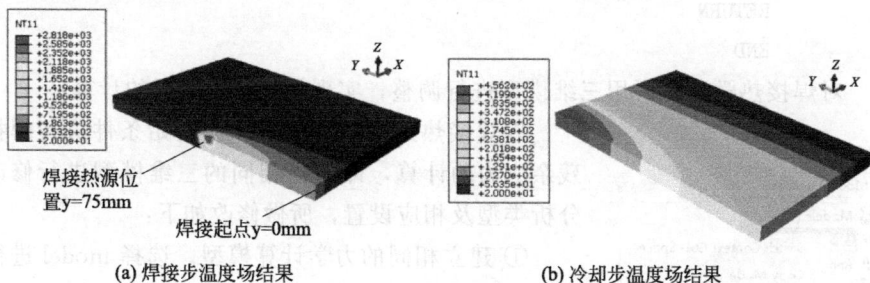

(a) 焊接步温度场结果　　　　　　　(b) 冷却步温度场结果

图 6.30　热分析温度场结果

焊接热过程的子程序编写如下所示：

```
SUBROUTINE DFLUX(FLUX,SOL,JSTEP,JINC,TIME,NOEL,NPT,COORDS,JLTYP,TEMP,
PRESS,SNAME)
    INCLUDE 'ABA_PARAM.INC'
        parameter(one = 1.d0)
```

```
      DIMENSION COORDS(3),FLUX(2),TIME(2)
      CHARACTER * 80 SNAME
q = 3072                          热功率
v = 0.0025                        焊接速度
d = v * TIME(2)                   热源移动距离
x = COORDS(1)
y = COORDS(2)
z = COORDS(3)
x0 = 0                            初始位置 x 坐标
y0 = 0                            初始位置 y 坐标
z0 = 0.008                        初始位置 z 坐标
a = 0.006                         热源模型尺寸 a
b = 0.005                         热源模型尺寸 b
c = 0.007                         热源模型尺寸 c
PI = 3.1415
heat = 6 * sqrt(3.0) * q/(a * b * c * PI * sqrt(PI))
shape = exp(-3 * (x-x0) * * 2/b * * 2-3 * (y-y0-d) * * 2/a * * 2-3 * (z-z0) * *
2/c * * 2)
JLTYP = 1                         1 表示为体热源
if (JSTEP. eq. one)then          焊接步为 1 时
      FLUX(1) = heat * shape      热源模型
      endif
      RETURN
      END
```

对焊接热学计算所用三维模型进行调整，实现焊接力学过程的计算。

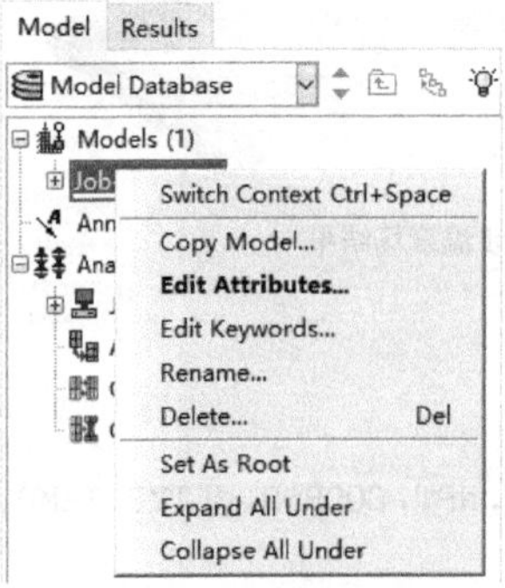

以焊接热过程计算结果作为初始条件进行焊接残余应力的计算，即选择相同的三维模型进行修改分析类型及相应设置，所做修改如下：

① 建立相同的力学计算模型。选择 model 进行 Copy Model，如图 6.31 所示。

Model 命名为 Model-Q345-V25-S，在该模型中 Part，Property，Assembly 模块不需要进行修改。

② 创建分析步 Step。在 Step 中删除加热及冷却步，同时建立一个新的 Step，该步总时间为 760s，具体设置如图 6.32 所示。

图 6.31　焊接力学
计算模型复制

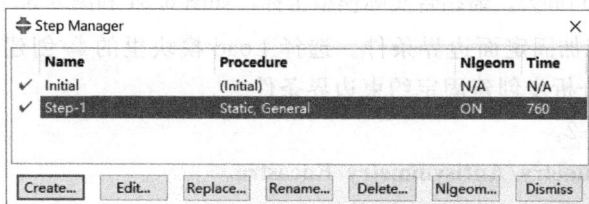

图 6.32 力学分析步设置

第一步（系统默认），作用：完成焊接及冷却过程力学计算。

Procedure type：Static，General。

Name：step-1。

Nlgeom：On。

Basic Time period：760。其余选项默认。

Incrementation：Maximum number of increments-10000，initial increment size-0.1。

具体设置如图 6.33 所示。

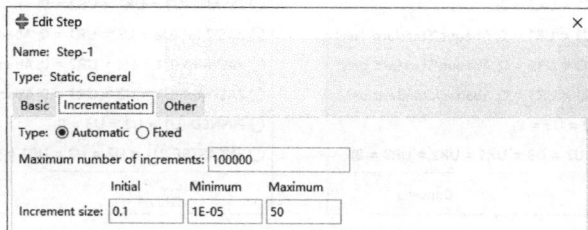

图 6.33 分析步设置

③ 删除 Interaction 中的所有设置。

④ 设置载荷。在进行载荷添加之前需要删除热分析中的载荷加载。

步骤 1：施加对称面边界条件。选择 Load 模块里的 创建按钮，针对加载模块的力学分析步创建对称约束边界条件：

Name：BC-1。

Type：**Symmetry/Antisymmetry/Encastre**。

Step：Step-1（Static，General）。

Region：选择中间对称面（下图黄色区域面）。

点选 XASYMM（U2＝U3＝UR1＝0；

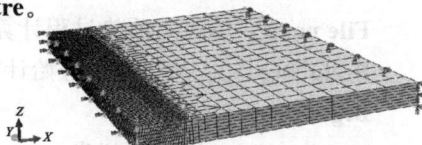

图 6.34 模型力学边界条件设置

Abaqus/Standard only)。需结合实际模型坐标，如图 6.34 和图 6.35 所示。

步骤 2：施加固定面边界条件。选择 Load 模块里的 创建按钮，针对加载模块的力学分析步创建固定约束边界条件。

Name：BC-2。

Type：**Symmetry/Antisymmetry/Encastre**。

Step：Step-1（Static，General）。

Region：选择边缘面进行固定。

点选 XSYMM（U1＝UR2＝UR3＝0；Abaqus/Standard only）。需结合实际模型坐标，如图 6.36 所示。

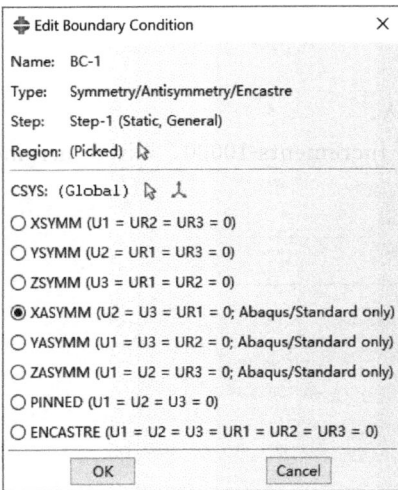

图 6.35　中面对称设置　　　　图 6.36　对称边界条件设置

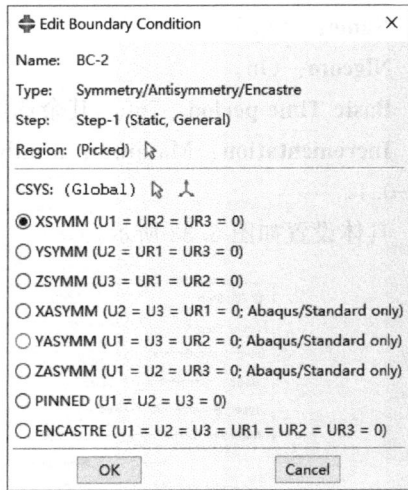

步骤 3：施加预定义场。选择 Load 模块里的 创建按钮，设置环境温度。

Name：Predefined Field-1。

Type：Temperature。

Step：Step-1（Static，General）。

Region：Read from file。

Distribution：From results or output database file。

File name：填写之前热过程计算的结果文件（odb 文件路径）。

Begin step：1；从焊接步开始计算。

Begin increment：0。

End step：2；选择冷却步。

End increment：58。

需查看热分析结果文件中最后计算结果的分析步增量数具体设置如图 6.37 所示。

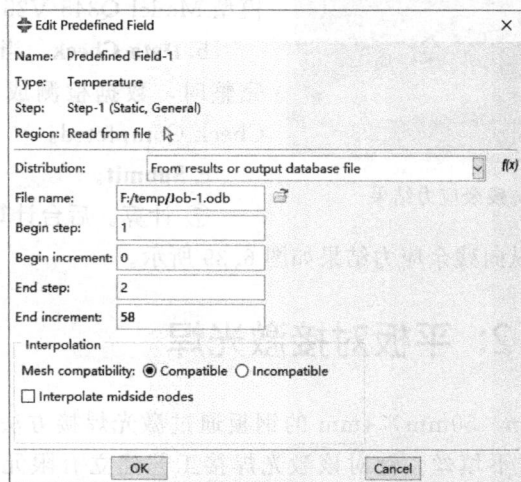

图 6.37　温度场预定义场设置

⑤ MESH。由于不需要对再一次对网格进行划分，仅需对网格类型及计算类型进行修正即可。

选网格类型。**Assign Element Type**，**Element Library**：Standard，**Geometric Order**：Linear，**Family**：3D Stress，**Hex**：Reduced integration。采用减缩积分的线性单元 C3D8R。网格类型设置如图 6.38 所示。

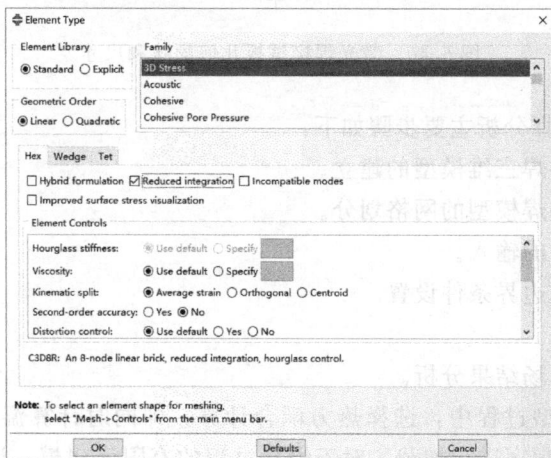

图 6.38　焊接力学网格类型设置

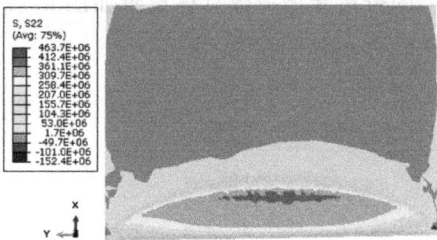

图 6.39 纵向残余应力结果

⑥ Job。

a. **Create Job**→Name：Job-2，选择模型 Model-Q345-V25-S。

b. **Data Check**。当有限元模型数据完整时，数据检测成功，状态显示为Check Completed。

c. **Submit**。

⑦ 计算。后台计算。

⑧ 后处理。纵向残余应力结果如图 6.39 所示。

6.3.2　实例 2：平板对接激光焊

将两块 $100\text{mm} \times 50\text{mm} \times 4\text{mm}$ 的钢板通过激光焊接方法进行连接，其焊接试板不开坡口，不填丝。针对该激光焊接工艺建立有限元模型并进行温度场、焊接残余应力分析。激光焊接试板几何形状和尺寸如图 6.40 所示。

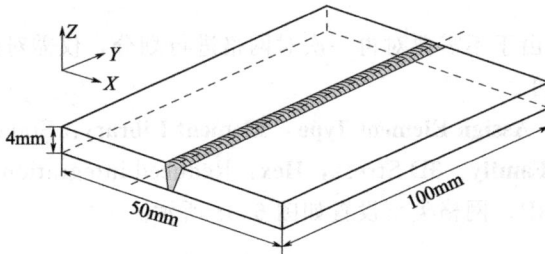

图 6.40　激光焊接试板几何形状和尺寸

焊接过程计算分析主要步骤如下：

① 平板对接焊三维模型的建立。

② 平板对接焊模型的网格划分。

③ 材料参数的输入。

④ 焊接过程边界条件设置。

⑤ 作业定义。

⑥ 焊接应力场结果分析。

在计算该模型过程中，选择热力耦合计算，即同时计算温度场及应力场，激光热源通过子程序进行加载。对于焊接过程的有限元建模、计算及结果提取过程如下。

（1）Part

创建模型及试样。在模型菜单栏中建立新的 model，由于首先进行热分析，因此对该模型可命名为 Laser-welding-coupling。同时右击新建立的模型，在该选项中进行绝对温度（－273）及 Stefan-Boltzmann 参数（5.6704E－08）设置。

Create Part（使用 mm-N-tonne-s-MPa-mJ 单位量纲）。

Name：Part-1。

Modeling Space：3D。

Type：Deformable。

Base feature：Solid。

Type：Extrusion。

Approximate size：200。

过（0，0）点的竖直和水平构造 50×100 的长方形，该试板长方体的零件尺寸如图 6.41 所示。分别沿竖直和水平构造线，获得整个零件的草绘图，拉深厚度为 4。

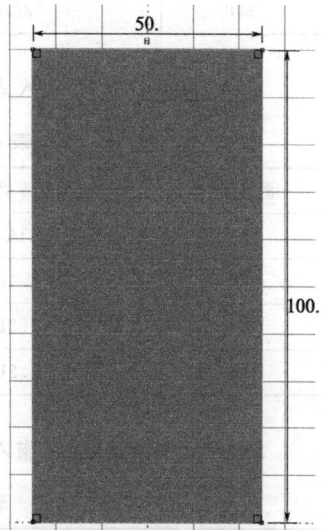

（2）Property

① 创建材料。假设该模型母材与焊缝之间的材料不存在差异，因此可统一设置材料性能参数。输入材料性能参数如下：

图 6.41 激光焊接平板对接集合模型草图

Name：Material-1。

Density：由于密度随温度较小，因此可假设该参数为定值，7.85E－09。

Elastic：E＝210000000000，泊松比＝0.3。逐点输入表 6.13 中数值。

表 6.13 随温度变化的弹性模量

温度/℃	弹性模量/MPa	温度/℃	弹性模量/MPa
20	200000	800	125000
200	183000	1000	100000
400	160000	1200	800000
600	150000	1400	600000

Conductivity：逐点输入表 6.14 中数值。

表 6.14　随温度变化的热导率

温度/℃	热导率/(kW·mm/℃)	温度/℃	热导率/(kW·mm/℃)
20	53.17	800	33
200	47.73	1000	30.05
400	39.57	1200	30.05
600	36.01	1400	30.05

Expansion：逐点输入表 6.15 中数值。

表 6.15　随温度变化的线膨胀系数

温度/℃	线膨胀系数/(1/℃)	温度/℃	线膨胀系数/(1/℃)
20	1E-5	800	1.3E-5
200	1.1E-5	1000	1.5E-5
400	1.2E-5	1200	1.5E-5
600	1.2E-5	1400	1.5E-5

Specific heat：逐点输入表 6.16 中的值。

表 6.16　随温度变化的比热容

温度/℃	比热容/[J/(g·℃)]	温度/℃	比热容/[J/(g·℃)]
20	461000000	800	700000000
200	523000000	1000	720000000
400	607000000	1200	740000000
600	678000000	1400	760000000

Plastic：逐点输入表 6.17 中的值。

表 6.17　随温度变化的塑性参数

温度/℃	屈服强度/MPa	塑性应变	温度/℃	屈服强度/MPa	塑性应变
20	600	0	800	50	0
200	500	0	1000	40	0
400	400	0	1200	40	0
600	100	0	1400	40	0

② 创建母材与焊缝截面属性。

Name：Section-1。

Category：Solid。

Type：Homogeneous。

Material：Material-1。

③ 为 Plant 零件赋截面属性。

Assign Section→Section：Section-1，选择分割 Plant 区域。

④ 为 Weld 零件赋截面属性。

Assign Section→Section：Section-weld，选择分割 Weld 区域。

（3）Assembly

① 选择 Part-1。

② 拖动鼠标选中部件，点击 **OK**。

（4）Step

该模块里需要进行两个阶段的设置，即焊接阶段和冷却阶段，如图 6.42 所示。

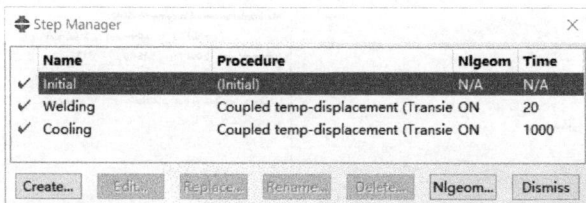

图 6.42　分析步设置

① 第一步（施加加热载荷阶段），作用：在焊接平板上施加复合热源模型。

Create Step。

Procedure type：Coupled temp-displacement。

Name：welding。

Nlgeom：On。

Basic Time period：20。

增量步设置如图 6.43 所示。

② 第二步（冷却阶段），由于散热作用达到冷却。

Procedure type：Coupled temp-displacement。

Name：colding。

Nlgeom：On。

Basic Time period：1000。

冷却时间为1000s，增量步设置如图 6.44 所示，为了获取更多的降温阶段的数据结果，其降温最大允许时间设置为 100。

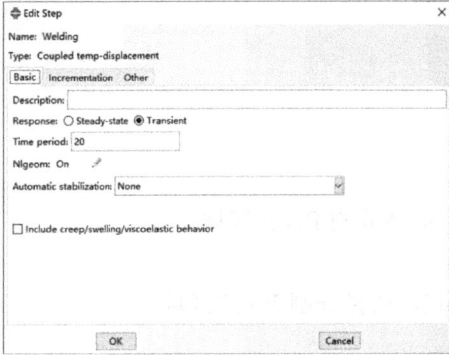

(a) 焊接分析步基本设置　　　　　　　　　(b) 焊接分析步增量步设置

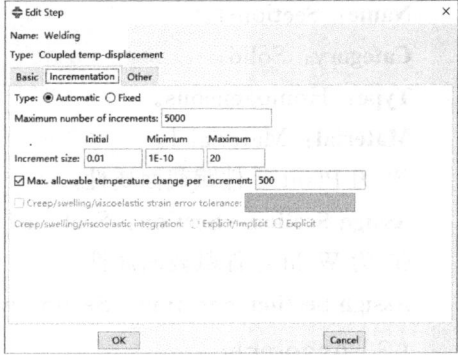

图 6.43　焊接分析步设置

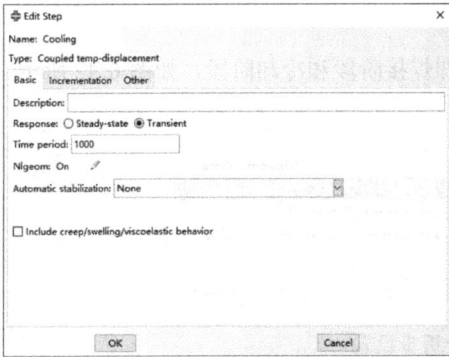

(a) 冷却分析步基本设置　　　　　　　　　(b) 冷却分析步增量步设置

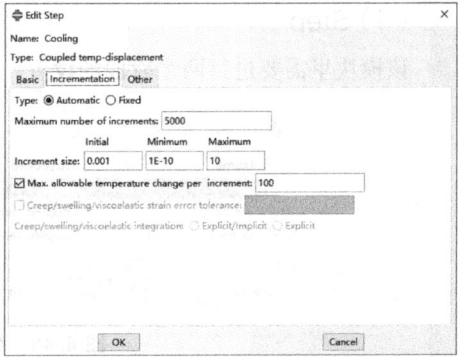

图 6.44　冷却分析步设置

在输出结果中需要选择如图 6.45 所示选项。

（5）Interaction

① 散热系数。

Procedure type：Coupled temp-displacement。

Types for selected step：Surface film condition。

Name：Int-1-film。

Surface：选择部件表面进行施加。

散热系数为 0.04，环境温度为 20℃，具体的散热系数设置如图 6.46 所示。

② 辐射系数。

Procedure type：Coupled temp-displacement。

Types for selected step：Surface radiation。

Name：Int-2。

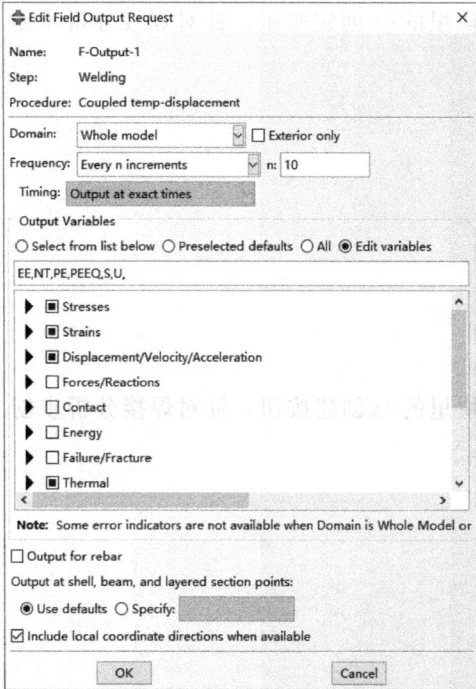

图 6.45 输出结果选项

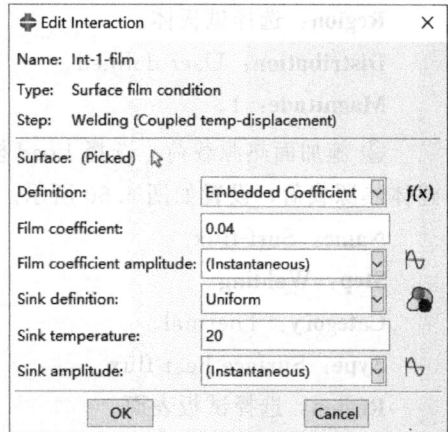

图 6.46 散热系数设置

辐射系数为 0.75，环境温度为 20℃，具体的辐射系数设置如图 6.47 所示。

（6）Load

由于进行激光焊接热力耦合计算分析，其热源加载需通过焊接子程序施加，因此在载荷施加时需自定义体热源模型。根据激光热源模型定义，为面热源与体热源复合焊接过程。需要注意的是，在冷却阶段（Cooling）分析步选择Inactive，具体设置如图 6.48 所示。

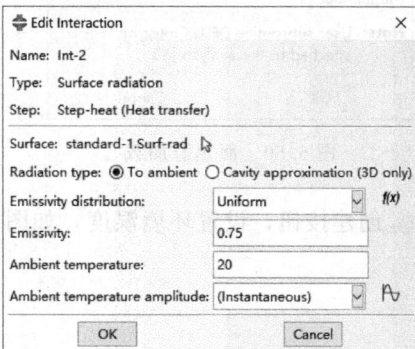

图 6.47 辐射系数设置

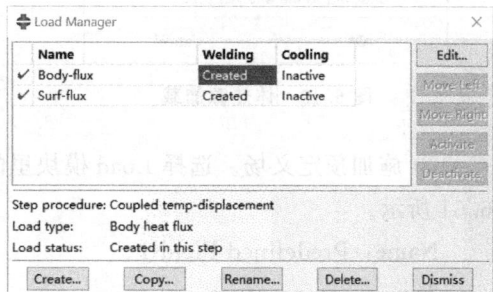

图 6.48 焊接热源载荷设置

① 施加体热源载荷。选择 Load 模块里的 ⊔ 创建按钮，针对焊接分析步创建体热源载荷，设置如图 6.49 所示。

Name：Body-flux。

Step：Welding。

Category：Thermal。

Type：Body heat flux。

Region：选择试板体。

Distribution：User-defined。

Magnitude：1。

② 施加面热源载荷。选择 Load 模块里的 ⊔ 创建按钮，针对焊接分析步创建体热源载荷，设置如图 6.50 所示。

Name：Surf-flux。

Step：Welding。

Category：Thermal。

Type：Surface heat flux。

Region：选择试板表面。

Distribution：User-defined。

Magnitude：1。

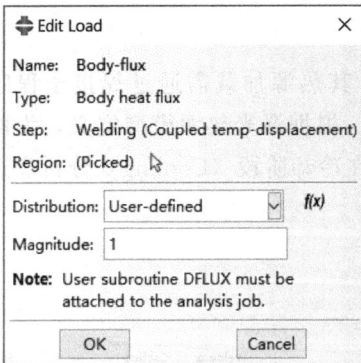

图 6.49 体热源加载

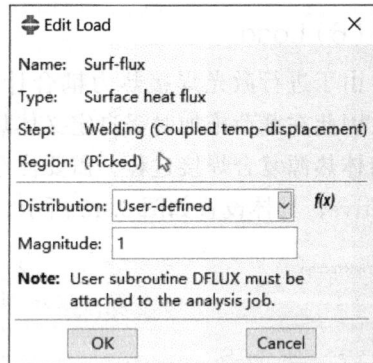

图 6.50 面热源加载

③ 施加预定义场。选择 Load 模块里的 ⊔ 创建按钮，设置环境温度，如图 6.51 所示。

Name：Predefined Field-1。

Type：Temperature。

Step：Initial。

Region：选择划分网格后的所有节点。

Magnitude：20。

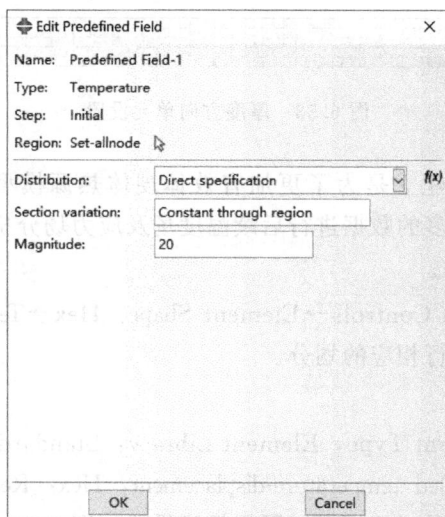

图 6.51　预定义场设置

（7）Mesh

① 撒种子。由于焊接热计算集中在焊缝附近区域，选择疏密过渡的网格划分策略，即焊缝部分的网格划分密集，边缘部分的网格划分稀疏，可节约计算时间。

② 利用 ⬚ 设置对 xy 平面进行 2D 平面切分，采用疏密过渡时，焊缝中心网格较密，逐渐向两边过渡至较大网格，通过 ⬚ 布置单一种子，并用 ⬚ 对 xy 平面划分网格，纵向网格节点为 120 个，划分网格形貌如图 6.52 所示。

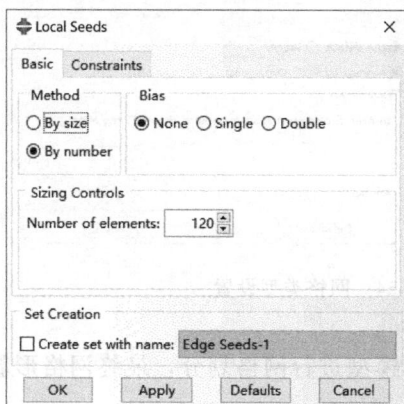

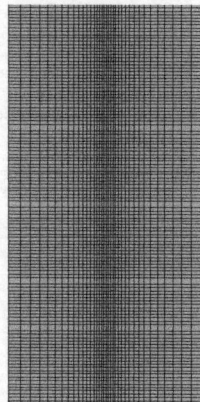

图 6.52　平板网格单元设置

③ 对厚度边划分偏差单元，厚度划为 5 层网格。厚度方向单元设置如图 6.53 所示。

图 6.53　厚度方向单元设置

厚度方向的模型建立是为了更加有效体现体热源模型的计算结果的准确性，能够有效获得更多的数据进行后续温度场及应力场分析。

④ 单元控制属性。

Assign Mesh Controls→Element Shape：Hex→Technique：Structured。选择不同的体模块进行相应的划分。

⑤ 选网格类型。

Assign Element Type，Element Library：Standard，Geometric Order：Linear，Family：Coupled temperature-displacement，Hex：Reduced integration。采用减缩积分的线性单元 C3D8RT。网格类型设置如图 6.54 所示。

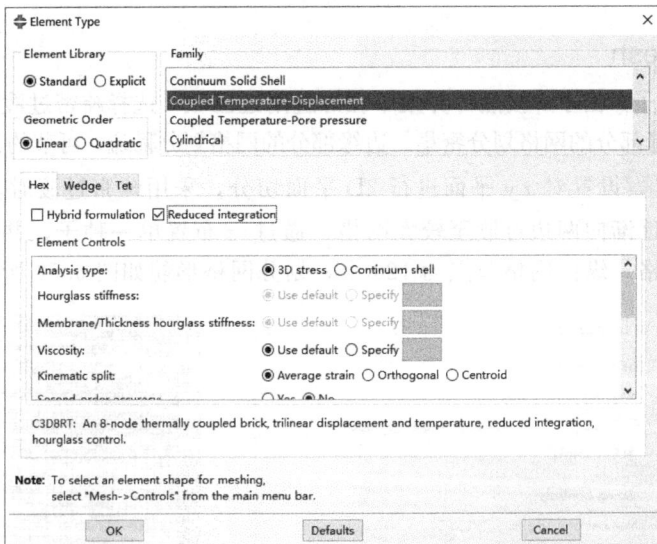

图 6.54　网格类型设置

⑥ 划分网格。通过 对整体模型进行网格划分，最终网格形貌如图 6.55 所示。

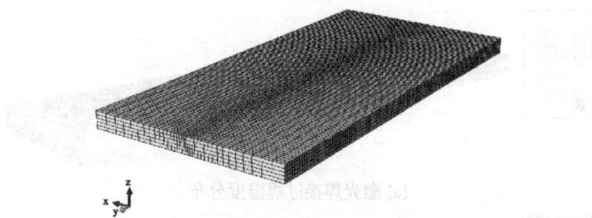

图 6.55　平板激光焊接模型整体网格划分

（8）Job

① **Create Job→Name**：Job-1，需要注意的是子程序加载需在该步骤中进行设置，即通过 General 设置并根据 for 文件路径添加子程序文件进行焊接计算，具体设置见图 6.56。

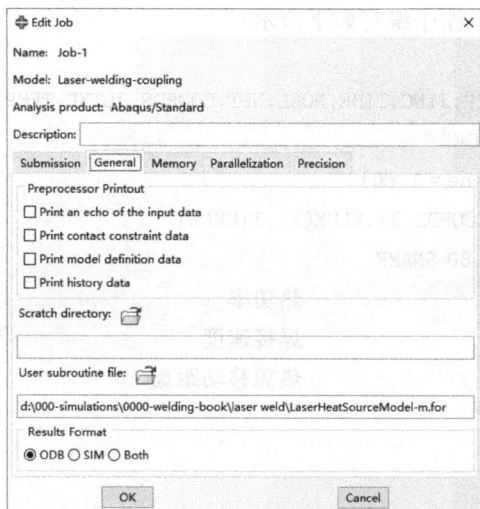

图 6.56　作业提交设置

② **Data Check**。当有限元模型数据完整时，数据检测成功，状态显示为 Check Completed。

③ **Submit**。

（9）计算

后台计算。

（10）后处理

焊接过程如图 6.57 所示。残余应力分布如图 6.58 所示。

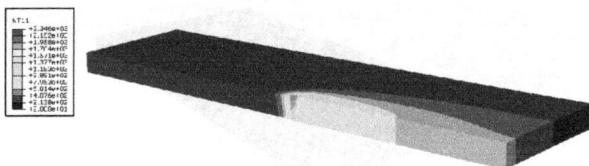

(a) 激光焊接过程温度分布

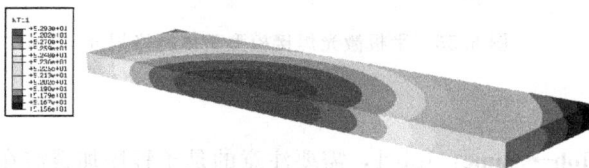

(b) 激光焊接冷却过程温度分布

图 6.57 热分析温度场结果

焊接热过程的子程序编写如下所示：

```
SUBROUTINE
DFLUX(FLUX,SOL,JSTEP,JINC,TIME,NOEL,NPT,COORDS,JLTYP,TEMP,PRESS,SNAME)
INCLUDE 'ABA_PARAM.INC'
        parameter(one = 1.d0)
        DIMENSION COORDS(3),FLUX(2),TIME(2)
        CHARACTER * 80 SNAME
    q = 3072                          热功率
    v = 0.0025                        焊接速度
    d = v * TIME(2)                   热源移动距离
    x = COORDS(1)
    y = COORDS(2)
    z = COORDS(3)
Q = 1000000                          总热功率
aa = 0.99;                           热源有效吸收系数
Qs = Q * aa * 0.2;                   面热源功率
Qv = Q-Qs                            体热源功率
a = 0.3;                             面热源能量集中系数
rs = 0.014                          面热源作用范围
H = 0.006;                           体热源深度
b = 0.15;                            体热源能量衰减系数
rv = 0.008;                          体热源有效作用半径
d = 0.0025 * TIME(2);                热源移动距离
x0 = 0;                              初始位置 x 坐标
```

材料成形过程数值模拟
基础与应用

y0 = 0; 　　　　　　　　　　　初始位置 y 坐标

z0 = 0.008 　　　　　　　　　　初始位置 z 坐标

pi = 3.14

C　　　JLTYP = 1,表示为体热源模型

　　　　IF(JLTYP. EQ. 1)THEN

　　　　　　FLUX(1) = (6 * Qv * (H-b * (z0-COORDS(3))))/(pi * rv * rv * H * H * (2-b))

　　$ * exp((-3) * sqrt((COORDS(1)-x0) * * 2 +

　　$ (COORDS(2)-y0-d) * * 2)/(rv * rv))

　　　　END IF

C　　　JLTYP = 0,表示为面热源模型

　　　　IF(JLTYP. EQ. 0)THEN

　　　　　　FLUX(1) = (a * Qs/(pi * rs * rs)) * exp(-1 * a * ((COORDS(1)-x0) * * 2 +

　　$ (COORDS(2)-y0-d) * * 2)/(rs * * 2))

　　　　ENDIF

　　　　RETURN

　　　　END

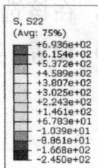

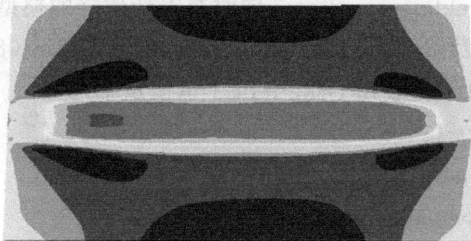

(a) 纵向残余应力分布

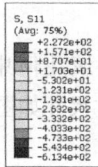

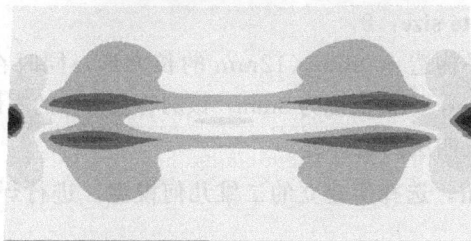

(b) 横向残余应力分布

图 6.58　残余应力分布云图

6.3.3 实例 3：圆管多层多道焊

将二维尺寸 400mm×12mm 的钢圆管构件进行四层四道焊接，焊缝坡口角度为 30°，焊接过程采用生死单元方法进行焊缝材料的填充模拟。针对该焊接工艺建立有限元模型并进行温度场、焊接残余应力分析。

焊接过程计算分析主要步骤如下：

① 圆管二维模型的建立。

② 材料参数的输入。

③ 多层多道焊接过程边界条件设置。

④ 多层多道模型的网格划分。

⑤ 作业定义。

⑥ 焊接应力场结果分析。

在计算该模型过程中，选择热力耦合计算，即同时计算温度场及应力场，激光热源通过子程序进行加载。对于焊接过程的有限元建模、计算及结果提取过程如下：

（1）Part 创建模型及试样

在模型菜单栏中建立新的 model，由于首先进行热分析，因此对该模型可命名为 Laser-welding-coupling。同时右击新建立的模型，在该选项中进行绝对温度（−273）及 Stefan-Boltzmann 参数（5.6704E−08）设置。

Create Part（使用 m-N-kg-s-Pa-J 单位量纲）。

Name：Part-1。

Modeling Space：Axisymmetric。

Type：Deformable。

Base feature：Shell。

Approximate size：2。

竖直和水平构造 400mm×12mm 的长方形，同时在该几何中心画出余高，余高宽度为 12mm，余高高度为 3mm。该圆管长方体的零件尺寸如图 6.59 所示。

分割几何成四层四道焊缝。

选择 ▙ 按钮，选择所建立的二维几何模型，进行焊缝多层多道切割，如图 6.60 所示。

（2）Property

① 创建材料。假设该模型母材与焊缝之间的材料不存在差异，因此可统一设置材料性能参数，输入材料性能参数如下：

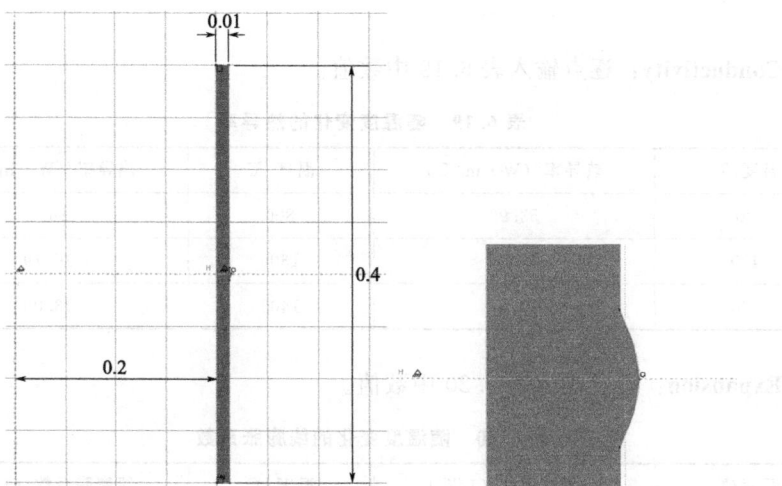

图 6.59　二维多层多道焊缝结构模型及尺寸

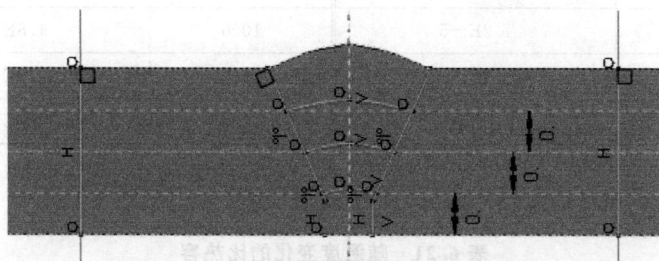

(a) 几何草图参考下确定及分层设置

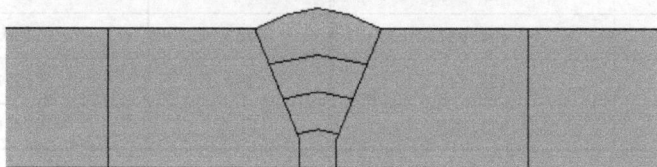

(b) 二维焊道几何切割示意

图 6.60　二维多层多道焊缝几何切割示意

Name：Material-1。

Density：由于密度随温度较小，因此可假设该参数为定值，7.85E−09。

Elastic：弹性模量随温度变化，泊松比固定为 0.3。逐点逐入表 6.18 中数值。

表 6.18　随温度变化的弹性模量

温度/℃	弹性模量/Pa	温度/℃	弹性模量/Pa
20	200000000000	800	94600000000
200	196450000000	1000	23200000000
600	140000000000	1400	8150000000

Conductivity：逐点输入表 6.19 中数值。

表 6.19　随温度变化的热导率

温度/℃	热导率/(W·m/℃)	温度/℃	热导率/(W·m/℃)
20	53.99	800	16.2
400	42.05	1300	10.79
600	29.48	1400	13.08

Expansion：逐点输入表 6.20 中数值。

表 6.20　随温度变化的线膨胀系数

温度/℃	线膨胀系数/(1/℃)	温度/℃	线膨胀系数/(1/℃)
20	1.2E−5	800	1.3E−5
200	1.2E−5	1000	1.5E−5
400	1.2E−5	1200	1.5E−5
600	1.2E−5	1400	1.5E−5

Specific heat：逐点输入表 6.21 中的值。

表 6.21　随温度变化的比热容

温度/℃	比热容/[J/(kg·℃)]	温度/℃	比热容/[J/(kg·℃)]
20	404.627	750	1100.99
400	488.441	800	745.873
700	811.218	1400	554.072

Plastic：逐点输入表 6.22 中的值。

表 6.22　随温度变化的塑性参数

温度/℃	屈服强度/Pa	塑性应变	温度/℃	屈服强度/Pa	塑性应变
20	290000000	0	800	10000000	0
200	255556000	0	1400	5555560	0
600	121111000	0			

② 创建母材与焊缝截面属性。

Name：Section-1。

材料成形过程数值模拟
基础与应用

Category：Solid。

Type：Homogeneous。

Material：Material-1。

③ 为 Plant 零件赋截面属性。

Assign Section→Section：Section-1，选择分割 Plant 区域。

（3）Assembly

① 选择 Part-1。

② 拖动鼠标选中部件，点击 **OK**。

（4）Step

由于该模型为二维四层四道焊接，在 Step 模块里需要进行不同的焊接及冷却过程设置。在进行多层多道焊接设置时，需应用生死单元方法实现焊接材料的填充过程，所有分析步设置如图 6.61 所示。

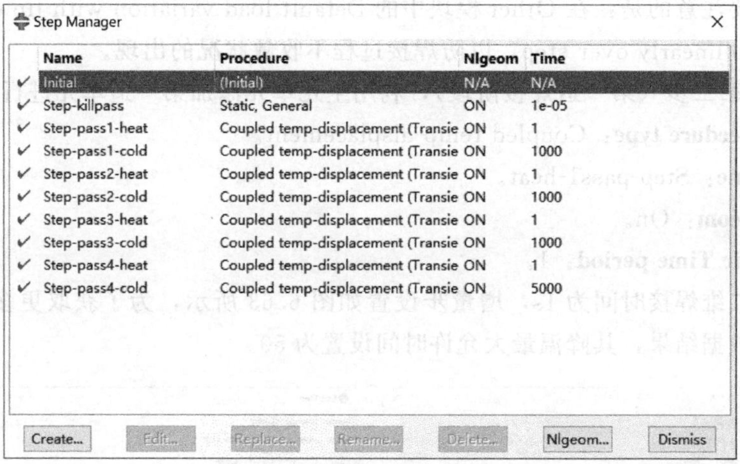

图 6.61　焊接分析步设置

① 第一步（将所有的焊道注销过程阶段），作用：应用生死单元方法填充焊道，第一步需将之后焊接的焊缝全部取消掉，为后续焊接做准备。

Create Step。

Procedure type：Static，General。

Name：Step-killpass。

Nlgeom：On。

Basic Time period：1E－5。

增量步设置如图 6.62 所示。

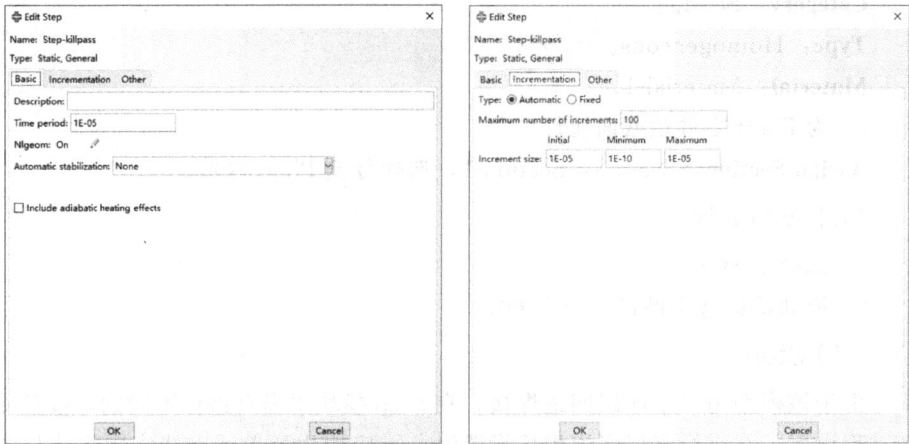

图 6.62　注销单元分析步设置

需要注意的是：在 Other 模块中的 Default load variation with time 选项选择 Ramp linearly over step，以防焊接过程不收敛状况的出现。

② 第二步（第一道焊接阶段），利用生死单元添加第一道单元进行焊接。

Procedure type：Coupled temp-displacement。

Name：Step-pass1-heat。

Nlgeom：On。

Basic Time period：1。

即二维焊接时间为 1s，增量步设置如图 6.63 所示，为了获取更多的升温阶段的数据结果，其降温最大允许时间设置为 50。

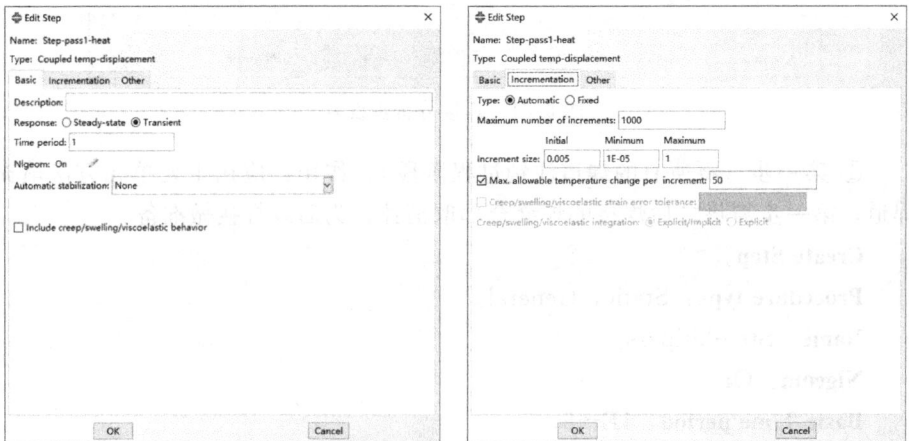

图 6.63　第一道焊接分析步设置

　材料成形过程数值模拟
基础与应用

注意：在 Other 模块中的 Default load variation with time 选项选择 Ramp linearly over step，以防焊接过程不收敛状况的出现。

③ 第三步（第一道冷却阶段）。

Procedure type：Coupled temp-displacement。

Name：Step-pass1-cold。

Nlgeom：On。

Basic Time period：1000。

二维焊接时间为 1000s，增量步设置如图 6.64 所示，为了获取更多的升温阶段的数据结果，其降温最大允许时间设置为 50。

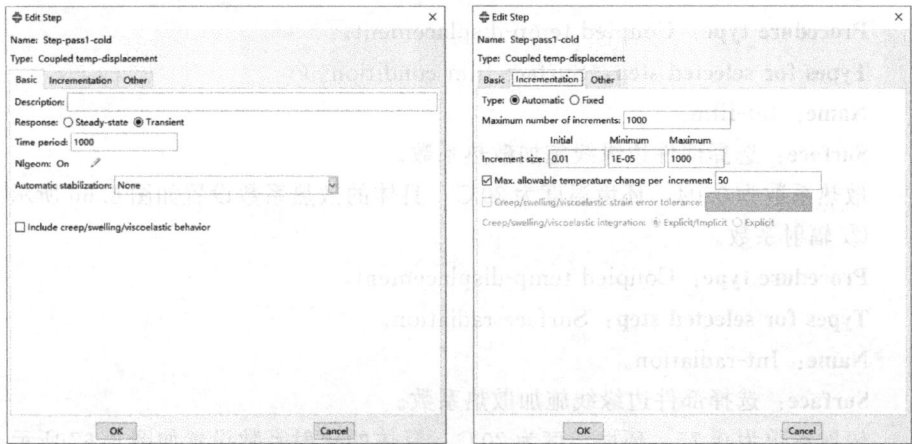

图 6.64　第一道冷却分析步设置

④ 第四步（第二道焊接阶段）。更改名字为 Step-pass2-heat，重复第二步操作。

⑤ 第五步（第二道冷却阶段）。更改名字为 Step-pass2-cold，重复第三步操作。

⑥ 第六步（第三道焊接阶段）。更改名字为 Step-pass3-heat，重复第二步操作。

⑦ 第七步（第三道冷却阶段）。更改名字为 Step-pass3-cold，重复第三步操作。

⑧ 第八步（第四道焊接阶段）。更改名字为 Step-pass4-heat，重复第二步操作。

⑨ 第九步（第四道冷却阶段）。更改名字为 Step-pass4-cold，重复第三步操作，需要注意的是最后冷却时间修改为 5000s。

（5）Interaction

在 Interaction 模块中不仅需要设置散热系数及辐射系数，焊缝的生死单元设置也需要在该模块中进行，即首先需要将四道焊缝全部注销，然后在焊接步中对应激活每一道焊缝，因此该模块中共有七个相关设置，具体的 Interaction 设置如图 6.65 所示。

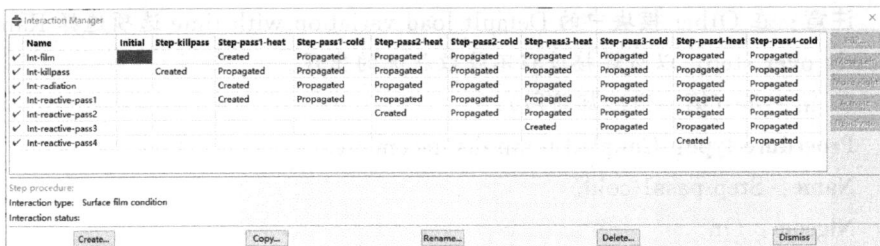

图 6.65　交互模块分析步设置

具体设置如下：

① 散热系数。

Procedure type：Coupled temp-displacement。

Types for selected step：Surface film condition。

Name：Int-film。

Surface：选择部件边缘线施加散热系数。

散热系数为 0.04，环境温度为 20℃，具体的散热系数设置如图 6.66 所示。

② 辐射系数。

Procedure type：Coupled temp-displacement。

Types for selected step：Surface radiation。

Name：Int-radiation。

Surface：选择部件边缘线施加散热系数。

辐射系数为 0.75，环境温度为 20℃，具体的辐射系数设置如图 6.67 所示。

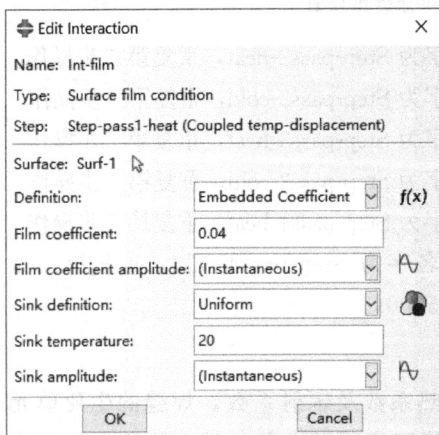

图 6.66　散热系数设置

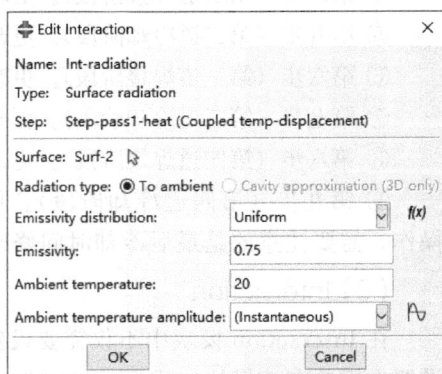

图 6.67　辐射系数设置

③ 注销所有焊缝单元。

Name：Int-killpass。

Step：Step-killpass。

Procedure type：Static，General。

Types for selected step：Model change。

Definition：Region。

Region type：Geometry。

Region：选择四道焊缝几何区域，如图 6.68 所示。

Activation state of region elements：Deactivated in this step。

所有设置如图 6.69 所示。

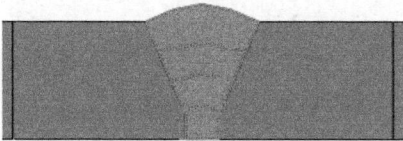

图 6.68　注销焊缝单元区域

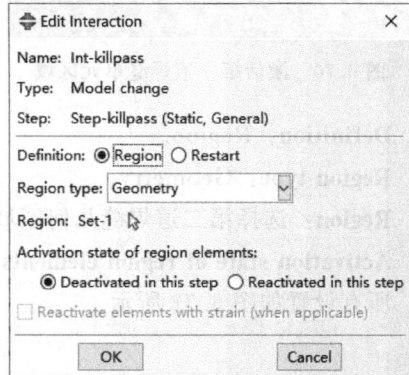

图 6.69　注销焊缝单元设置

④ 激活第一道焊缝单元。

Name：Int-reactive-pass1。

Step：Step-pass1-heat。

Procedure type：Coupled temp-displacement。

Types for selected step：Model change。

Definition：Region。

Region type：Geometry。

Region：选择第一道焊缝几何区域，如图 6.70 所示。

Activation state of region elements：Reactivated in this step。

所有设置如图 6.71 所示。

⑤ 激活第二道焊缝单元。

Name：Int-reactive-pass2。

Step：Step-pass2-heat。

Procedure type：Coupled temp-displacement。

Types for selected step：Model change。

图 6.70 激活第一道焊缝单元区域

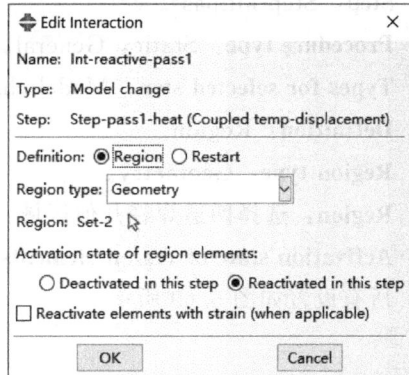

图 6.71 激活第一道焊缝单元设置

Definition：Region。

Region type：Geometry。

Region：选择第二道焊缝几何区域，如图 6.72 所示。

Activation state of region elements：Reactivated in this step。

所有设置如图 6.73 所示。

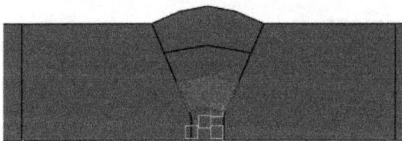

图 6.72 激活第二道焊缝单元区域

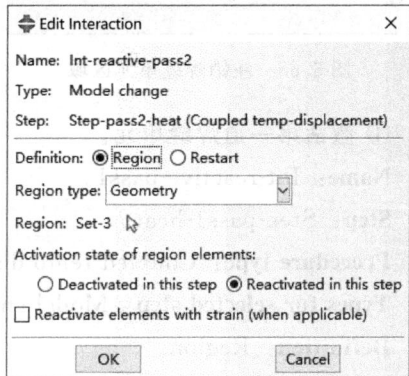

图 6.73 激活第二道焊缝单元设置

⑥ 激活第三道焊缝单元。

Name：Int-reactive-pass3。

Step：Step-pass3-heat。

Procedure type：Coupled temp-displacement。

Types for selected step：Model change。

Definition：Region。

Region type：Geometry。

Region：选择第三道焊缝几何区域，如图 6.74 所示。

Activation state of region elements：Reactivated in this step。

所有设置如图 6.75 所示。

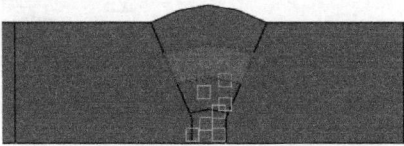

图 6.74　激活第三道焊缝单元区域

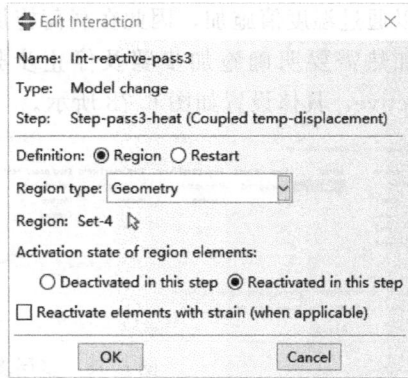

图 6.75　激活第三道焊缝单元设置

⑦ 激活第四道焊缝单元。

Name：Int-reactive-pass4。

Step：Step-pass4-heat。

Procedure type：Coupled temp-displacement。

Types for selected step：Model change。

Definition：Region。

Region type：Geometry。

Region：选择第四道焊缝几何区域，如图 6.76 所示。

Activation state of region elements：Reactivated in this step。

所有设置如图 6.77 所示。

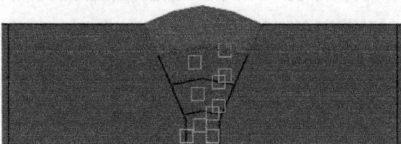

图 6.76　激活第四道焊缝单元区域

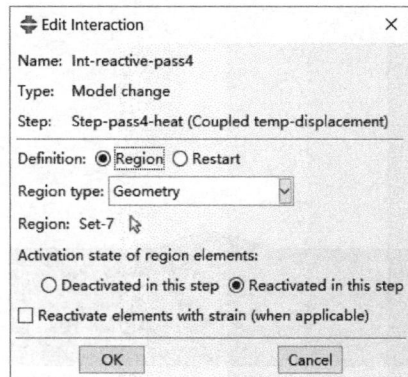

图 6.77　激活第四道焊缝单元设置

（6）Load

进行二维多层多道焊接热力耦合计算分析，一方面需要进行约束边界条件的设置，另一方面也需要进行热源加载设置，由于二维几何模型的焊接热源也可以通过温度值施加，因此在载荷施加时需添加温度相关设置。根据温度热源的加热需要明确施加步骤及停止步骤，在冷却阶段（Cooling）分析步选择Inactive，具体设置如图 6.78 所示。

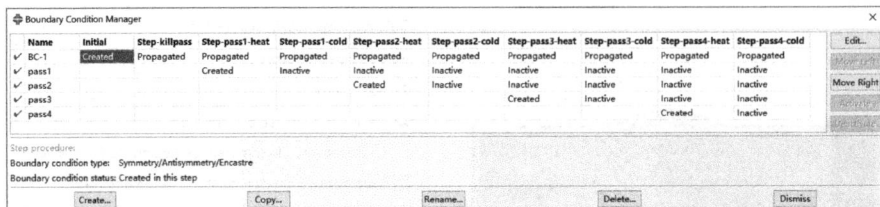

图 6.78　多层多道焊接分析步设置

① 施加固定约束边界条件。选择 Load 模块里的 ▣ 创建按钮，针对焊接分析步创建载荷：

Name：Bc-1。

Step：Initial。

Category：Mechanical。

Type：Symmetry/Antisymmetry/Encastre。

Region：选择二维试样下面两个点进行固定设置，如图 6.79 所示。

Edit Boundary Condition：选择 ENCASTRE 全约束选项，如图 6.80 所示。

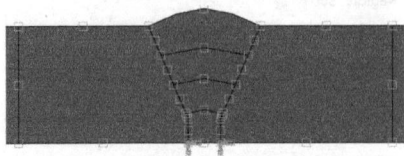

图 6.79　力学固定约束设置

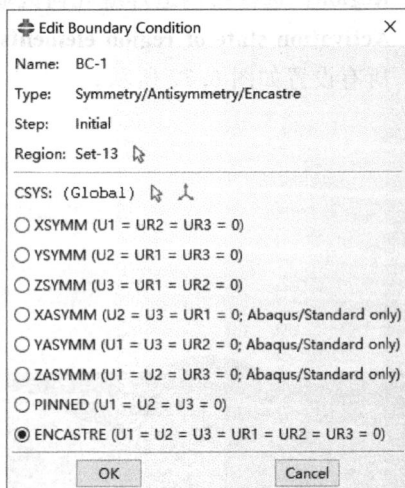

图 6.80　固定约束设置

② 施加第一道焊缝温度热源载荷。选择 Load 模块里的 █ 创建按钮，针对第一道焊接分析步创建温度热源载荷，具体设置如图 6.81 所示。

Name：pass1。

Step：Step-pass1-heat（Coupled temp-displacement）。

Category：Other。

Type：Temperature。

Region：选择第一道焊缝几何区域。

Method：Specify magnitude。

Distribution：Uniform。

Magnitude：1500。

Amplitude：选择 █ 创建 Amp-1，Type：Tabular。

注意：该温度幅值的添加能有效体现焊接加热过程。

整体第一道焊缝热源添加设置如图 6.82 所示。

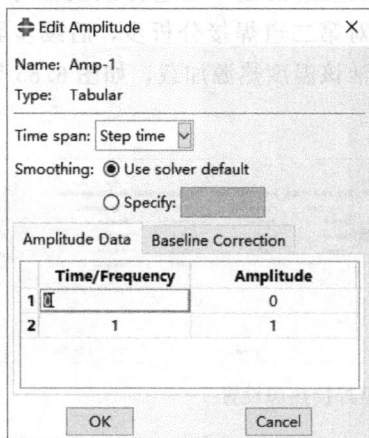

图 6.81　温度幅值设置　　　　　　图 6.82　第一道温度载荷施加设置

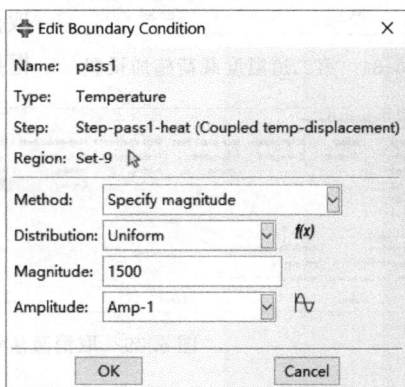

需要注意的是，在进行该设置时，该步仅针对第一道焊接分析步，后续步骤需取消激活该温度热源加载，如图 6.83 黑框所示。

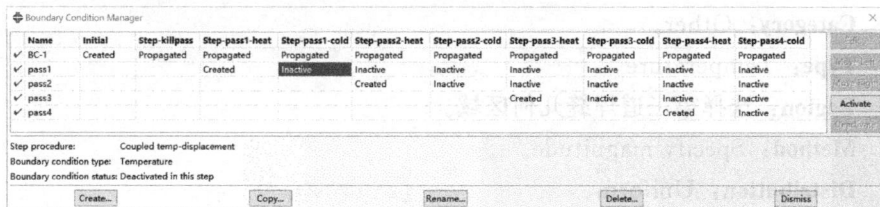

图 6.83　取消激活第一道焊接热源设置

③ 施加第二道焊缝温度热源载荷。选择 Load 模块里的 ⬚ 创建按钮，针对第二道焊接分析步创建温度热源载荷。

Name：pass2。

Step：Step-pass2-heat（Coupled temp-displacement）。

Category：Other。

Type：Temperature。

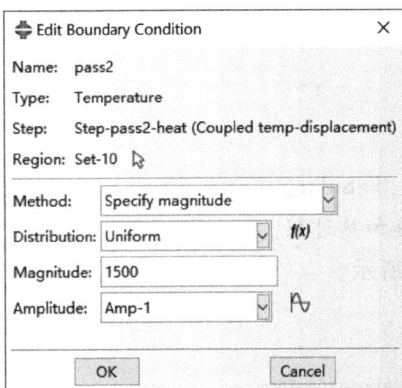

图 6.84　第二道温度载荷施加设置

Region：选择第二道焊缝几何区域。

Method：Specify magnitude。

Distribution：Uniform。

Magnitude：1500。

Amplitude：选择已创建 Amp-1。

整体第二道焊缝热源添加设置如图 6.84 所示。

需要注意的是，在进行该设置时，该步仅针对第二道焊接分析步，后续步骤需取消激活该温度热源加载，如图 6.85 黑色框所示。

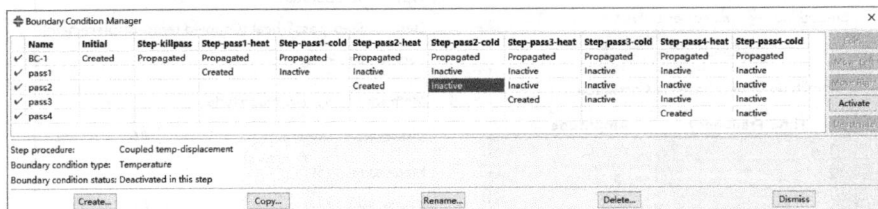

图 6.85　取消激活第二道焊接热源设置

④ 施加第三道焊缝温度热源载荷。选择 Load 模块里的 ⬚ 创建按钮，针对第三道焊接分析步创建温度热源载荷。

Name：pass3。

Step：Step-pass3-heat（Coupled temp-displacement）。

Category：Other。

Type：Temperature。

Region：选择第三道焊缝几何区域。

Method：Specify magnitude。

Distribution：Uniform。

Magnitude：1500。

材料成形过程数值模拟
基础与应用

Amplitude：选择已创建 Amp-1。

整体第三道焊缝热源添加设置如图 6.86 所示。

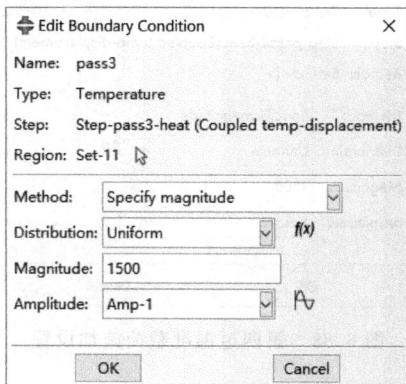

图 6.86　第三道温度载荷施加设置

需要注意的是，在进行该设置时，该步仅针对第三道焊接分析步，后续步骤同样需取消激活该温度热源加载，如图 6.87 黑色框所示。

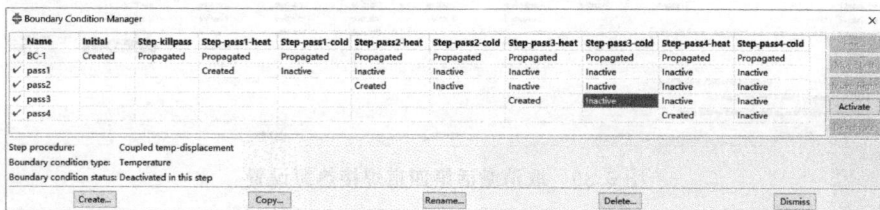

图 6.87　取消激活第三道焊接热源设置

⑤ 施加第四道焊缝温度热源载荷。选择 Load 模块里的 ▙ 创建按钮，针对第三道焊接分析步创建温度热源载荷：

Name：pass4。

Step：Step-pass4-heat（Coupled temp-displacement）。

Category：Other。

Type：Temperature。

Region：选择第四道焊缝几何区域。

Method：Specify magnitude。

Distribution：Uniform。

Magnitude：1500。

Amplitude：选择已创建 Amp-1。

注意：该温度幅值的添加能有效体现焊接加热过程。

整体第四道焊缝热源添加设置如图 6.88 所示。

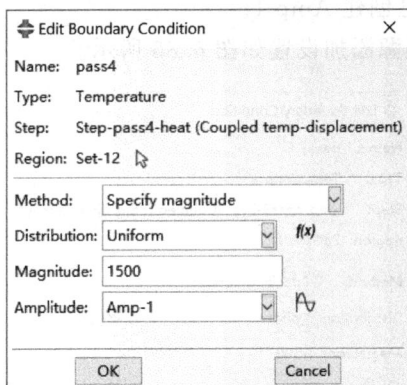

图 6.88　第四道温度载荷施加设置

在进行该热源施加设置中，该步仅针对第四道焊接分析步，后续步骤需取消激活该温度热源加载，如图 6.89 黑色框所示。

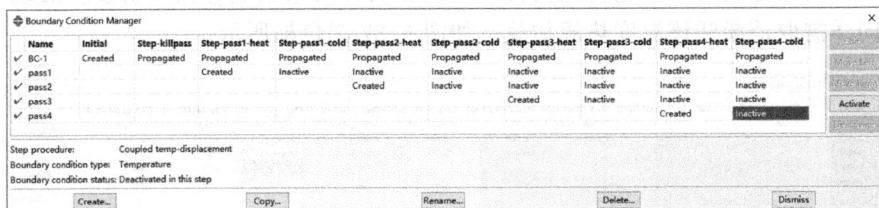

图 6.89　取消激活第四道焊接热源设置

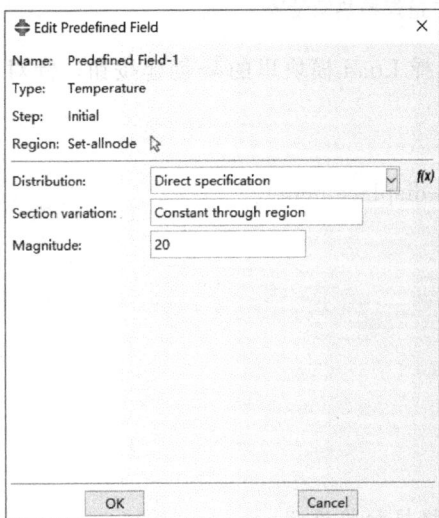

图 6.90　预定义场设置

⑥ 施加预定义场。选择 Load 模块里的 创建按钮，设置环境温度，如图 6.90 所示。

Name：Predefined Field-1。

Type：Temperature。

Step：Initial。

Region：选择划分网格后的所有节点。

Magnitude：20。

（7）Mesh

① 撒种子。由于焊接热计算集中在焊缝附近区域，选择疏密过渡的网格划分策略，即焊缝部分的网格划分密集，边缘部分的网格划分稀疏，可节约计算时间。

材料成形过程数值模拟
基础与应用

② 对焊缝区域进行种子布置。利用 ▣ 对 xy 平面进行 2D 平面切分，采用疏密过渡时，焊缝中心网格较密，逐渐向两边过渡至较大网格，通过 ▣ 设置，选取焊缝区域，通过 By Size 布置种子，并使用 ▣ 对焊缝区域进行网格划分，局部划分网格形貌如图 6.91 所示。

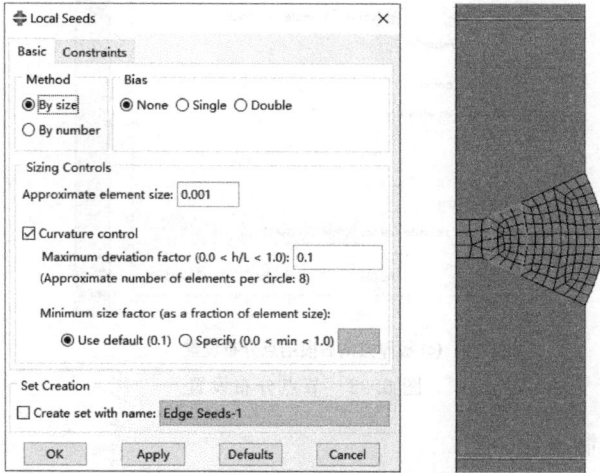

图 6.91　焊缝区域网格节点分布设置

③ 对远离焊缝区进行种子布置。选择渐进节点分布，通过数量及渐进偏移率进行网格节点布置，节点分布位置规律如图 6.92 所示。

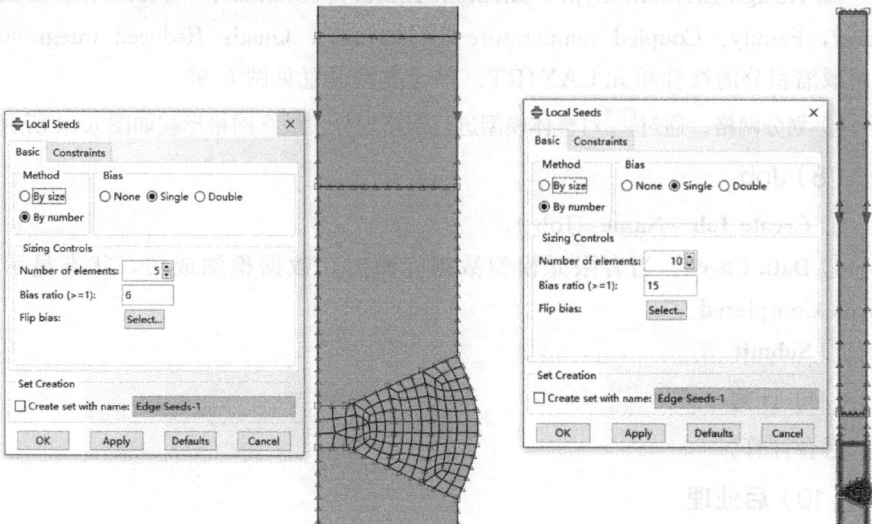

(a) 竖直方向较远距离结点分布设置　　　(b) 竖直方向后段结点分布设置

图 6.92

(c) 板厚方向后段结点分布设置

图 6.92　节点分布设置

④ 单元控制属性。

 Assign Mesh Controls → Element Shape：Quad-dominated → Technique：Structured。选择不同的体模块进行相应的划分。

⑤ 选网格类型。

 Assign Element Type，Element Library：Standard，Geometric Order：Linear，Family：Coupled temperature-displacement，Quad：Reduced integration。采用减缩积分的线性单元 CAX4RT。单元类型设置见图 6.93。

⑥ 划分网格。通过 对整体模型进行网格划分，最终网格形貌如图 6.94 所示。

（8）Job

① **Create Job→Name**：Job-1。

② **Data Check**。当有限元模型数据完整时，数据检测成功，状态显示为 Check Completed。

③ **Submit**。

（9）计算

后台计算。

（10）后处理

点击 ，选择 Primary S S22 S22 径向应力，同时选择图中坐标 x 进行视图位置确定，然后双击坐标图中下面横线，则会出现视图观看设

材料成形过程数值模拟
基础与应用

置，如图 6.95 所示。在 Angles 中输入：0，0，90，选择 Apply，将视图调整成如图 6.96 所示。

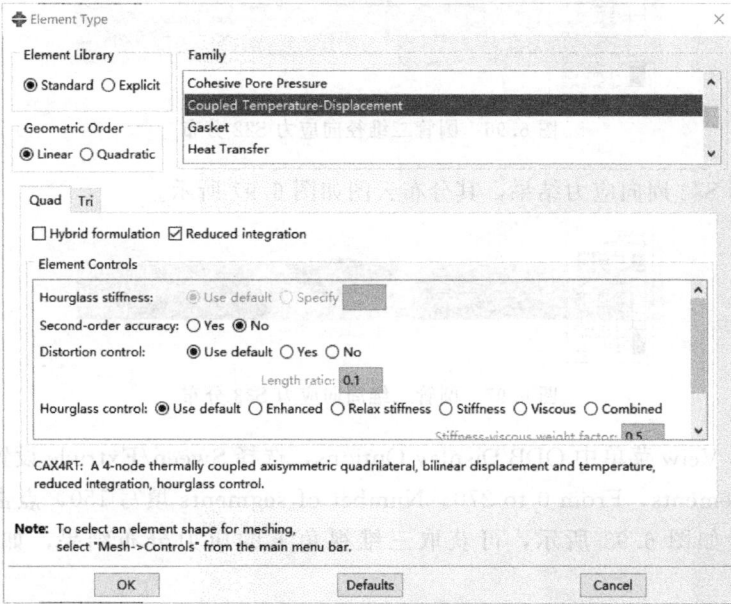

图 6.93　单元类型设置

(a) 整体二维模型网格划分

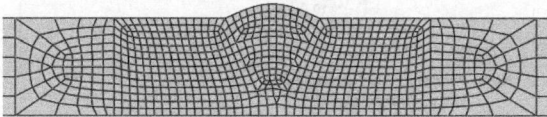

(b) 焊缝局部二维模型网格划分

图 6.94　二维模型网格划分说明

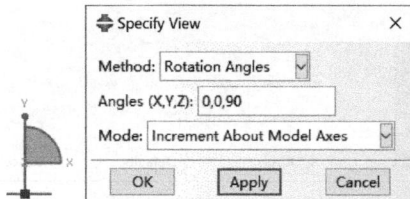

图 6.95　坐标转换设置

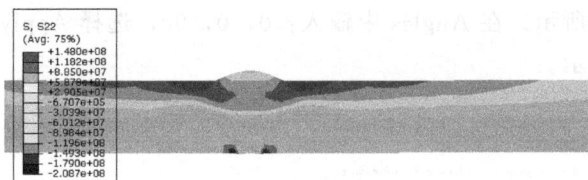

图 6.96　圆管二维径向应力 S22 分布

选择 S33 周向应力结果，其分布云图如图 6.97 所示。

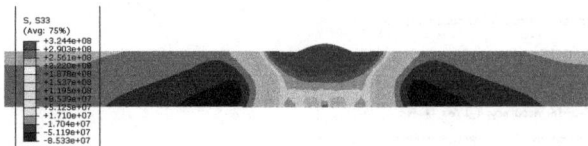

图 6.97　圆管二维周向应力 S33 分布

选择 Veiw 菜单中 ODB Display Options，选择 Sweep/Extrude 设置，勾选 Sweep elements，From 0 to 270。Number of segments 填写 150，点击 **Aplly**，具体设置如图 6.98 所示，可获取三维视角下的应力分布结果，如图 6.99 所示。

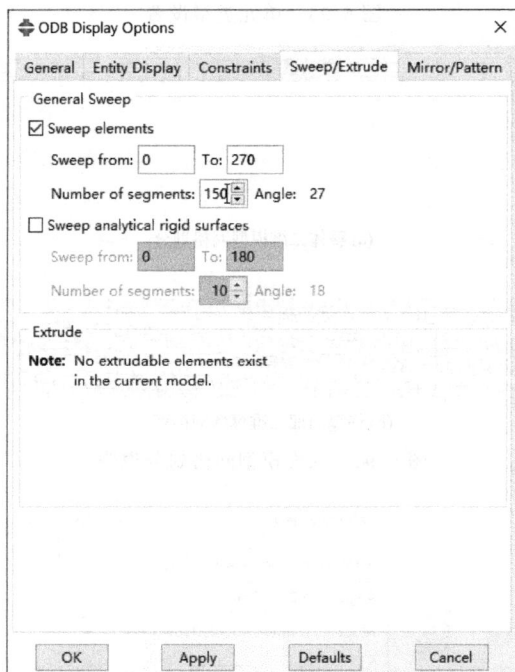

图 6.98　三维视图设置

材料成形过程数值模拟
基础与应用

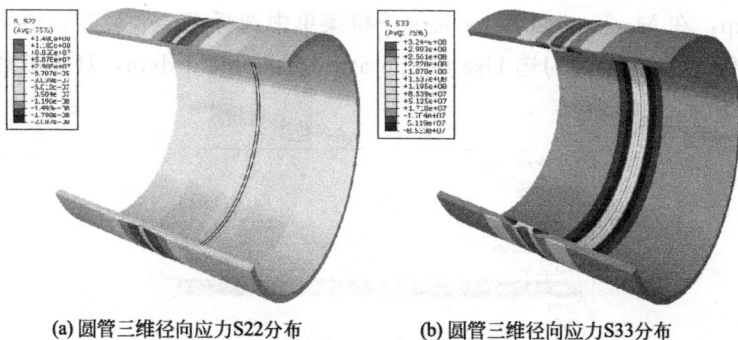

(a) 圆管三维径向应力S22分布　　　　(b) 圆管三维径向应力S33分布

图 6.99　三维模型下圆管残余应力分布

6.3.4　实例 4：圆管多层多道焊焊后热处理

将 6.3.3 节中圆管多层多道焊接模型进行焊后热处理工艺，对比该工艺前后残余应力分布状态变化。由于焊接热处理工艺涉及长时间保温工作，因此需加入材料蠕变性能考察其对残余应力变化的规律，该后处理工艺相关的建立有限元模型及残余应力场变化分析如下。

焊后热处理过程计算分析主要步骤如下：

① 焊后热处理工艺模型建立；

② 材料参数的输入；

③ 多层多道焊接过程边界条件设置；

④ 模型的网格划分；

⑤ 作业定义；

⑥ 焊后热处理工艺结果分析。

在计算该工艺下残余应力场分布过程中，同样选择热力耦合计算，即温度场及应力场同时计算。对于后处理工艺过程的有限元建模、计算及结果提取过程如下：

（1）Part 创建模型及试样

复制 6.3.3 节中多层多道焊接整体模型，并对该模型命名为 Model-PWHT，因此该模型并不需要进行二维模型的建立。

（2）Property（使用 m-N-kg-s-Pa-J 国际单位量纲）

由于该模型进行焊后热处理工艺，该工艺涉及材料的蠕变行为，因此在原模型的基础上增加蠕变性能参数设置。在原有材料性能模块（Material-1）设置中，添加蠕变性能（Creep），输入材料性能参数如下：

Name：Material-1。

Creep：在 Mechanical Behaviors 下拉菜单中选择 Creep 设置，由于该性能参数也随温度变化，需勾选 Use temperature-dependent data，具体参数设置如图 6.100 所示。

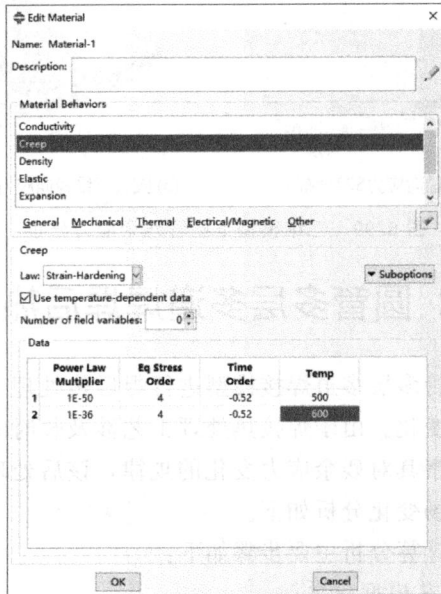

图 6.100　蠕变材料性能设置

Assign Section 不需要进行修改。

（3）Assembly

不需进行修改。

（4）Step

将之前所有分析步删除，对于焊后热处理共需进行两个分析步：第一步为将二维模型中多层多道焊接接头残余应力场引入焊后热处理模型；第二步为焊后热处理步，即设置焊后热后处理保温时间 36000s。所有分析步的设置如图 6.101 所示。

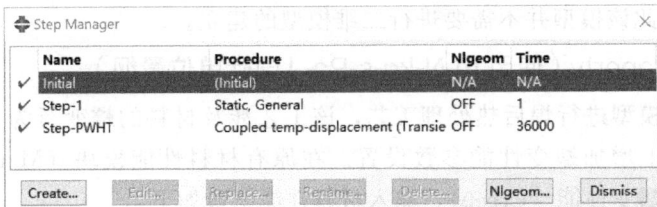

图 6.101　焊后热处理工艺分析步说明

① 第一步（获取原有多层多道焊接模型中的应力场分布），作用：应用生死单元方法填充焊道，第一步需将之后焊接的焊缝全部取消掉，为后续焊接做准备。

Create Step。

a. **Procedure type**：Static，General。

b. **Name**：Step-1。

c. **Nlgeom**：On。

d. **Basic Time period**：1E－5。

增量步设置如图 6.102 所示。

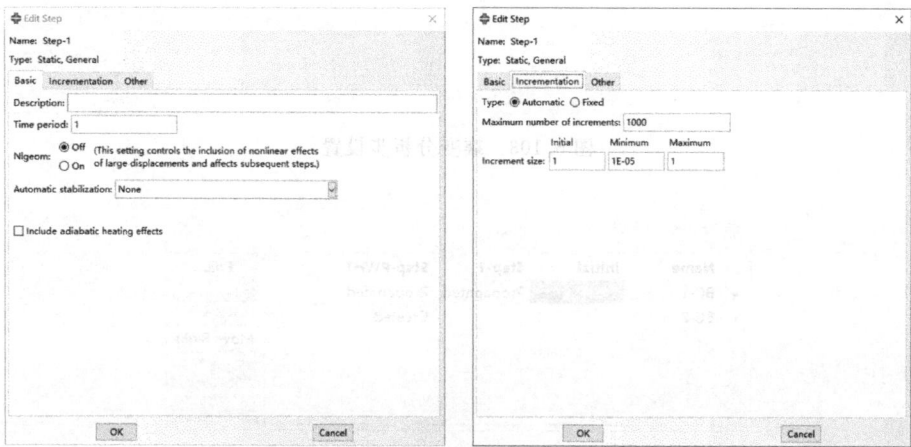

图 6.102　应力场导入设置分析步

② 第二步（焊后热处理阶段）。

Procedure type：Coupled temp-displacement。

Name：Step-pass1-heat。

Basic Time period：36000。

热处理时间为 36000s，增量步设置如图 6.103 所示，为了获取更多的升温阶段的数据结果，每一步允许的最大温度变化量为 50。

（5）Interaction

由于该保温阶段的对流和散热作用很小，可不用进行该项的设置，因此可删去所有的 Interaction 中设置的步骤。

（6）Load

由于进行焊后热处理工艺计算，一方面需要进行约束边界条件设置，另一方面也需要进行加热、保温及冷却阶段设置，二维几何模型的整体加载热源通过温度值设置，具体设置如图 6.104 所示。

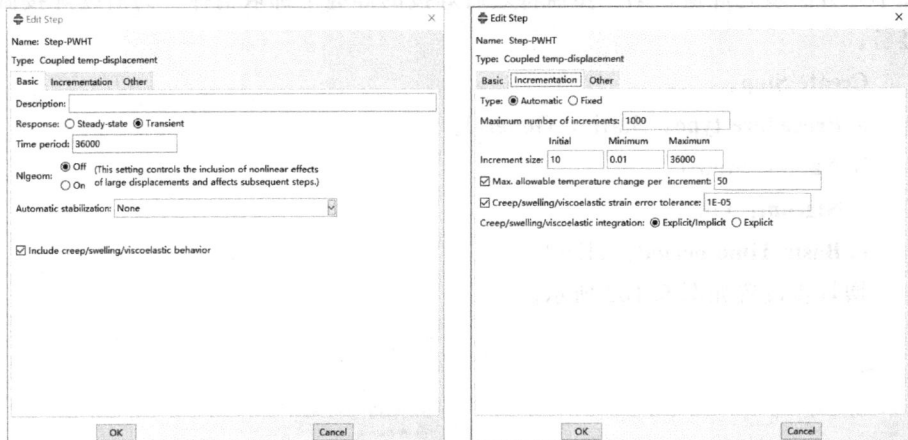

图 6.103　蠕变分析步设置

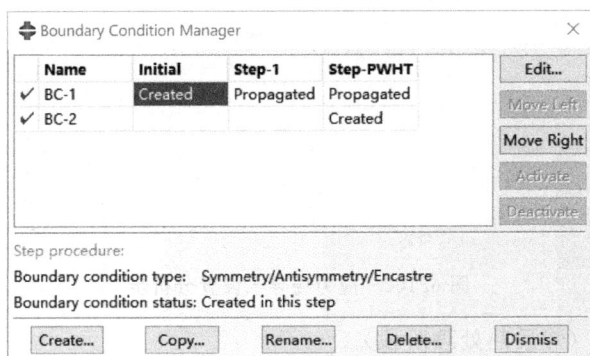

图 6.104　边界条件步设置

① 施加固定约束边界条件

选择 Load 模块里的 创建按钮，针对焊接分析步创建载荷。

Name：BC-1。

Step：Initial。

Category：Mechanical。

Type：Symmetry/Antisymmetry/Encastre。

Region：选择二维试样下面一个点进行 y 方向固定设置，如图 6.105 所示。

Edit Boundary Condition：选择 YSYMM 方向固定，如图 6.106 所示。

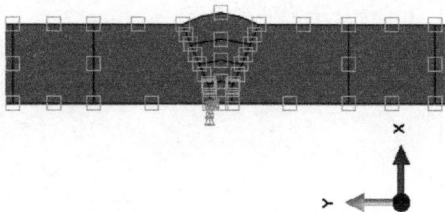

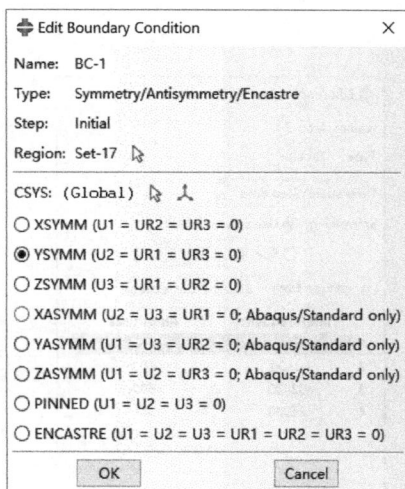

图 6.105　力学固定约束　　　　　　　　图 6.106　固定约束设置

② 施加热处理载荷。选择 Load 模块里的 ▣ 创建按钮，针对热处理分析步创建温度热源载荷。

Name：BC-2。

Step：Step-PWHT（Coupled temp-displacement）。

Category：Other。

Type：Temperature。

Region：选择整体模型。

Method：Specify magnitude。

Distribution：Uniform。

Magnitude：1。

选择 ⌁ 创建 Amp-2，Type：Tabular，即初始温度设置为 20℃，经过 3600s 加热至 600℃，保温至 32400s，最终在 36000s 冷却至 20℃，该热处理过程通过 Amplitude 界面进行设置，具体设置如图 6.107 所示。

③ 施加预定义场。选择 Load 模块里的 ▣ 创建按钮，设置环境温度，如图 6.108 所示。

Name：Predefined Field-1。

Type：Temperature。

Step：Initial。

Region：选择整个二维模型。

Magnitude：20。

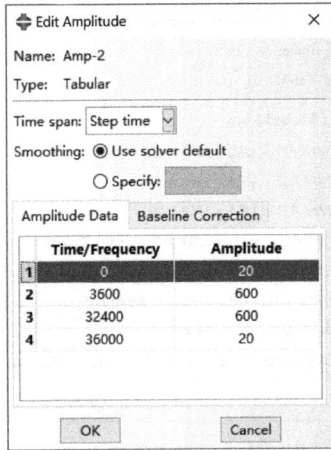

图 6.107　热处理工艺流程幅值设置

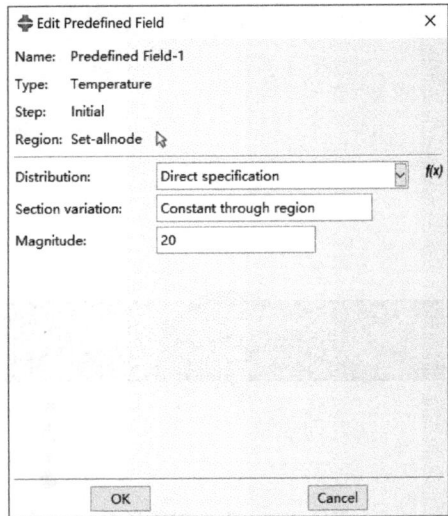

图 6.108　初始温度预定义场设置

④ 导入初始应力场。选择 Load 模块里的 ▨ 创建按钮，设置环境温度。

Name：Predefined Field-2。

Type：Stress。

Step：Initial。

Region：选择整个二维模型。

Specification：From output database file。

File name：选择多层多道焊接的计算结果文件（odb 文件）。

Step：选择多层多道焊接模型中分析步的最后一步（可在原模型的 Step 中确定）。

Increment：选择多层多道焊接模型中设置的最后一个增量（可原模型中的 odb 文件结果查看）。

该初始应力场导入整体设置如图 6.109 所示。

（7）Mesh

不需进行修改。

（8）Job

① **Create Job**→Name：Job-PWHT。

② **Data Check**。当有限元模型数据完整时，数据检测成功，状态显示为 Check Completed。

③ **Submit**。

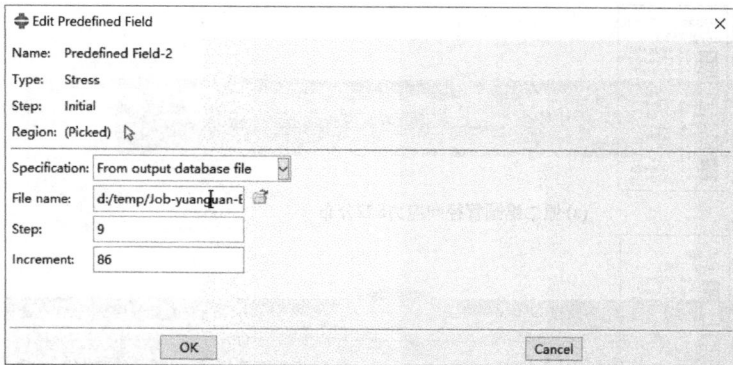

图 6.109 初始应力场设置

（9）计算

后台计算。

（10）后处理

点击 ⬛，选择 ⬛ Primary ⬛ S ⬛ S22 ⬛ S22 径向应力，同时点击图中坐标 x 进行视图位置确定，然后双击坐标图中下面横线，则会出现视图观看设置（图 6.109），在 Angles 中输入：0，0，90，选择 **Apply**，如图 6.110 所示。

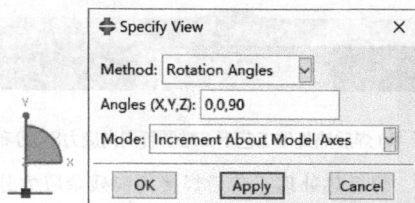

图 6.110 坐标转换设置

焊后热处理工艺后的径向残余应力对比分布如图 6.111 所示，热处理后的径向残余应力比热处理前降低明显，最大径向应力由 148MPa 降低为 42MPa，因此焊后热处理能够很好缓解拉伸径向残余应力。

选择 S33 周向应力结果，其分布云图如图 6.112 所示。

焊后热处理工艺后的周向残余应力对比分布如图 6.112 所示，热处理后的径向残余应力比热处理前降低明显，最大周向应力由 324MPa 降低为 54MPa，因此焊后热处理能够很好地缓解拉伸周向残余应力。

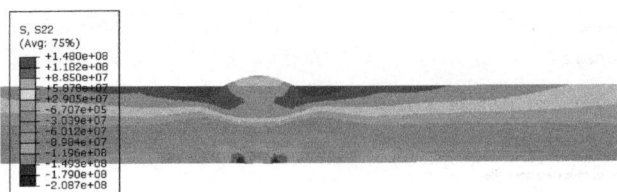

S, S22
(Avg: 75%)
+1.480e+08
+1.182e+08
+8.850e+07
+5.876e+07
+2.905e+07
-6.707e+05
-3.039e+07
-6.012e+07
-8.984e+07
-1.196e+08
-1.493e+08
-1.790e+08
-2.087e+08

(a) 原二维圆管径向应力S22分布

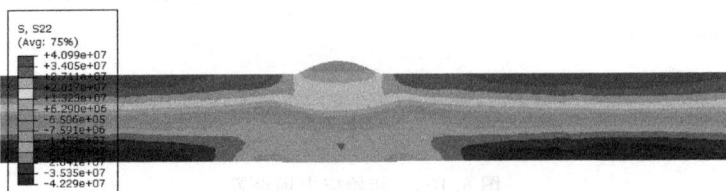

S, S22
(Avg: 75%)
+4.099e+07
+3.405e+07
+8.211e+07
+2.017e+07
+1.825e+07
-6.290e+05
-6.506e+05
-7.521e+06
-2.041e+07
-3.535e+07
-4.229e+07

(b) 焊后热处理工艺下二维圆管径向应力S22分布

图 6.111　焊后热处理工艺后焊接径向残余应力分布对比

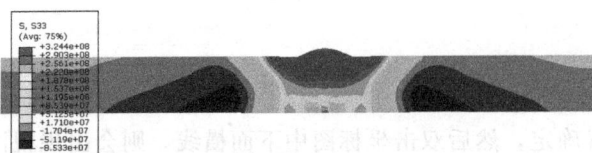

S, S33
(Avg: 75%)
+3.244e+08
+2.903e+08
+2.561e+08
+2.220e+08
+1.879e+08
+1.537e+08
+1.195e+08
+8.539e+07
+5.128e+07
+1.710e+07
-1.704e+07
-5.119e+07
-8.533e+07

(a) 原二维圆管周向应力S33分布

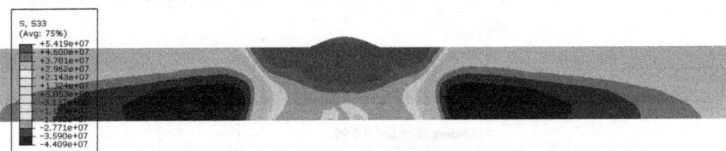

S, S33
(Avg: 75%)
+5.419e+07
+4.600e+07
+3.781e+07
+2.962e+07
+2.143e+07
+1.324e+07
+5.053e+06
-3.115e+06
-2.771e+07
-3.590e+07
-4.409e+07

(b) 焊后热处理工艺下二维圆管周向应力S33分布

图 6.112　焊后热处理工艺后焊接周向残余应力分布对比

材料成形过程数值模拟
基础与应用

参 考 文 献

［1］苏晓全. 材料成形技术的现状及发展趋势. 建筑工程技术与设计，2014，000(031)：1184-1184.

［2］俞汉清. 金属塑性成形原理. 北京：机械工业出版社，1999.

［3］谢水生，王祖唐. 金属塑性成形工步的有限元数值模拟. 北京：冶金工业出版社，1997.

［4］王勖成. 有限单元法. 北京：清华大学出版社，2002.

［5］王文明. ABAQUS 有限元分析与案例精通在海洋石油工程中的应用. 北京：机械工业出版社，2017.

［6］庄苗. 基于 ABAQUS 的有限元分析和应用. 北京：清华大学出版社，2009.

［7］石亦平，周玉蓉. ABAQUS 有限元分析实例详解. 北京：机械工业出版社，2006.

［8］江丙云，孔祥宏，罗元元. ABAQUS 工程实例详解. 北京：人民邮电出版社，2014.

［9］Dassault Systemes. Abaqus/CAE User's Manul, 2019.

［10］He Min, Li Fuguo, Wang Zhigang. Forming limit stress diagram prediction of Al Alloy 5052 based on GTN model parameters determined by in situ tensile test, Chinese Journal of aeronautics, 2011, 24(32)：378-386.